세계의 요리와
유명 레스토랑

조 문 수 저

BAEKSAN Publishing Co.
백산 출판사

　20세기부터 시작된 정보화 사회는 우리의 생활을 많이 변화시켜 왔으며, 이러한 변화는 대학과 강의실에서도 예외일 수는 없었다. 1990년대 말부터 시작된 사이버대학 강의는 정보기술(IT ; Information Technology)의 발달로 대학가에 급속도록 발전하였다. 이는 교육 환경을 변화시켜 왔고, 교육 소비자의 중심으로 강의로 발전하게 하는 촉매제가 되고 있다.

　관광을 연구하고 강의하면서 세계화(globalization)시대에 능동적으로 대처할 수 있는 교양인 양성의 필요함을 절실하게 인식하였다. 이러한 필요에 의하여 열린사이버대학(OCU; Open Cyber University)에 [세계화와 외식문화]와 [세계의 요리와 서비스]라는 강의를 개설하였고, 많은 수강생들의 관심과 격려 덕택에 이 두 강의는 500명 이상이 수강하는 대단위 강좌임에도 불구하고 매년 '우수 강의'로 선정될 수 있었다.

　텍스트 강의(HTM화일로 구성된 강의)로 시작된 사이버 강의는 점차 음성강의와 동영상강의로 발전되었고, 이러한 추세는 우리 강의에도 예외는 아니었다. 2005년 무더웠던 한복 더위에 서울을 오가며 촬영한 [세계의 요리와 서비스]를 동영상강의를 위하여 많은 부분이 부족하지만 이 책을 서둘러 낼 수밖에 없었다. 이 책은 관광과 여행, 조리 등의 분야에서 지금까지 이루어진 연구 성과 중 비교적 기본적인 내용들을 중심으로 정리하고자 최선을 다하였으나 학문의 성취가 일천하여 체계나 내용 면에서 많이 부족할 것으로 생각된다. 그러나 동료 학자들과 이 책을 읽는 독자들의 아낌없는 질책과 격려가 있다면 후일에 더 보완하여 보다 완성된 내용으로 거듭 태어날 수 있을 것이다.

이 책이 나오기까지 참으로 많은 분들의 격려와 애정이 있었으나 저자의 부족한 필력(筆力)으로 인하여 이 분들의 고마움을 글로 다 표현하지 못하였다. 그렇지만 이 글을 마무리하면서 오늘의 내(我)가 있도록 보살펴 주신 부모님과 은사님들의 은혜(恩惠)만은 되새기고 싶다. 그리고 나의 곁에서 자료 및 원고 정리에 자신의 소중한 시간을 할애해 준 우리 대학원의 이성은, 오상운 그리고 무더위에도 아랑곳하지 않고 교정을 보아 준 사범대학 국어교육학과 이충훈군에게도 지면을 통하여 감사의 정(情)을 전한다. 아울러 이 한 권의 책이 출간될 수 있도록 도움을 주신 진욱상 사장님과 편집실 김수용 실장님을 비롯한 직원들에게도 감사드린다.

끝으로 이 책 속에 가족들의 희생 어린 사랑이 배어 있음을 느끼며 특히, 바쁘다는 핑계까지도 사랑해 준 아들 성제(成濟)에게 '자신에게 당당하라'는 당부와 함께 이 책을 전하고 싶다. 그리고 향후 학계와 사회에 기여할 수 있는 좋은 책들이 출판되어 이 책의 부족한 면을 채워준다면 이 책은 나름대로의 존재 의미를 지닐 수 있을 것이다.

한라산 중턱 아라교정에서

「한라산지기」 조 문 수

차 례

세계의 요리와
유명 레스토랑

제1장

동서양의 식문화

1.1. 식문화의 이해

1) 음식의 역사와 심리

한 지역 혹은 한 나라의 요리는 그 지역, 그 나라의 역사를 함축하고 있다. 더구나 미각의 경험은 어떤 감각의 경험과 비교할 수 없을 만큼 강한 기억력과 환기력을 자랑한다. 이노우에 야스시(井上靖)가 쓴 '풍도(風濤)'를 보면 몽골군의 고려인 거간이 고려에서 공수해 온, 몇 달 묵어서 곰팡이 덩어리가 된 김치를 짊어지고 중국 천지를 돌아다니며 밤마다 그 김치에 혼자 탐닉하는 장면이 나온다. 그 만큼 미각의 황홀경은 잊을 수 없는 원초적 경험인가 보다.

우리나라의 음식 맛을 세계화하고, 또 그 음식을 세계시장에 내다 팔아야 한다는 말들이 많이 들려오고 있는 이즈음 우리나라의 음식들에 들어있는 역사성·내면성을 민족지학적으로 읽는 일도 병행되어야 한다고 생각한다. 우리나라만큼 '끓이고, 졸이고, 달이고, 태우고'같은 요리 동사들을 심리를 드러내는 동사로 곧바로 치환하는 언어를 가진 나라도 드물지 않은가.(서울예대 김혜순)

2) 식사문화와 국민성

『왜 한국의 숟가락이나 젓가락은 금속제인가』라는 물음은 동구권의 모든 나라가 금속제가 아닌 나무나 플라스틱으로 만들어진 젓가락을 쓰고 있으니 이런 질문이 나올 법도 하다. 옛날 우리의 왕정사를 보면 권모술수가 끊임없이 횡행하다보니 제왕의 안위를 염려하여 왕이 드시는 수라상에 독극물의 유무를 확인할 수 있는 은수저를 놓았다는 사실(史實)들을 볼 수 있다. 하여간 우리나 일본이나 수저를 사용하기는 마찬가지이면서도 우리는 주로 숟가락을 사용하고 일본은 주로 젓가락을 사용하는 식사문화라는 점에서 국민성의 차이를 엿볼 수 있을 것 같다.

젓가락을 사용하면 음식을 하나 하나 신경 써서 집어먹게 되고, 건더기가 별로 없는 국물은 그릇을 들어 마신다. 자연히 그릇이나 밥상 주위가 깨끗이 유지되고 어찌 보면 완벽을 추구하는 음식 섭취방법이라 할 수 있다. 반면에 숟가락을 주로 쓰는 경우에는 건더기가 두루 섞인 국물에 밥을 말고 여기에다 또 김치나 깍두기를 한데 집어넣어 먹게 된다. 그러니 무엇이 얼마나 들어 있는지는 알 수도 없고 상관하지도 않는다. 일견 대범하고 신속한 식사방법일 수 있으나 밥상 언저리나 입 주위가 지저분하기 쉽다.

3) 패스트푸드(fast food)와 슬로우푸드(slow food)

"주문 후 5분 안에 음식이 나오지 않으면 음식 값을 받지 않겠습니다."

바쁜 직장인을 위해 이렇게 써놓은 식당도 있다. 미리 다 만들어놓고 내주는 햄버거·피자만 그런 게 아니다. 꽤 비싼 패밀리 레스토랑에서 수더분한 국밥집에 이르기까지, '빠른 음식'에 젖어든 우리 삶.

그러나 지구촌 한구석에서는 지금 '느린 음식'이 '빠른 음식'에 거세게 도전장을 내밀고 있다. 지난해 이탈리아 볼로냐에서 세계 최초로 '슬로우 푸드(slow food) 선발대회'가 열려 세계의 '느린 음식'을 시상한 데 이어 4월에 미국 뉴욕, 10월에는 스위스 취리히에서 그리고 11월에는 이탈리아 로마에서 '슬로우 푸드' 축제가 열린다.

'슬로우 푸드'는 말 그대로 '패스트푸드'에 대항하는 개념이다. 세계적인 햄버거체인 '맥도날드'로 대표되는 대량 생산, 규격화, 산업화, 기계화한 음식에 대항해 지역 특성과 수공업적 생산 유통, 전통적인 맛과 문화를 살린 음식·식생활 양식을 추구하는 운동으로, 1986년 이탈리아 작은 마을에서 시작되어 89년 파리 대회에서 선언문을 채택했고 이젠 세계 40여개 나라 7만명이 넘는 회원을 둔 국제 규모의 운동이 됐다.

우리나라에서는 김종덕 경남대 교수(사회학과)가 처음 국제 슬로우 푸드 운동에 참여, 첫 슬로우 푸드 선발 대회에 심사위원으로 참가하기도 했다. 첫 '수상작'은 터키의 전통적 양봉, 멕시코의 전통적 바닐라 작물 보존, 모리타니아의 낙타 사육과 우유 공급 등 6개이다. 모두 전통적 농법과 식품 생산을 계승한 사람이 수상했다.

"효율과 이윤의 극대화를 미덕으로 삼는 산업호의 산물이 패스트푸드입니다. 적은 비용에 더 많은 소고기를 얻기 위해 인공 사료를 줬다가 광우병 파동을 맞고 있는 게 바로 패스트푸드 사회의 그림자지요. 슬로우 푸드란 바로 이 같은 '속도', '효율'이 무시해버린 전통적이며 자연 친화적인 생활 양식을 되살리자는 사회 운동입니다." 김 교수는 "지금 한국 상황도 위기로 치닫고 있다."고 지적한다. 집집마다 담아내던 장류, 김치가 젊은 층으로부터 점점 인기를 잃어가고 신선한 재료 대신 가공 식품이 식탁을 점령해 가는 현실을 걱정하는 것이다.

'느린 식품·식생활'은 그럼 어떻게 가능할까? "다행히 우리나라 음식은 속성상 슬로우 푸드가 많습니다. 된장·간장만 해도 일단 몇 달씩 발효시켜 먹는 것 아닙니까? 우리 식품에 대해 정확히 알고, 신선한 재료로 필요한 만큼 시간을 들인 '진짜 음식'을 먹어야 합니다." 특히 성장기 어린이와 청소년들에겐 '느린 음식·느린 식생활'이 필수라는 것이다.

1.2. 서양의 식문화와 동양의 식문화

1) 시간전개형 식문화와 공간전개형 식문화

서양 사람들이 음식 먹는 유형을 시간전개형(시간계열형) 식사라고 한다. 맨 처음 수프가 나와 먹어치우면, 야채가 나오고, 이어 메인 디쉬, 무슨 디쉬, 디저트 커피하는 식으로 시간에 따라 차례로 먹어치운다 해서 시간계열형이다.

중국 음식이 서양 사람에게 쉽게 친근해진 이유는 중국 식사문화가 시간계열형이기 때문이다. 한데 한국 사람은 마련된 음식을 밥상이란 공간에 한꺼번에 전개시켜 안긴다. 그래서 공간전개형 식사라고 한다. 서양 사람들이 한국 음식을 가까이 하는데 걸림돌 중 하나가 바로 이 유형을 둔 문화갈등이다.

시간계열형 식사는 식사시간을 연장시켜 유유자적하려 하는데 공간전개형은 단축시켜서 시간을 절약하려 한다. 이에 감지되는 분위기의 위화감이 둘째 걸림돌이다. 이것은 4월 7일자 「뉴욕타임스」지가 「발굴을 기다리는 한국 음식」이라는 표제의 전면 특집 가운데 지적된 사항이다. 「뉴스위크」지가 98년도 미국 내에 두드러진 문화의 흐름을 선정해 특집을 하는 가운데 한국 음식 먹는 붐을 들었다. 곧 한국 음식은 미국 사람들에게 이탈리아나 중국 음식처럼 국제음식으로 인식이 잡혀가고 있으며 뉴욕타임스의 특집도 그런 위상에서 한국 음식을 포함한 것이다.

미국 사람이 많이 찾는 한국 음식으로 국제적으로 알려져 있는 김치-불고기-비빔밥 말고도 빈대떡-갈비-잡채-만두-해물탕-낙지볶음-파전-순두부를 들었고, 대표적 향수음식인 설렁탕-냉면도 들었다. 몇 년 전 맨해튼에 된장찌개와 고추장찌개 집을 서양 손님들이 차지한다는 외신을 본 기억이 난다.

세계 문화권을 위도(緯度)의 고저(高低)로 갈라본 문화지리학자 헌팅턴은 한국이 속한 중위도(中位度)권 문물이 가장 세계적인 자질을 갖추고 있음을 문화교류 사례를 들어 제시했다. 한국 음식에도 세계적 보편성이 잠재돼 있으며, 남은 문제는 문화갈등을 극소화하여 접목시키는 일일 것이다.

2) 젓가락 문화, 포크문화와 맨손문화

식문화 연구가들은 세계를 젓가락 문화권과 포크 문화권, 그리고 맨손 문화권으로 나눈다. 대표적 젓가락 사용 국가는 한국, 중국, 일본, 베트남. 미 대륙과 유럽권은 포크문화권이며, 인도를 비롯한 서남아와 아랍, 아프리카가 맨손 문화권에 속한다. 젓가락은 집고 찍고 찢고 자르고 옮긴다. 찍고 들어올리기, 두 기능밖에 못하는 포크에 비하면 놀라운 재주다. 80년대까지 기능올림픽에서 한국이 금메달을 휩쓸 때, 손재주 원천을 젓가락에서 찾은 이들이 많다. 어려서 자연스레 익혀온 젓가락질이 바로 눈과 손의 협응을 촉진, 고도 두뇌 작용을 가능케 했다고 봤다.

　서울대 유안진 교수는 "손재주 높기로 이름난 우리 민족 전통이 젓가락 퇴조와 함께 쓰러지지 않을까" 걱정한다. 젓가락문화권을 연구해온 이연수씨는 "서양사람들이 둔중하게 손가락을 놀려 계산하는 것을 보며 늘 답답했는데, 젓가락질도 제대로 못하는 젊은이를 보면 별 것이 다 서구화한다는 걱정이 앞선다"고 말한다.

　프랑스 기호학자 롤랑 바르트는 "젓가락 사용은 더 이상 기계적이지 않은 지식인의 행위"라고 말했다. "손가락의 연장인 것처럼 자유자재 능수능란한 영양섭취 도구"라고 감탄했다. 젓가락은 단순한 식사도구 이상이다. 일본과 중국은 젓가락을 일찍부터 문화적 정체성의 상징으로 서양에 알려왔다.

　바르트가 '기호의 제국'에서 '텅 빈 기호'인 덴푸라(튀김)와 함께 경이로운 존재로 감탄했을 만큼, 젓가락은 섬세 정교하며 고급한 이미지로 일본이라는 국가를 선전한다. 일본 젓가락은 '젠'(선) 바람을 타고 세계적 테이블웨어로 자리 잡았다. 런던 유명 식당은 샐러드에 젓가락을 함께 낸다. 주칠이나 나전으로 멋을 낸 일본 젓가락은 한 벌 당 20~30달러씩에 대도시 생활용품점들에 나와있다.

　젓가락이 인간 생활에 등장한지 2500여 년, 백제 무령왕릉 출토품에도 청동 수저가 들어있다. 서양서 포크를 본격적으로 쓰기 시작한 게 불과 400여 년 전인 데 비하면 참으로 오랜 문명생활이다. 젓가락은 한국의 문화적 정체성이자 '조기교육'도구였다. 이를 버릴 것인가 되살릴 것인가, 기로에 우리가 살고 있다.

(1) 공격적인 포크문화와 수동적인 젓가락 문화

　「젓가락 문화」는 한·중·일 세 나라가 오랫동안 공유해 왔다. 젓가락은 중국의 명나라부터 사용한 것으로 기록되어 있다. 우리는 밥과 국을 떠먹을 때는 별도로 숟가락을 사용하지만, 중국, 일본에서는 밥도 젓가락으로 먹는다. 특히, 일본에서는 왕족만이 숟가락을 함께 쓴다고 한다. 젓가락을 어렸을 때부터 사용하면, 손재주가 좋아지고 지능이 계발된다는 주장이 있다. 그래서, 특히 세나라 국민들은 손재주가 뛰어나고 손놀림이 민첩하여 섬세하고 정교한 예술품을 만들어 낼 수 있었다고 한다.

　젓가락 짝은 세 가지가 반드시 같아야 한다. 재료, 크기, 굵기가 곧 그것이다. 아무리 배가 고파도 젓가락이 맞지 않으면 먹지를 못한다는 말이 그래서 생겨났다. 젓가락 하나만으로 사용자의 성격을 알 수 있다고 한다. 짧게 잡으면 보수적, 길게 잡으면 개방적이고 진취적인 성격의 소유자라는 것이다.

구미나 동남아의 길을 걷다보면 길거리에서도 음식을 먹는 사람들을 심심치 않게 보게 된다. 기다란 바게트 빵이나 큼지막한 피자를 으적으적 씹으며 콜라를 마시는 사람들도 있고, 자동차 운전을 하면서 한 손으론 운전대, 다른 손으론 햄버거를 들고 먹으면서 또 간간이 면도까지 하는 사람도 있다.

우리나라에서도 젊은이들은 아이스크림이나 붕어빵 같은 것을 걸어가며 먹기도 하지만 그건 엄연히 군것질이라는 이름 하에 재미 삼아 먹는, 그러니까 식사라고 이름 붙일 수 없는 것이므로 아무 데서나 식사를 하는 사람들과는 엄연히 구별된다.

먹는다는 문제가 생존의 수단을 넘어서게 되면 지역의 여러 조건과 문화의 제약을 받아먹는 것에도 독특한 사회적 예법이 생기게 마련이다. 예컨대 먹는 방법에 따라 도구도 달라지고 그에 따른 가치관도 형성되며 그럼으로써 식탁에서의 예의도 달라진다. 이런 식탁문화의 차이는 문화권이 달라지면 더욱 두드러진다.

우리는 주식과 부식을 엄밀히 구분한다. 이에 반해 서양음식은 주식과 부식의 구분이 명확하지 않다. 우리의 주식은 밥이요 국이나 반찬은 부식이다. 서양 음식에서 빵이 주식이라고 생각하는 사람도 있는데 이것은 어디까지나 밥이 주식이라는 한국적인 사고방식에서 나온 것이다.

주식과 부식이 확실하게 나눠지는 문화권의 식사는 항상 서로 함께 이루어진다. 밥만 혹은 반찬만 따로 먹지 않고 늘 같이 먹는다. 이렇듯 주식과 부식을 늘 함께 하는 문화권의 사람들은 통합적이고 총체적인 행동양식이 발달하고 그 반대인 문화권에서는 분석적이고 체계적인 사고가 발달한다고 한다.

서양식당에서 식사를 할 때면 스프, 샐러드, 스테이크, 과일, 차 식으로 음식이 하나하나 차례로 나오면서 앞서 나온 그릇을 하나씩 치워간다. 웨이터가 다가와 자꾸 음식 다 먹었냐며 "피니쉬?(Finish?)" "피니쉬"하고 물어보는 것이 신경질 난다고 얘기하던 친구의 말이 생각난다. 어쨌든 순차적인 식사법에 길들여진 서양인들은 개인적이며 합리적인 의식이 앞선다.

동양은 젓가락문화권이요 서양은 포크문화권이라는 말을 한다. 젓가락으로는 두 짝이 힘을 모아 음식물을 집어먹지만, 포크문화권에서는 동물이 먹이를 잡아먹듯이 음식물을 썰어서 찍어먹는다. 그래서 포크문화는 공격적이고 젓가락문화는 수동적인 면이 강하다고 얘기한다.

(2) 한국의 숟가락과 일본의 젓가락

오늘날 동아시아에서 발견되는 고대의 젓가락과 숟가락은 중국의 것이 가장 앞선다. 중국에서는 이미 서기전 5000년 전의 것으로 여겨지는 평평한 주걱과도 같은 숟가락 '비(匕)'가 출토된 바 있다. 주나라 때의 숟가락은 국자 모양으로 출토되었다. 이것은 제사와 접객 때 솥에서 육(肉)고기를 꺼내기 위해 사용되었던 것으로 여겨진다. 왜냐하면 육(肉)고기를 잘 건져내기 위해 국자의 입이 많이 굽어 있기 때문이다. 그 후 전국시대 후기에 들어와서 주나라 때의 의례제도가 붕괴되면서 국자형 숟가락은 점차 사라지고 입과 손잡이가 분리된 주걱형 모양의 숟가락이 많이 나타난다. 청동으로 만든 그 시대의 숟가락은 밥 먹는데 편한 모양으로 개량되었다. 그 후 송나라와 원나라 때까지도 숟가락은 보편적으로 밥 먹을 때 사용되었으나, 명나라 이후 숟가락은 점차 쇠퇴하고 젓가락 중심으로 중국인의 식사 용구가 바뀌었다.

왜 명나라 이후 중국인의 숟가락 사용이 점차 줄어들고 젓가락 중심으로 변했을까? 일본의 중국인 민족학자 슈닷세이는 "송나라에서 원나라에 이르는 시기에는 적어도 북경을 중심으로 한 화북 지역 사람들은 조로 만든 밥을 먹었고, 그 때 숟가락을 주로 사용했다. 그런데 명나라에 들어와서 창장 이남에서 재배되던 멥쌀이 화북 지역에서도 재배되기 시작했고, 이 멥쌀로 지은 밥은 적어도 그 이전의 잡곡밥에 비해 차진 성향을 지닌 것이라 숟가락보다 젓가락으로 먹는 것이 더 편했을 것이다."라는 주장을 편다. 그러나 우리나라의 경우 중국 남방의 멥쌀에 비해 더 차진 성향을 지닌 자포니카(Japonica)계 쌀을 먹어 왔지만 오늘날까지 숟가락으로 밥을 먹는다. 이런 면에서 그의 주장은 타당하지 않다.

중국인이 숟가락을 사용하지 않게 된 것은 그들의 요리법과 관련이 있을 것이라 생각한다. 중국 음식의 조리 과정에서 기름은 반드시 있어야 하는 재료이다. 명나라 사람 쑹쉬가 쓴 『송씨양생부(宋氏養生部)』(1504년)에는 100여 종에 이르는 조리법이 소개되어 있는데, 그 중 기름을 사용하는 조리법이 전체의 1/3을 넘는다. 그로부터 약 130여 년 후 명나라의 쑹잉싱은 당시 농업 및 수공업의 기술을 한데 모아 『천공

개물(天工開物)』(1637년)이란 책을 펴냈는데, 여기서 그는 식용유 만드는 법을 총 18권 중에서 별도의 1권으로 다루었다. 이러한 사실은 중국인들이 명나라 말기에 와서 음식을 조리할 때 지급처럼 식용유를 많이 사용했음을 간접적으로 증명한다. 기름을 많이 써서 조리한 뜨거운 음식은 젓가락으로 먹어야 한다. 만약 이것을 숟가락으로 먹을 경우 기름의 뜨거운 열로 인해 입을 데기 쉽다. 아울러 당나라 이후 차 마시는 습속이 일상 생활에 자리잡으면서 점차 국물 있는 음식을 적게 먹게 되면서 자연히 숟가락이 퇴보했을 것으로 여겨진다. 오늘 중국 북방인은 단지 '훈둔'을 먹을 때만 중국식 숟가락을 사용한다.

젓가락과 숟가락이 일본에 전해진 것은 당나라 때라고 알려져 있다. 특히 젓가락은 당나라에서 전해 온 것이라 하여 '가라와시(唐箸)'라 불렀다. 원래 고대 일본에는 대나무를 반으로 굽힌 젓가락이 있었다. 그러나 당나라로부터 한 쌍으로 된 젓가락이 전해진 후 귀족들 사이에서 숟가락과 함께 이것이 사용되었고, 나라 시대에 들어와서는 서민들 사이에서도 젓가락이 보편적으로 사용되었다. 헤이안(平安)시대 귀족들은 주로 아침에 죽을 먹고 저녁에 '고와이이(強飯)'라는 밥을 먹었다. 고와이이는 쌀을 쪄 익힌 것으로 그릇에 아주 높게 쌓았다. 헤이안 시대 말기에 그려진 그림 「병초지(病草紙)」에는 이 고와이이의 모습이 등장하는데, 한 쌍의 긴 젓가락만이 밥에 꽂혀 있다. 이로써 당시 일본에서 밥을 먹을 때 주로 젓가락을 사용했음을 짐작할 수 있다.

숟가락 사용은 극히 일부 귀족에 한정되어 시도되었던 것으로 여겨진다. 12세기 초 고급 관리였던 후지와라 요리나가가 손님들에게 베푼 연회석에서 차린 식단 내용을 기록한 「유취잡요초(類聚雜要抄)」에 의하면 숟가락과 젓가락의 받침대가 있고, 그 위에 한 벌의 숟가락과 젓가락이 놓였다. 그러나 일반인들은 밥 먹을 때 숟가락보다는 젓가락을 많이 사용했다. 불교의 영향, 특히 선종이 일대 선풍을 일으킨 가마쿠라 시대에는 이른바 쇼진(精進) 요리가 생겨났다. 육식 금지와 자연 본래의 맛을 향한 추구, 콩으로 만든 요리가 추가된 이 요리는 한 사람이 한 상을 받는 형태로 식사가 이루어졌다. 쇼진 요리의 식사 장면을 그린 당시의 그림에는 젓가락으로 밥을 먹고 그릇을 들어서 국물을 마시는 장면이 나온다. 여기에서도 숟가락은 등장하지 않는다. 젓가락만으로 밥을 먹는 고대 일본인들의 습관을 두고 일본의 민족학자 이시게 나오미즈는 일본에서는 신석기 시대인 야요이 시대에 이미 찰기가 있는 자포니카 계통의 쌀을 재배하였기 때문에 굳이 숟가락을 사용할 이유가 없었다고 주장한다.

젓가락만 사용하게 된 것은 일본의 전통적인 식사 형태와 요리에 지대한 영향을 미쳤다. 음식은 가능한 한 입에 놓을 수 있도록 크기가 작아졌고, 숟가락을 사용하지 않기 때문에 탕 그릇이 작아지고 가벼워졌다. 일본의 전통적인 식기가 대부분 나무로 만든 목기라는 사실은 이와 같은 맥락에서 이해할 수 있다. 식사 형태에서도 일본의 밥상은 매우 작은 일인용이며 그 높이도 무척 낮다. 결국 밥 먹을 때 일본인들은 머리를 숙이지 않는다. 밥그릇을 들고 젓가락으로 음식을 먹는 것이 가장 편안하다. 여기에 일본의 특유의 결벽증에 가까운 위생 관념으로 인해 '와리바시(割箸)'가 도쿠가와(德川) 시대에 등장하여 메이지 이후에는 급속하게 일반 대중 사이에 퍼졌다.

이에 비해 우리나라에서는 중국 고대의 숟가락과 젓가락이 오늘날까지 그대로 이어져 온다. 그 동안 우리나라의 많은 학자와 전문가들은 이러한 수저 사용을 두고 우리의 일상 식사가 국물 음식과 국물이 없는 음식을 항상 병용해서 구성해 왔기 때문이라고 설명한다. 특히 국물 음식을 즐겨 먹고 찌개를 여러 명이 함께 먹기 때문에 반드시 숟가락과 젓가락을 병용하게 되었다는 해설도 빠뜨리지 않는다. 한편 일본의 민족학자 슈닷세이는 한국인의 이러한 습관은 숭유사상과 관계가 있다고 생각한다. 즉 그는 한국인이 숟가락과 젓가락으로 밥을 먹는 모습이 고대 중국의 『주례(周禮)』에 나오는 식사 예법과 매우 닮았다고 생각한다. 조선시대 사람들은 철저하게 주나라 때의 것을 모범으로 하여 인생관을 삼았고, 그것이 식사에도 영향을 미쳐 한국의 전통적 식사법에 『주례(周禮)』의 규칙이 반영되었다는 것이다. 이것은 한국의 숟가락이 고려시대와 조선 전기까지만 해도 중국의 것과 유사한 형태로 변화되다가 조선 중기 이후 독자적 형태를 띤다는 사실과도 부합한다.

조선 중기 이후 숟가락 자루는 길어지고 두꺼워지며 곧아지고, 숟가락 면은 둥글어진다. 젓가락은 아래쪽이 점차 가늘어져서 오늘날과 같은 형태를 이루게 된다. 즉 조선 중기 이전만 해도 중국의 왕실에서 숟가락과 젓가락을 함께 사용했고, 그것이 일종의 제도로서 고려와 조선 왕실에 영향을 미쳤을 것이다. 일본이 중국으로부터 문화를 일회성으로 수입했다면, 고려와 조선은 중국과 지속적으로 접촉했기 때문에 귀족들의 관습에서는 중국과 한국 사이에 유사점이 많았을 가능성이 많다. 그러나 중국이 숟가락보다 젓가락을 주로 사용하게 되는 명나라 이후 조선은 이미 형성된 음식 구조로 인해 원래의 식사 방법이 더욱 세련되는 과정을 거쳤고 오늘날에도 한국인은 숟가락과 젓가락을 동시에 사용한다.

(3) 젓가락 문화와 손가락 문화

나라마다 민족마다 제각기 독특하고 고유한 음식문화가 있기 마련이다. 음식문화는 어느 나라든지 혹은 어떤 민족이든지 모두 소중한 의미를 담고 있다. 그것은 결코 우습거나 시시한 것이 아니다. 음식의 종류는 세계 여러 나라와 민족에 따라 매우 다양하다.

햄버거를 즐기는 민족이 있는가 하면 우동과 라면을 즐기는 민족이 있고 더 나아가 벌레를 먹는 민족도 있는 것이다. 뿐만 아니라 음식을 먹는 방식에서도 각 나라와 민족 나름대로의 고유한 방식이 있다. 포크와 나이프를 일상적으로 사용하는 민족이 있는가 하면 숟가락과 젓가락을 사용하는 민족이 있으며 손가락으로 음식을 먹는 민족도 있는 것이다. 이들 사이에는 차이가 있을 뿐 우열은 존재하지 않는다.

그런데도 우리는 어려서부터 젓가락을 사용하는 것이 다른 도구를 사용하는 것에 비해 매우 대단한 것이라는 교육을 받아왔다. 아주 어릴 적부터 젓가락을 사용하는 데 익숙했기 때문에 젓가락을 쥐는 손의 특정 부위의 근육이 다른 외국인보다 훨씬 잘 발달했으며 그 때문에 세계 제일의 손재주를 보유하게 되었다는 말을 심심찮게 들으면서 자랐다. 서구문화의 영향으로 최근에는 포크와 나이프를 사용하는 것이 점차 늘어나면서 우리의 손 기술이 급속히 쇠퇴할지 모른다는 우려마저 생겨나게 되었다. 이러한 배경에는 손가락으로 음식을 먹는 사람들에 대한 멸시와 경멸이 포함되어 있다. 부모들은 자녀들에게 손가락으로 음식을 먹으면 온갖 병균이 입을 통해 몸 속으로 들어가게 되어 병에 걸린다는 식으로 가르침으로써 손가락으로 음식을 먹는 것을 금기시하여 못하게 했다. 그것은 손가락으로 음식을 먹는 사람들이나 그들의 음식문화는 더럽고 비위생적이며 저급한 것으로 여기는 태도를 낳았다. 즉, 숟가락과 젓가락을 사용하는 우리의 방식이나 포크나 나이프를 사용하는 서양의 방식은 고급스럽거나 대단한 것이고, 동남아시아의 여러 나라에서처럼 손가락으로 음식을 먹는 것은 문화가 아닌 야만적이거나 미개한 것으로 보는 인식과 태도를 만들어낸 것이다.

그러나 다른 한편으로 생각해 보면, 서양사람들도 닭다리나 피자를 먹을 때에는 손가락을 사용하는 경우가 많다. 우리나라 사람들도 새우나 게, 오징어처럼 해산물을 먹을 때에는 젓가락을 사용하는 것보다 손을 사용하는 것이 훨씬 더 편리하다고 생각한다. 손으로 먹는 것을 더럽다고 생각하는 사람이 있다면 우리가 노점에서 튀김이나 어묵을 먹을 때를 생각해 보자. 여러 사람이 하나의 종지에 담긴 간장에 찍어 먹고 있지 않은가. 더럽다면 더러운 이 행위를 우리는 너무나 자연스럽게 받아들이고 있지 않은가. 문화는 어떤 행위나 생각이 습관화된 것을 가리키는 것으로, 너무나 친숙하여 일단 자연스러운 행위나 사고방식이 되어버리면 그에 대해 별다른 의문을 갖지 않는 것이 일반적이다. 이처럼 동남아시아의 경우와 같이 어려서부터 손가락으로 음식을 먹는 것이 맛이 있으며, 손가락으로 먹는 것이 더 편하다고 배워온 사람들에게 손가락으로 음식을 먹는 행위나 그에 대한 관념은 더럽거나 비위생적이라는 생각보다 맛있고 편안하다는 생각이 앞서 있는 것이다. 이런 점에서 손가락으로 음식을 먹는다는 것을 우리의 기준으로 무조건 더럽다고 말하는 것은 다시 생각해 볼 여지가 있다.

동남아시아 사람들이 손가락으로 음식을 먹는 것에는 음식의 맛이 입맛에만 있는 것이 아니라 손가락의 촉감에도 있다는 믿음에서 비롯된 것이다. 그들은 음식의 진정한 맛은 손으로 먹을 때 비로소 알 수 있다고 말한다. 그리고 그들이 먹는 음식에는 해산물처럼 손으로 먹기에 적합한 음식들이 많다. 이제 우리는 양식집에서 포크와 나이프로 스테이크를 먹는 것이나 일본식 식당에서 젓가락으로 회를 먹는 것만이 교양 있고 세련된 사람들의 고급스럽고 위생적인 음식문화라는 생각에서 벗어나야 한다.

노점에서 떡볶이나 순대, 튀김 등을 이쑤시개로 먹는 것도 교양 없고 무식한 사람들의 하찮고 시시껄렁한 행위가 아니라 나름대로의 방식을 갖춘 고유한 음식문화의 일부로 존중되어야 한다. 손가락으로 음식을 먹는 행위 역시 더럽고 비위생적인 것이 아니라 나름대로의 문화를 지니고 있는 것으로 가르치고 배워야 한다. 김장철에 잘 버무린 김치 속을 손으로 집어 입을 벌리고 먹어본 경험이 있는 사람이라면 누구나 알 수 있을 것이다. 손으로 음식을 먹는다는 것이 지닌 묘미를 음식문화에 대한 이해가 여기에 미칠 때 우리는 아시아를 비롯한 세계의 다양한 지역에 살고 있는 사람들의 고유한 음식문화의 성격과 의미를 올바로 이해할 수 있게 된다. 이것이야말로 진정한 의미의 세계화를 위한 출발점이 아닐까.

1.3. 숟가락과 한국의 수저문화

1) 숟가락(spoon)

숟가락은 밥·국 따위를 떠먹는 기구를 일컫는 말이다. 숟가락의 '숟'은 '쇠(鐵)'의 조어 '귄'에서 모음이 바뀐 말이고, '가락'은 '손(手)'의 뜻을 지닌 말이다. 그러므로 숟가락은 '쇠로 된 손'이라는 뜻이다.

원시시대의 사람들은 질척거리는 음식이나 액체음식을 먹을 때 조가비나 뼈 또는 진흙을 구워 만든 숟가락을 사용했다. 고대 그리스시대에는 목제(木製) 숟가락이 개발되어 사용되었다. 숟가락을 뜻하는 영어 '스푼(spoon)'은 '나무토막'을 의미하는 앵글로색슨어의 'spon'에서 나왔다. 중세시대에는 요리 중에 음식을 젓거나 떠낼 때 또는 식탁의 공동 접시에서 작은 고기 조각을 덜어올 때 숟가락들을 사용했다. 서양에서 나이프·포크와 함께 정찬 식탁에 놓이게 된 것은 17세기 중반부터의 일이다.

우리나라의 경우 삼국시대 이전부터 숟가락을 사용했으며, 그 모양은 시대에 따라 다소 달랐다. 삼국시대에는 긴 자루에 큰 뜨개가 특징이며, 고려시대 숟가락은 유엽연미형(柳葉燕尾形)을 취하고 있어 색다르다. 유엽연미형이란, 밥을 뜨는 앞부분은 버드나무 잎사귀(柳葉) 모양이고 잡는 뒷부분은 제비꼬리(燕尾)모양으로 갈라져 있는 것을 말한다. 조선시대에 와서 현재와 같은 형태의 모양으로 정착되었다.

2) 한국의 수저문화

한국인들은 음식을 먹을 때 일찍이 청동(靑銅)시대부터 숟가락과 젓가락을 배웠다. 동양 세 나라 중에서 예로부터 오직 우리 한국 사람들만이 숟가락과 젓가락을 같이 써왔다. 중국이나 일본에서는 젓가락만을 쓰고 있는데, 왜 우리만 숟가락과 젓가락을 함께 쓰고 있느냐 하면, 그것은 한국 사람들은 예로부터 국과 찌개를 기본 음식으로 삼고 있었기 때문이다.

또 동양 삼국이 다 젓가락을 쓰고 있으나 그 모양과 재료가 다르다. 중국 젓가락은 길고 상아로 된 것을 최고로 치고, 일본 것은 중간 크기로 나무나 대나무를 쓴다. 그러나 우리는 젓가락과 함께 숟가락까지 짝을 지어 은으로 만든다.

서양 사람들은 오늘날 나이프와 포크 그리고 스푼을 식사 기구로 쓰고 있는데, 포크는 10세기부터 비잔틴 제국에서 사용되었으나, 그리스를 거쳐 이탈리아에 소개되고, 16세기에 프랑스 왕실에 전달된 후 18세기에 가서야 대중적인 식사 도구로 자리를 잡았다. 그전에는 유목 민족으로서 고기를 먹을 때 허리에 차고 다니던 단도(短刀)만을 썼을 뿐, 포크대신 손으로 먹었다고 한다.

이에 비해서 농경 민족인 동양인의 음식은 부엌에서 미리 칼로 얇게 썰고 잘라서, 식탁에서는 칼을 쓸 필요가 없고 젓가락만으로 아무 불편없이 먹을 수가 있다. 나이프와 포크가 서양인들의 유목 민족으로서 유물이라면, 젓가락은 동양인들의 농경 민족으로서의 결합과 조화의 상징으로, 결과적으로 동양 사람들의 손재간을 길러 주었다.

우리 조상들이 활을 비롯하여 신라의 황금왕관, 백제의 금관과 장신구, 성덕대왕의 신갑옷과 도검, 철기, 금속 활자, 목판, 고려자기, 불탑과 불상, 조선 백자, 서예와 회화, 조상(彫像), 석탑, 사원과 거북선 등 정교한 수많은 문화적 유물은 결코 우연한 산물이 아니다.

3) 젓가락역사

식사도구는 손가락부터 숟가락에 이르기까지 매우 다양하지만 가장 초보적인 단계는 손가락이었다. 그 다음이 음식을 자르는 나이프이고, 그 다음이 음식을 찍거나 집어먹는 젓가락이다. 그리고 가장 발달한 식사도구는 바로 숟가락이다. 그러니까 예로부터 숟가락과 젓가락을 함께 써 온 우리나라의 식사문화는 꽤 수준이 높다 할 수 있다.

우리나라에서 가장 오래된 숟가락은 청동기 시대의 유적인 나진 초도 조개무지에서 출토된 것이다. 중국은 서기전 10~6세기쯤 만들어진 책 <시경>에 '숟가락에 대한 기록'이 처음 나오고, 일본에서는 서기전 3세기쯤의 유적지에서 출토되었다. 우리나라에서 젓가락이 처음 출토된 곳은 공주 무령왕릉이었는데, 이것으로 보아 삼국시대부터 숟가락과 젓가락을 함께 썼음을 짐작해 볼 수 있다.

중국에서는 숟가락에 비해 젓가락이 늦게 발달하여 춘추전국시대(서기전 404~서기전 221)에서야 비로소 젓가락을 썼다 한다.

이렇게 중국과 일본도 처음에는 숟가락과 젓가락을 함께 썼지만, 점점 젓가락만을 쓰기 시작했다. 그리하여 우리나라만이 숟가락과 젓가락을 함께 쓰는 독특한 식사문화를 갖게 되었다. 숟가락 문화가 유지될 수 있었던 까닭은 우리 음식에 탕 종류가 많기 때문인데 농사를 짓게 되면서 밥상에는 늘 국이나 찌개 등 물기 있는 음식이 올랐다.

반면에 유목민족이었던 서양사람들의 경우 이동하면서 먹을 수 있는 간편한 음식에 맞게 포크문화가 발달하게 됐다. 이처럼 식사문화는 한 민족의 생활모습과 밀접한 관계를 맺고 있는 것이다. 처음에는 주로 동으로 만들었지만 점차 철이나 구리 또는 아연 등으로도 생산했고, 심지어는 은이나 금으로도 만들기도 했다. 모양도 시대마다 달랐는데, 고려시대에는 처음에 숟가락의 자루만 크게 휘어졌으나 나중에는 자루 끝도 제비 꼬리 모양으로 변했다고 한다.

조선시대에 들어서면서부터 제비꼬리가 없어지고 자루도 덜 휘어지면서, 숟가락 면은 나뭇잎 같은 타원형을 이루었다. 이때 숟가락의 잡는 쪽이 점점 기울어지면서 오늘날과 같은 모양을 갖추게 되었다. 그러다가 점차 숟가락 자루가 곧고 길고 두꺼워졌으며 숟가락 면도 곧게 바뀌었고, 수저의 윗부분에 길(吉)한 의미를 상징하는 글자나 꽃을 칠보로 장식하기도 했다. 우리나라에서는 아기의 첫돌 선물로 수저를 준비하고, 혼인할 때 신부가 그릇과 더불어 수저를 준비해 갔다는 걸 보면, 수저는 단순히 밥 먹는 도구만이 아니라 복을 가져오는 복주머니라고 생각했던 모양이다.

1.4. 식탁예절(table manner)의 이해

1) 식탁예절

서양의 식탁 예절을 보면 우리와는 아주 다른 면을 많이 볼 수 있다.

요즘 아이들도 이런 얘기를 듣는지 모르겠지만 내가 어릴 적엔 "밥 먹을 때 얘기 많이 하면 엄마가 빨리 죽는다."라는 말이 있을 정도로 식사하는 동안에는 말을 많이 해서는 안 된다고 교육받았다. 식사하면서 대화를 즐기는 서양 사람들과는 아주 대조적이다.

서양사람들에게 식사를 하면서 얘기를 나누는 것은 아주 자연스러운 일이다. 이들의 식사시간은 단순히 끼니를 때운다는 의미를 넘어서 사교의 자리라는 성격도 강하다. 그런 문화이니 만큼 아무 말 않고 급하게 식사만을 하는 사람은 아주 무례하다고 생각한다. 그런데 입에 음식물을 담고서는 얘기를 하지 말아야 하는 것 또한 그들의 기본적인 식사 예절이다.

동양인들은 술은 마시거나 식사를 할 때 서로에게 권한다. 하지만 서양 사람들은 다른 사람의 잔에 술조차 따라주지 않는다. 또 자기가 먹고 싶을 때는 남이야 먹든 안 먹든 상관하지 않고 자신이 직접 집어먹든가 따라 마시든가 한다. 이렇게 상반된 문화 차이를 잘 모르면 상대방에게 불쾌감을 줄 수도 있다.

서양 아이들이 식사할 때 부모로부터 제일 많이 주의를 받는 사항은 음식을 먹을 때 소리를 내서는 안 된다는 것이다. 그렇기 때문에 서양인들은 소리를 내지 않고 음식을 먹는데 신경을 많이 쓴다. 우리도 너무 쩝쩝거리거나 수저를 달그락거리면 부모님으로부터 주의를 받곤 하지만 기본적으로 국물이 많은 음식을 먹을 때는 소리를 낼 수밖에 없는 경우가 많다. 먹음직스럽게 먹어야 복도 많이 들어온다는 우리의 문화와 음식물을 집을 때나 입에 넣을 때나 씹을 때 조용히 하려고 신경 써야 하는 서양의 식탁 예절과는 차이가 있다.

식사 중에 허리띠를 푸는 남자를 보면 우리야 기분이 좋지는 않더라도 많이 먹어서 그런가보다 하지만, 서양에서는 대단한 실례가 아닐 수 없다.

이처럼 우리가 아무렇지도 않게 하는 행동이 서양에서는 결례가 되는 경우가 있다. 식탁에서 이쑤시개를 쓰는 것도 그 한 예다. 눈에 띄지 않게 손으로 가리고 사용하면 되지 않겠느냐고 생각할지도 모르지만 그런 행동은 더욱 시선을 끈다. 서양의 식당에는 이쑤시개가 대체로 계산대 근처에 있는데 그들은 식사가 완전히 끝나고 사람들이 보지 않는 곳에서 사용한다.

식사 후 립스틱을 꺼내 바르고 콤팩트 분첩을 두드리는 모습은 우리 주위에서 아주 흔히 볼 수 있는 행동이다. 하지만 서양에서는 이렇게 식탁에서 화장을 매만지는 것 또한 대단한 실례다. 그리고 식사 후에 트림을 하는 것이 우리들에게도 환영을 받을 만하지는 않지만 소화가 잘되는 신호로 간주되기도 한다. 하지만 서양인들은 트림 자체를 항문에서 나오는 소리처럼 아주 부끄럽게 생각한다.

두루마리 화장지를 식탁 위에다 턱 하니 놓고 냅킨으로 사용하는 것을 본 서양인들은 대부분 깜짝 놀란다. 두루마리 화장지를 보는 서양인들의 대다수는 조건반사로 화장실을 떠올리기 때문이다. 그들이 두루마리 화장지를 사용하는 곳은 화장실뿐이다.

2) 식당(restaurant)에서의 매너

식당을 이용할 때도 서양과 우리는 큰 문화 차이를 보인다.

먼저, 서양에서는 웬만한 레스토랑이라면 예약은 기본이다. 그리고 격식이 있는 곳이라면 정장을 하고 가야 한다는 것은 잘 알고 있는 사항이다.

우리나라 사람들이 서양의 카페나 레스토랑을 이용할 때 무심코 하는 실수 중에는 이런 것이 있다. 주의해야 할 몇 가지를 소개하면 다음과 같다.

첫째, 입구에 들어섰을 때 빈자리가 보인다고 해서 성큼성큼 안으로 들어가는 행동은 삼가라. 웨이터나 웨이트리스가 자리를 안내해줄 때까지 입구에서 기다리는 것이 일반적이다.

둘째, 종업원이 엽차도 갖다주지 않는다고 욕하지 말라. 일본이나 우리나라에서만 엽차를 무료로 서비스한다.

셋째, 종업원이 주문 받으러 올 때까지 기다리는 것은 기본이다. 만일 급하게 주문하고 싶다면, 종업원에게 사인을 주되 큰소리로 부르지 않는다. 웨이터와 눈이 마주쳤을 때 조용히 손을 반쯤 올리는 제스처를 하면 된다.

넷째, 아무리 뜨거운 커피나 홍차라도 후후 불거나 홀짝거리는 소리를 내며 마시는 행동은 하지 말라. 또한 머그잔이 아닌 보통 찻잔에 담긴 차를 마실 때 찻잔을 두 손으로 감싸듯 잡는 것은 반칙이다. 우리에겐 왠지 고상하게 보일지 모르지만 서양 사람들은 누구도 그렇게 생각하지 않는다.

다섯째, 프랑스 잡지 같은 것을 보면 대낮부터 여성이 카페에 혼자 앉아 와인을 마시는 모습을 종종 볼 수 있다. 왠지 근사해 보이고 그쪽 지역에서는 여자가 혼자 나가 술잔을 기울여도 전혀 이상하지 않게 본다고 생각할 수도 있다. 그러나 같은 유럽이라고 해도 남이탈리아나 그리스 같은 데서 그런 행동을 할 생각은 아예 하지 않는 게 좋다.

여섯째, 서양에서는 음식값을 계산할 때 앉은 자리에서 하는 경우가 일반적이다. 계산하고 싶으면 조용한 손짓으로 웨이터를 불러 계산서를 갖다달라고 하는 게 보통이다. 그러면 웨이터가 계산서를 조그만 접시에 담아 갖다줄 것이다. 계산서를 확인한 후 돈과 함께 다시 접시에 담아놓으면 된다. 여기서 잊지 말 것은 음식값의 10퍼센트 정도에 해당하는 팁도 함께라는 것이다. 만약 신용카드로 계산한다면 나온 음식값에다 팁을 더한 금액을 적은 후 사인을 하면 된다.

이 밖에도 서양의 빵은 먹는 식품인 동시에 도구로도 많이 쓰인다. 음식의 건더기를 다 먹고 나면 소스가 흥건히 남아 있기 마련이다. 많은 서양인들은 격식을 차려야만 하는 자리라면 이것을 빵으로 깨끗이 닦듯이 해서 먹는다. 또, 스파게티는 포크를 세워 뱅글뱅글 돌려 감은 후 먹는데 이때 계속 면발이 따라 올라오면 빵으로 꾹 눌러서 끊는 모습도 자주 볼 수 있다.

음식뿐만이 아닌 모든 것이 그렇지만 익숙지 않은 문화를 대할 때는 본고장의 분위기에 맞게 따라하다 모르면 물어보고 안되면 가르쳐달라는 것이 좋다. 자연스럽지 실수하지 말아야 한다는 강박관념에 시달리면 오히려 큰 실수를 하게 된다. 젓가락질이 서투른 서양인들을 우리가 이해하듯이, 서양인들은 나이프와 포크 사용이 자연스럽지 못한 동양인이 성의를 보인 것만으로도 가상하게 생각한다.

유머 한마디

• **외국인을 위한 한식 식사능력 시험 - 실기시험**

문제1 젓가락만을 이용해서 주어진 도토리묵 무침 한 접시를 다 먹으시오.(제한시간 10분·20점)

※ 채점기준 집다가 잘리면 개당 1점 감점, 떨어뜨리면 개당 2점 감점, 다 먹은 그릇에 양념이 많이 남아 있으면 2점 감점.

문제2 젓가락만을 이용해서 주어진 콩자반 20개를 먹으시오.(제한시간 5분·15점)

※ 채점기준 흘리면 개당 1점 감점, 젓가락 한 개로 찍어 먹으면 2점 감점, 한 손에 젓가락 한 개씩 잡고 집어먹으면 1점 감점, 한 번에 두 개씩 먹으면 +1점 부여.

문제3 주어진 배추김치 조각을 한 손만으로 젓가락을 사용하여 3등분하시오.(제한시간 2분·30점)

※ 채점기준 두 손을 사용하면 5점 감점, 3등분 못하면 2점 감점, 나눠진 크기가 비슷하지 않으면 3점 감점, 양념이 다 떨어졌으면 5점 감점, 그릇 밖으로 퉁겨 나가면 실격.

세계의 요리와
유명 레스토랑

제2장

동양요리(I)
중국요리

제12장

중국요리

 중 국 • 다양함 속에 조화의 식문화를 갖춘 나라

2.1. 중국 음식의 특징

중국음식의 특징은 조리할 때 고온에서 단시간 처리하므로 재료의 특성을 살리고 영양소의 손실을 최소화한다. 그리고 녹말을 이용하여 음식을 부드럽고 기름진 맛을 감소시키며, 맛을 향상시키고 따뜻하게 한다. 또 다른 특징으로는 동식물 기름, 고추기름, 굴기름, 새우기름 등 조미료와 향신료를 합리적으로 배합하여 다양한 맛을 내며 말린 식품과 절임식품을 사용하는 음식이 많으나 조리용구의 종류는 적은 편이다.

중국요리라 하면 기름지다고 생각할 만큼 기름을 사용하는 요리가 많으나 기름의 사용방법이 아주 합리적이고 독특하기 때문에 싫증이 나지 않는다. 튀김요리의 경우 첫 번째 튀길 때는 재료 표면의 수분을 제거하기 위하여 7할 정도 익히고 다음 다시 한 번 더 튀기면 표면이 바싹해지고 속까지 연해진다. 부서지지 않는 재료라면 국자로 저어서 재료를 기름 밖으로 내었다 넣었다하면 두 번 튀기는 것과 같은 효과를 낼 수 있다.

　볶음의 경우도 짧은 시간 안에 요리를 하는데 반드시 냄비를 가열하여 기름을 넣은 다음 연기가 날 정도(약 200℃)로 끓여서 재료를 넣어 센 불로 짧은 시간에 볶아야만 가볍게 된다. 그러기 위해서는 재료를 같은 크기로 썰고 딱딱한 것이나 잘 익지 않은 것은 미리 익혀두었다가 동시에 볶아낸다. 특히 야채류는 살짝 익힌 정도가 되기 때문에 기름진 느낌이 적고 영양가가 풍부하다.

　딱딱한 돼지껍질이나 닭껍질, 생선뼈, 야채류의 단단한 부분도 기름을 사용하여 요리함으로써 버리지 않고 먹을 수 있다. 또 신선도가 약간 떨어지는 식품이라도 기름에 처리하면 불순물이 제거되고 재료의 맛을 살릴 수 있게 된다. 이러한 이유로 중국요리가 세계에서 가장 경제적이라는 평을 듣는다.

전통중식과 우리나라 중식의 차이

　57개 민족이 모여 유구한 역사를 이뤄낸 중국에는 요리마다 얽힌 사연이 많다. 짜장면이「자장면」(볶은 장과 함께 먹는 면)이라는 중국어에서 비롯하고, 탕수육(탕초육)이 설탕과 식초로 양념한 고기요리이다. 『한국인이 즐겨 먹는 중국요리는 기본적으로 중국 본토보다 야채같은 부재료를 많이 쓰고, 대신 양념은 적게 써 느끼한 맛이 덜하다』는 것이 두 나라 중국 요리의 차이점이다.

2.2. 중국의 4대 요리

　중국 요리는 전국적으로 여러 계통이 있지만 그 중에서도 유명한 것이 4대 요리이다. 광동성을 중심으로 남쪽지방에서 발달한 廣東(광조우)요리와 사천성을 중심으로 산악지대의 풍토에 영향을 받은 四川(쓰촨)요리, 황하 하류의 평야 지대를 중심으로 발달하여 상하이로 대표되는 上海(상하이)요리, 수도인 베이징의 고도를 중심으로 궁중요리(또는 宮廷料理)가 발달한 北京(베이징)요리 등이 있다. 그밖에 지방마다 특색있는 요리가 있어 종류만 하더라도 헤아릴 수 없이 많은 것이 중국 음식이다.

중국음식 맛내기

같은 중국요리인데도 집에서 만들면 제 맛이 나질 않는다. 중국요리의 비결은 처음부터 끝까지 센 불에서 단숨에 조리하는 것이다. 향신료는 먼저 볶고, 간장은 태우듯이 뜨겁게 달궈진 팬 가장자리로 흘려 넣어야 하며, 참기름은 맨 마지막에 넣는 것이 맛의 포인트이다. 그리고 튀김옷도 녹말을 이용해야 중국요리의 제 맛을 느낄 수 있다.

중국 사람들이 식사를 하는 광경은 와자지껄하다. 워낙 먹는 것을 즐기는 민족이고 보니 먹는 장소가 가장 즐거운 곳이 된다. 그래서 열심히 요리를 즐기며 이야기꽃을 피운다. 그래서 점심시간도 중화민국의 경우는 두 시간이나 되며 저녁시간은 물론 제한이 없다. 충분한 시간을 가지고 즐기는 것이다. 그런데 그들이 식사하는 모습을 보면 한국과 다른 점이 있다. 한국인은 깨끗하고 정갈하게 먹어야 예의인 줄 알지만 그들은 되도록 많이 먹어야 주인에 대한 예의가 된다.

1) 광동요리(광조우요리)

광동요리는 일명 난차이(南菜)라고도 하며 중국 남부지방의 요리를 대표하는 이 요리는 광주를 중심으로 복건성, 조주, 강동요리를 총칭한다. 이 지방은 16세기 이래 외국 선교사와 상인들의 왕래가 빈번한 곳이었기 때문에 전통요리에 서양요리법이 결합, 독특한 특성을 지니고 있다. 아열대에 위치하며 재료가 가진 맛을 잘 살려내는 담백함이 특징으로 서구요리의 영향을 받아 서양 야채, 토마토 케첩, 우스터 소스 등의 서양요리의 재료와 조미료를 받아들여 중국화(퓨전)한 요리가 많다.

중국 남부는 조림, 구이, 볶음 등의 요리로 이름난 지역으로 동물을 이용한 기상천외한 요리를 맛볼 수 있는 것이 특징이다. '먹는 것은 광주에서'라는 말이 있을 정도로 예로부터 요리가 발달해 왔다. 광동요리의 맛은 담백하고 달짝지근하여 역시 해안에 위치한 관계로 해산물을 이용한 요리가 풍부하다. 역사적으로 볼 때 외국과의 무역이 가장 활발했던 지역인 관계로 튀김요리나 소량의 기름을 사용해 굽는 요리 등 서양의 조리법을 일찍부터 받아들여 발전시켜 왔다.

광동요리는 일종의 독특한 풍미가 있으며, 맛이 산뜻하고 날 것에 가까운 풍미의 매력도 느낄 수 있다. 중국에서도 가장 종류가 많은 것이 이 요리로 재료는 네발 달린 짐승이면 무엇이든 된다고 할 정도이며, 지리적 조건도 바다, 산, 강, 들판 등 다양하므로 곳곳에서 얻을 수 있는 다채로운 재료를 쓴다. 볶음에 있어서는 재료가 지닌 자연의 맛을 살리기 위해 재료를 지나치게 익히지 않고 간을 싱겁게 하며 기름도 적게 사용한다.

(1) 광동요리의 대표 요리

① 딤섬(點心)

광동인들의 특징을 그대로 드러내는 음식이 얌차(飮茶)다. 얌차란 글자 그대로 차를 마시며 먹는 가벼운 간식. 이때 차와 함께 먹는 음식들, 교자, 장분, 춘권, 쇼마이, 연잎에 싼 밥 종류, 작은 만두 종류, 샥스핀 스프까지를 통틀어 딤섬(点心)이라고 부른다. 심지어는 프랑스식 타르트(tart)나 푸딩도 다 포함하니, 손에 잡히는 온갖 먹을거리는 다 딤섬인 셈이다. 딤섬은 모양새도 간단하고, 재료도 무엇이든 다 쓴다. 만두처럼 생긴 딤섬 한 가지도 소가 없는 것, 재료의 쓰임새가 다른 것, 반투명한 피 안으로 속이다 들여다보이는 것, 찐빵처럼 생긴 것 등 각양각색이다. 재료를 밀가루 반죽으로 다 둘러싸기도 하고, 윗부분을 개방시켜 꽃모양을 내기도 하고, 재료전체를 도르르 말아 버리기도 하고, 복주머니처럼 위쪽을 묶어 내기도 한다. 찌고 삶고 볶고 튀기고, 아무튼 요리를 할 수 있는 모든 방법이 총 동원돼 색다른 딤섬이 만들어지는 것이다. 홍콩의 웬만한 딤섬집에는 100여가지 이상의 딤섬메뉴가 구비되어 있다. 메뉴에도 지방색에 따라 상해식, 사천식 등의 이름이 붙어 있기도 한다. 딴 지역 문화 마저도 그럴싸하게 변형시켜 만들어 내는 다양한 딤섬. 딤섬은 중국 사람들의 먹을 거리에 대한 관심 그대로 하늘의 별만큼이나 종류가 다양하다.

② 통돼지구이

6kg 정도 되는 어린 돼지를 끓는 물에 넣어 털을 뽑고 배를 갈라 내장을 빼고는, 장, 술, 오향, 참기름, 소금 등의 갖은 양념을 한 후, 꼬챙이에 이 돼지 몸통을 꿰어

불에 구운 것이다. 잘 구워진 통돼지를 몸통 그대로 접시에 놓고 칼집을 낸 후 베이 징 오리처럼 장, 파와 함께 밀전병에 싸서 먹는데 그 맛은 그야말로 둘이 먹다 하나 죽어도 모른다.

한 그릇의 추억 - 짜장면(자장면)

한그릇에 3000원 안팎. 열량 463kcal. 요리 시간 3분. 날마다 전국 2만4000여곳에서 720만 그 릇이 팔리는 국민적 음식. (97년 통계청)

자장면 속엔 서민들의 눈물과 웃음이 있다. 검정 춘장보다 더 시커먼 한숨이 있고, 흰 면발보다 더 하얀 희망이 있다. 사람들은 가장 적은 돈을 들여 한끼를 때우며 또 그렇게 일상을 꾸려가고, 먼 곳에 떠나 있을 때 그 맛을 그리며 향수에 젖는다.

김의석 감독 「북경반점」과 김성홍 감독 「신장개업」은 스크린에서 자장면 요리대결을 벌인다. 정 통 드라마와 컬트 코미디로, 장르는 확연히 다르다. 하지만 자장면이라는 소재, 각기 24일과 5월1 일로 잡은 개봉시기까지 우연찮게 맞닿아 한판 대결을 피할 수 없다.

「북경반점」은 18개월 숙성시킨 자연 춘장 자장면에 일생을 건 사람들 이야기다. 양명안 화교인 중화요리협회 회장을 「요리자문」으로, 쉐라톤워커힐 중식당서 일하는 화교 모종안씨를 「요리감독」 으로 「모신」 데서 알 수 있듯, 제대로 된 음식영화를 만드는 데 전력을 기울였다.

김승우 진희경이 공연한 「신장개업」은 독특한 이야기가 눈길을 끈다. 장사가 잘 되는 이웃 중국 집 자장면 맛이 뛰어난 것은 인육을 쓰기 때문이라 믿는 사람들의 한바탕 소동이다. 「손톱」과 「올가 미」로 스릴러에 집중해온 김성홍 감독이 코믹 스릴러에 도전했다. 3억5000만원을 들여 남양주군 양수리 서울종합촬영소에 대규모 세트를 짓고 찍었다.

만화가 허영만은 최근 「짜장면」을 단행본으로 내놓았다. 넉달째 만화잡지 「부킹」에 상당한 인기 를 누리며 연재되고 있는 작품. 두 경쟁 중국음식점의 자장면 대결을 코믹하게 담는다. 각 장 이름 을 4자 성어로 붙여 흡사 무협소설같은 분위기로 끌어간다. 자장면을 만드는 방법에서 즐기는 요 령까지 상세한 해설과 그림을 곁들여 요리를 눈으로 즐기는 재미를 선사한다.

신인 랩그룹 god는 「어머님께」에서 어머니에 대한 절절한 그리움을 자장면에 담아 많은 이들을 울렸다. 가난했던 어린 시절, 아들에게 자장면 한그릇 사주면서 당신은 싫다며 지켜만 보던 어머니 에 대한 슬픈 추억이 담겼다. 하긴 그 시절 자장면은 「호사스런」 외식의 상징이었으니. 팬들은 20 만장 넘는 판매량으로 화답했다.

가장 한국적인 중국요리, 자장면의 역사엔 신산했지만 자랑스러운 과거와, 고단하지만 치열한 현재가 있다. 「…내 한 개 소독저로 부러질지라도/비 젖어 꺼진 등불 흔들리는 이 세상/슬픔을 섞 으며 행복보다 맛있는/짜장면을 먹으며 살아봐야겠다.」(정호승 「짜장면을 먹으며」)

2) 북경요리(베이징요리)

북경을 중심으로 남쪽으로 산동성, 서쪽으로 타이위안까지의 요리를 포함한다. 북경이 오랜 기간 중국의 수도였으므로 모든 문화의 중심지 역할을 해왔으며, 궁중 요리를 비롯하여 여러 가지 사치스러운 고급요리가 발달했다. 특히 청나라 때의 궁중요리가 기본이 되어 발달한 요리가 '베이징요리'이다. 지리적으로 한랭한 북방에 위치해서 높은 칼로리가 필요하여 육류를 중심으로 강한 화력을 써서 단시간에 조리하는 튀김 요리와 볶음요리가 발달했다. 화북평야의 광대한 농경지에서 생산되는 여러 곡물이 풍부해서 면, 만두, 떡이 유명하며 대표적인 요리는 베이징 오리구이이다.

또한 궁중요리(또는 宮廷料理)가 발달했는데 이는 궁중에서 황제를 위하여 만든 요리로, 청대에 이르러 그 절정을 이루었다. 북경이 그 본고장으로 베이징요리라고도 한다. 오랜 세월 동안 중국의 수도로 번영했기 때문에 수 백년간 여러 왕들에게 바쳐졌던 음식이다. 특히 그 중에서도 청나라 때는 정치력도 강하고 문화도 성숙하여 음식문화가 최고조에 달했다. 지금 베이징에서 맛볼 수 잇는 궁중요리 또한 대다수가 청나라 때의 것들이 대부분이다.

궁중요리는 각지의 진귀하고 좋은 재료를 골라 쓰는 것이 기본이며 가장 맛깔스러운 모양을 꾸며졌다. 영양가에서도 다른 어떤 요리보다 으뜸으로 보기만 해도 황제들이 먹던 음식임을 알 수 있다. 특별한 분이 드시는 것인 만큼 상어 지느러미, 곰발바닥, 오리물갈퀴, 제비집 등 호화로운 재료를 이용해서 만든 것도 특징이다. 하지만 궁중음식이라 해서 꼭 회귀하고 사치스런 재료만을 사용하는 것은 아니고 보통의 재료도 많이 이용된다. 대표적인 것으로는 '제비집 수프'와 오리의 물갈퀴를 주재료로 한 요리를 들 수 있다.

(1) 북경요리의 대표요리

① 북경통오리구이(北京鴨子)

오리요리의 대명사처럼 알려진 세계적인 명성의 북경통오리구이(베이징 덕)는 베이징에서 필수적으로 맛봐야 할 음식이다. 이 요리는 집오리를 구운 것으로 중국말로는 '베이징 카오야'라고 한다. 600년의 역사를 자랑하는 베이징 카오야는 재료로 쓰이는 오리의 사육법이 특수한 것으로도 유명하다. 부화한 후 50일 정도가 되면 좁고 어두운 곳에 집어넣어져 강제로 먹이만을 받아먹는다. 보름정도 운동도 안하고 마음껏 먹기만 하니 이 오리는 영양과잉과 운동부족으로 몸 전체에 지방이 오르게 되면서 처음보다 2배 정도로 뚱뚱해진다. 이것이 '티엔야'라고 불리는 오리로 베이징 카오야의 주재료가 된다.

베이징카오야는 이런 방식으로 사육된 오리가 아니면 제 맛이 나지 않는다고 한다. 베이징 카오야은 이 오리의 깃털과 물갈퀴를 떼 내고 내장을 꺼내어 껍질과 살 사이에 공기를 넣어 부풀어오르게 한다. 그 다음 몸 표면에 엿을 발라서 햇볕에 쬐인 다음 특별히 제작된 아궁이에서 표면이 다갈색이 될 때까지 잘 굽는다. 베이징 카오야는 이 바삭바삭한 껍질이 가장 먹을 만한 부분인데 먹을 때는 만두피처럼 얇은 전병에 된장을 바르고 파와 함께 싸서 먹는다. 보통 6인분씩 만들어지기 때문에 혼자서는 다 먹을 수 없으므로 여러 명이 같이 가는 게 좋다.

중국인들은 오랫동안 오리요리를 먹어왔으며 오리구이를 가장 좋아했던 황제는 청나라 건륭제(乾隆帝)였다고 전해진다. 황제의 취향에 따라 고관대작들은 물론 북경시민 전체가 오리구이를 즐겨 먹어 북경 도시 전체에서 오리 굽는 냄새가 풍길 지경이었다 한다. 굽는 동안 기름기가 빠져 느끼하지 않고 땔감과 과일 향기가 고기에 잔뜩 배어들어 건륭제가 특히 좋아했다고 한다.

북경 오리구이에서는 오리를 얼마나 얇게 써느냐가 요리사 실력을 판가름하는 요소가 된다. 최고의 요리사는 오리 한 마리를 무려 200조각 이상 썰어낸다고 한다. 물론 그 조각들 하나 하나에 고기와 껍질이 같이 붙어 있어야 제 맛이 난다. 밀전병에 얇게 썬 오리구이를 장에 찍어서 올려놓고 파 같은 야채를 살짝 곁들여 한 입 가득 넣고 풍족하게 먹는 오리구이는 중국이 자랑하는 진미 중의 진미(珍味)이며, 중국의 세계화된 대표적 요리이다.

② 유계포(溜鷄脯)

유계포는 청나라 궁중요리를 대표하는 요리의 하나로 재료가 간단하고 영양이 풍부한 것이 특징이다. 이 요리는 닭고기와 완두콩이 백록상간(白綠相間)하여 색조가 아름답고, 다진 닭고기를 이용해 입안에서 느껴지는 촉감이 부드럽고 매끈하며, 향기롭고 느끼하지 않은 맛이 난다. 또한 소화가 잘되므로 특히 노인이나 어린이에게 좋다. "음식에 있어 아름다운의 추구는 끝이 없다(食不厭精, 膾不厭細)" 라는 어귀를 가장 잘 표현한 전형적인 요리인 유계포는 청나라 궁중의 주방(御膳房)에서 창작한 요리로 일찍이 서태후가 가장 즐겨먹던 음식이었다고 한다.

옛 황제의 식탁

중국의 황제들은 어떤 요리로 식탁을 차렸는지? 특히 청나라 말기의 절대적인 권력을 자랑했던 서태후의 식탁을 보면 상당히 호화스러웠다는 것을 알 수 있다. 아침, 점심, 저녁의 정찬에는 주식이 50여종, 요리가 120여종, 여기에 사용되는 재료로 매일 500근의 고기와 100여 마리의 닭과 오리가 소비되었고, 매끼 식사 때 시중들던 신하들만 해도 450여명에 이르렀다. 물론 서태후도 사람이니 그 많은 음식을 다 먹지 못하고 대부분이 젓가락도 가지 않은 채 버려졌을 것이다. 그럼에도 불구하고 왜 그렇게 많은 음식을 장만했는지는 독살의 위험을 피하고자 한 원인이 가장 큰 것으로 알려져 있다. 중국의 황제는 '오늘은 무엇이 먹고 싶다'는 식의 말은 하지 못하게 되어 있는데 만약에 이런 말을 황제의 이런 말을 내시나 궁녀가 우연히 듣는다고 하더라도 이것을 입 밖으로 내면 바로 사형감이었다. 따라서 100가지가 넘는 요리를 매끼마다 차려놓고 무작위로 골라 먹었으며 세 번 이상 숟가락이 갔던 음식은 궁중 법규에 의해 25일간 다시 식탁에 오를 수 없었다고 한다.

---

3) 상해요리(상하이요리)

중국 중부지방의 대표적인 요리로서 남경, 상해, 양주, 소주 등지의 요리를 총칭한다. 이들 지방의 요리는 양자강 유역에서 나오는 풍부한 해산물과 미곡, 그리고 따뜻한 기후를 바탕으로 이 지방의 특산물인 장유(醬油)를 사용하여 만드는 것이 특징으로 맛이 비교적 달콤하고 기름기가 많으며 진하다. 중국 동부지방은 바다에 인접해 있는 관계로 생선과 새우 등 해산물을 이용한 찜과 조림이 발달했다. 요리의 모양은 별로 중요시하지 않는 반면 깊은 맛을 내는 데 심혈을 기울이기 때문에 장식은 거의 찾아 볼 수 없다. 돼지고기에 진간장 써서 만드는 요리가 유명하며 생선 한 마리를 가지고 머리에서 꼬리까지 양념을 달리해서 맛을 낸다. 상해는 쌀 생산지로도 아주 유명하므로 쌀밥에 어울리는 요리가 발달한 점도 하나의 특징이다.

(1) 상해요리의 대표요리

① 불도장(佛跳牆)

불도장은 상해 아래지역, 보건성을 대표하는 요리다. 불도장에는 전설이 있다. 출가한 지 얼마 되지 않은 동자승이 있었다. 매일 푸성귀만 먹어야 했던 그는 고기 생각만 해도 군침이 흐를 지경이 되었다. 결국 동자승은 불공드리러 온 사람들이 준비해 온 음식을 훔쳐서 항아리 안에 넣어뒀다가 사람들이 잠들면 먹기로 했다. 냄새가 퍼지지 않도록 항아리 주둥이를 종이로 틀어막고, 마땅한 땔감이 없어서 촛불로 오래도록 끓였다. 밀폐된 상태에서 천천히 오랜 시간 끓인 이 음식은 뚜껑을 열면 향기로운 냄새가 났다. 새벽이 되면 동자승은 일찍 일어나 절 밖으로 항아리를 들고 나가 먹어치우고 왔다. "이처럼 맛있는 음식은 부처도 담 넘어 와서 먹을 거야. 이렇게 해서 '부처도 담을 넘는다' 는 뜻으로 '불도장'이라는 이름으로 불리게 된 것이다.

또 다른 유래로는 1877년 관(官)의 요리사인 정춘발(鄭春發)이 동료와 같이 "취춘원(聚春園)"이란 음식점을 열어 이 요리를 상인, 관료, 시인 등에게 제공하였다. 어느 날 몇몇 고위관리와 문인들이 모여 연회를 열었는데 정춘발이 이 요리를 식탁위로 가져와 그 음식 항아리의 뚜껑을 여니 고기와 생선의 향이 코를 진동케 하는지라 많은 사람들이 그 향기에 취하였다. 한 고위 관리가 그 요리의 이름을 물으니 정춘발(鄭春發)은 아직 없다고 이르자, 그 날 그 연회에 참석한 한 사람이 즉흥시를 지어 : "啓　香飄四, 拂聞棄禪跳牆來." (항아리 뚜껑을 열자 그 향기가 사방에 진동하니, 참선을 하던 스님도 이 향기를 맡고 담을 뛰어넘네) 라고 시를 읊조리니 그 자리에 참석한 많은 고관과 문인 등 손님들이 듣고 그 기발함에 찬탄을 금치 못하였다. 이 때부터 그 시를 간략하게 줄여 이 요리를 "불도장(佛跳牆)"이라 부르게 되었으며, 이 요리는 100년이 넘게 지금까지 계속 전해져 내려오고 있다.

이 요리를 먹는 방법 또한 특별한데, 음식을 올릴 때 항아리의 모든 재료를 큰 그릇에 붓고, 뜨거운 기름에 비둘기 알을 살짝 익혀내 가장 윗 부분에 장식한다. 동시에 이 요리와 함께 '무장아찌' '햄과 섞은 숙주나물' '표고버섯과 콩 껍질 볶음' '매운 겨자 기름' '하얀 실빵과 참깨병'을 같이 곁들이면 그 맛이 일품이다.

② 게요리

  양쯔강 하류에 서식하는 민물게인데, 독특한 맛으로 온 세계의 미식가들에게 잘 알려져 있다. 다만 아쉽게도 언제나 그 참맛을 볼 수 있는게 아니라 9월 말경부터 1월 중순까지의 시기에 한정되어 있다. 상하이 게요리는 어떻게 조리한 것이든 다 맛있지만, 게를 푹 쪄서 생강 조각을 넣은 초간장에 찍어 먹는 게찜이 특히 일품이다. 또한 산게를 술에 담아 먹는 '취해' 또 여러 가지 재료를 달리해서 조린 게요리 등도 유명하다.

4) 사천요리

  중국 서방 양쯔강 상류의 산악지대 윈난, 구이저우 지방 요리를 가리킨다. 부식으로 이용하는 볶음요리가 주종을 이루며 다양한 향신료를 사용하는 것이 특징이다. 또 기름을 사용하면서도 느끼하지 않은 맛을 내는 것이 최고의 장점이며 따라서 한국인의 입맛에 가장 잘 맞는다. 야채나 민물고기를 이용한 음식들이 많고 다른 지방에서는 찾아 볼 수 없는 독특한 조리법이 많아 세계의 미식가들이 즐겨 찾는다.

  중국 내륙부의 쓰촨성, 구이저우성, 후난성 등지에서 발달한 요리이다. 이곳은 내륙부의 분지이기 때문에 여름은 매우 덥운데 이러한 날씨가 요리에 많은 영향을 주어서 쉽게 부패하는 것을 막기 위해 향신료를 많이 사용한다는 것이 특징이다. 특히 매운 요리의 대명사격으로 고추, 후추, 마늘, 파 등이 많이 사용되어 느끼한 중국요리들 중에서 단연 한국사람들의 입맛에 맞는 음식이라고 할 수 있다. 또 산악지대이기 때문에 재료를 소금으로 절이거나 말려서 보존하는 방법이 발달하였다. 대체로 신맛, 매운 맛, 톡 쏘는 맛 등이 주조를 이루고 있다고 보면 된다. 예를 들면 우리에게 가장 알려져 있는 사천요리 중의 하나가 마파두부이다. 두부와 다진 고기를 이용한 마파두부와 새우 고추장 볶음인 깐소새우가 유명하다.

(1) 사천요리의 대표요리

① 동파육(洞坡肉)

'동파육'이라는 요리는 중국의 유명한 문인이자 음식의 신(食神)의 경지에 올랐다는 소동파(蘇東坡)와 관련되어 이름 붙여진 것이다. 소동파가 어느 음식점에서 돼지고기와 술을 가져오라고 주문했는데 잘못 들은 요리사가 돼지고기에 술을 넣어와 그때까지 없던 새로운 요리가 탄생된 것이고 전해지기도 한다.

정치인으로서 소동파의 인생역정은 고달팠지만 수차에 걸친 귀양생활이 그의 앞날을 가로막곤 했다. 하지만 그는 최악의 상황에서도 세상사(世上事)를 초월하는 시를 남기곤 했다. 그는 깡촌인 후베이성(湖北省) 황저우(黃州)에서 오랜 귀양살이를 했는데, 이곳은 예로부터 돼지고기가 맛있기로 유명한 곳이었다. 그는 유배지에서 돼지고기를 소재로 다양한 요리를 개발하였는데 소동파의 요리를 통하여 황저우산 돼지고기 맛이 중국 전역으로 퍼져나갔다.

소동파에 대한 존경의 표시로 이 지역 돼지고기 요리에는 대부분 '동파'라는 말이 붙는데 이 중에서도 최고의 요리로 치는 것이 '동파육'이다. 동파육은 입안에서 고기가 문드러지면서 녹아버릴 정도로 부드럽다. 삼겹살이나 오겹살을 토막내서 기름에 튀긴 후 대파와 팔각, 술, 간장, 설탕 등을 한데 넣고 센 불로 팔팔 끓이면서 국물이 사라질 정도로 쫄 때까지 잔불로 고아내는 게 동파육 만드는 비법이다. 금방이라도 흩어져버릴 것 같은 고기를 세심한 손길로 쪽파로 묶어서 내놓는다. 고기를 깨물면 순식간에 고기는 목구멍 너머로 사라져 버리고 쪽파의 은은한 향기만 입안에 남는다.

② 마파두부

고추장(또는 두반장), 참기름, 마늘, 파, 생강 등을 기름에 볶다가 깍두기 모양으로 썬 두부를 넣고 마지막에 전분으로 걸쭉하게 하는 요리이다. '마파'는 곰보인 노파를 말하며 마파두부를 아주 맛있게 잘 만드는 할머니의 얼굴이 곰보였기 때문에 붙여진 이름이라고 한다.

청나라 말 중국 사천. 근근히 생계를 이어가던 진씨 아줌마는 남편을 일찍 여의었다. 다행히 친구가 도와줘 식당을 열었는데, 비싼 재료를 살 돈이 없어 값싼 고기와 두부를 사다 요리를 하곤 했다. 사천 특유의 매운 두반장을 넣고 볶은 마파두부는 값싸고 양이 많아 짧은 시간에 명성을 얻었다. 한번 맛 본 사람들은 마파두부를 잊지 못했다. 덕택에 진씨 아줌마는 삽시간에 많은 돈을 벌었다고 한다. 지금도 사천지방에 가면 '진 마파두부점'이 성업 중이라고 한다.

마파두부에서 두부는 연하고 뜨거워야 하며 부서지지 않게 가지런히 놓아야 한다. 빨간 국물에서는 자르르 윤기가 돌아야 한다. 부드러운 두부와 쇠고기 씹히는 맛이 어우러지고 매운 냄새가 콧속을 자극하는 게 마파두부의 珍味(진미)다. 이러한 진미 조건은 다섯 가지로 입안이 얼얼해야 하며, 맵고, 뜨겁고, 고기가 쫄깃쫄깃해야 하며, 연해야 한다.

③ 깐소 샥스핀

깐소 샥스핀은 최고급 상어지느러미로 만든 사천 최고요리 중 하나다.

청나라 말, 사천성에 유명한 미식가가 있었다. 권업도대(勸業道臺)라는 관직에 주선배(周善培)라는 사람은 타고난 미식가였을 뿐만 아니라 새로운 요리를 많이 개발, 오늘의 사천 요리를 만드는데 지대한 영향을 끼쳤다. 주선배는 요리 연구를 위해 일본 유학까지 다녀왔으며, 임지인 사천으로 갈 때는 강소성과 절강성 요리를 잘하는 주방장을 데리고 갔다. 여기서 강소, 절강의 장점과 사천의 특색이 잘 어우러진 요리들이 탄생한다. 그가 만든 요리들은 양자강 이남의 풍속과 잘 어울린다 하여 통칭 남채라고 불리며 그 중에서 가장 대표적인게 바로 깐소 샥스핀이다.

깐소 샥스핀은 깐소라는 요리법과 샥스핀(상어지느러미)이란 재료가 만나 이뤄낸 최고 미식이다. 국물 없이 바싹 볶는 양념은 맵고, 짜며 여기에 샥스핀의 신선한 맛이 어우러진 결정체다. 상어 지느러미는 찜통에 넣고 수 시간 쪄야 섬유질이 없어지면서 살이 투명하고 깨끗해진다. 이것을 얇은 면에 싸서 약한 불로 천천히 가열하면서 육수 맛이 충분히 배들게 하면, 상어지느러미는 밝은 황금색을 띠며 자르르 윤기가 돈다. 한 입 깨물면 말랑말랑 하면서 산뜻하게 탱탱한 느낌이 혀에 착 달라붙는 것 같은데 깐소요리는 품위 있고 맛 자체도 풍부하다.

2.3. 중국요리의 이해와 메뉴해석

음식점에서 나오는 메뉴를 보면 대충 어떤 식재료로 조리했는지를 짐작할 수가 있다. 대부분 조리법, 주재료의 이름, 자르는 방법(써는 방법) 순으로 요리의 이름이 지어져 있다. 예를 들면 炒肉片(좌로팬)이라는 요리는 돼지고기(肉, 로)를 얇게 썰어서(片, 팬) 볶은(炒, 좌)요리이다. 다른 요리에 응용해 본다면 炒肉片(좌로팬)과 같이 썰어서 같은 조리법으로 닭고기를 사용했다면 炒鷄片(좌찌이팬)이 되며, 같은 조리법이지만 돼지고기를 채로 썰어서 조리했다면 炒肉絲(좌로쓰)가 된다.

조리방법에 따라서 볶음요리는 炒(좌), 튀김요리는 炸(짜), 국은 湯(탕), 찜요리는 蒸(쩡), 조림은(웨), 센 불에 기름으로 볶은 요리는 煎(젠)이라는 글자가 붙기 때문에 요리 이름만 보고도 그 조리법을 구별할 수가 있다. 같은 조림요리 중에서도 희게 조린 것은 白(바이웨), 간장을 넣어 색깔이 있게 한 것은 紅(홍웨)라 구별한다. 국도 맑은 것은 淸湯(칭탕), 녹말을 썩어 농도를 엷게 한 것은 會(회)라 한다.

중국에서는 습관상 고기(肉, 로)라 하면 일반적으로 돼지고기를 의미하며, 쇠고기는 牛肉(뉴로), 양고기는 羊肉(얀로), 닭고기는 鷄肉(찌이로) 라고 부른다. 주(主)가 되는 식재료 외에 여러 가지 재료를 혼합하여 조리할 때는 그 중 특수한 재료의 이름을 넣기도 한다. 또 재료의 상태를 표시하는 경우도 있는데 肥(삐이)는 살이 찌고 연하다는 뜻이고, 全(젠)은 온마리를 뜻하며, 鮮(샌)은 신선하다는 것을 의미한다.

식재료를 써는 방법에 따라서는 片(팬; 굵은 채), 絲(수; 고은 채), 條(쵸; 중간채), 丁(댄; 네모꼴), 塊(콰이; 둥글게 쓴 것), 碎(쫘이; 다진 것) 등으로 구분된다. 그리고 요리의 형태(모양)에 따라 이름을 붙이기도 하고, 특수한 향신료나 인명·지명을 요리이름에 붙이기도 한다. 그리고 "많다·귀하다·좋다" 라는 뜻이 포함된 三, 五, 八, 十, 仙, 寶, 喜, 錦 등의 글자를 요리이름에 붙이기도 한다. 우리가 알고있는 중국요리인 오향장육, 오향족발, 팔보채, 삼선짜장 등은 특수한 향신료인 五香(오향)을 이용하거나, 吉(길)하다는 뜻의 글자를 붙인 요리다.

1) 요리의 모양을 형용한 이름

菊花鍋子(쮸후아꿔즈) : 엷게 뜬 흰살 생선을 국화모양으로 접시에 담은 요리

木筆白菜(무피바이채) : 붓처럼 다듬어 찐 배추찜요리

2) 인명·지명을 사용한 요리

西湖漁翅(시호유이찌이) : 중국의 대표적인 호수인 西湖(서호)의 이름을 딴 상어지느러미 요리

東坡肉(동뽀로) : 시인이자 식도락가였던 소동파의 이름을 붙인 요리

李公大會(리공대회) : 정치가이자 식도락가인 이홍장의 이름을 붙인 요리

北京鴨子(베이징야쯔) : 북경통오리구이

天津麵(텐진맨), 廣東麵(꽝뚱맨) 등이 있다.

2.4. 중국의 차와 술

1) 중국차

전세계에서 즐기는 차의 주 원산지는 중국의 운남성, 귀주성, 사천성 등 산간지이며, 식물학적으로는 동백과의 상록수에 속한다. 중국의 차는 처음 약용으로 사용되었는데, 중국 고서중 하나인 '다경(茶經)' 중에 신농씨(神農氏)가 인간에게 맞는 약을 찾아 산과 들을 돌아다니면서 초근목피를 채취하여 먹었는데 하루에도 수십 번씩 독초를 먹게 되었다. 그때마다 '차의 잎'으로 해독하였다고 하는 기록은 잘 알려진 이야기 일 것이다. 아무튼 차의 역사는 지극히 오래되었고, 약으로서 그 역사가 시작되었다고 한 것은 확실한 것 같다.

차가 대중음료로서 본격적으로 정착한 것은 당(唐)대 (약 7세기에서 10세기 무렵)

무렵으로 추측한다. 당시의 대도시였던 장안과 낙양 등에서는 일반 가정에서도 차를 마셨지만 거리에는 다점(茶店)이 많이 출현 하였다. 또 차에는 떡차라고 불리우는 차가 있었는데 차의 잎을 따서 절구로 찧어 떡모양으로 굳혀서 보전하는 고형차이었다. 마실 때는 빻아서 분말로 만든 후 뜨거운 물에 타서 마셨는데 생강과 감초, 소금 등을 넣어 마시기도 했다. 원(元)시대에는 북방의 유목민족과 교류가 생기면서 차에 버터와 우유를 넣어 즐겨 마셨다.

고형차로 부터 오늘날의 엽차 형태로 바뀐 것은 명나라 때부터인데 가마솥에다가 차를 볶아서 만드는 형태로 일대 변혁을 가져오게 되었다. 차에 쟈스민 등의 꽃향기를 첨가하기 시작한 때도 이때부터이다.

모든 요리가 다 끝나면 차나 과일이 식탁에 나오게 되는데, 때로는 자리를 옮겨서 별실에 마련해 놓고 권하는 경우도 있다. 차 잎을 끓인 물에 담갔다가 마시는 방법과 차충(중국의 찻잔)이라는 뚜껑이 있는 찻잔에 직접 찻잎과 더운물을 넣어서 마시는 방법이 있다. 차충으로 마시는 경우에는 먼저 차충에 1인분의 차 잎을 넣고 그 위에 끓는 물을 부어 향기가 달아나지 않도록 뚜껑을 덮어서 손님에게 권한다. 받을 때에는 그대로 오른손으로 받아 왼손으로 옮겨 오른손으로 뚜껑을 열어 놓은 채로 마신다. 더 청할 때에는 뚜껑을 열어 놓으면 끓는 물을 다시 부어 준다. 기름진 음식이 주를 이루는 중국음식을 먹는 중국인들이 비만인이 드문 것은 차를 즐겨 마시기 때문이라고도 하는데 중국인들이 마시는 차는 종류만도 매우 다양하다.

(1) 룽징차

중국 차 중에서도 가장 으뜸으로 치는 차로 청나라 건륭제 때에는 황실에서만 먹을 수 있었던 고급품인데 특산지는 항저우에 있는 룽징이라는 차밭이다.

(2) 우롱차

우리나라에서도 많은 사람들이 즐기는 차로 반쯤 발효된 것이다. 푸젠성의 우이산에서 나는 것이 가장 고급품으로 '우이산수'라는 상표가 붙은 것이 가장 유명하다.

(3) 마오리화차

우리나라에서는 쟈스민차로 더 유명하며 1/4 정도 발효시킨 차에다가 마오리화 꽃을 혼합하여 만든 차.

(4) 인젠백호

고원이나 고산지대에서만 자라는 진귀한 차 종류로 옛날부터 황제만 마실 수 있었던 것인데 불로장생의 약차로도 유명하다.

(5) 군산인젠

동정호 가운데 떠 있는 작은 섬인 군산에서 생산되는 것으로 이 차 역시 옛날에는 황제만이 먹을 수 있었던 명차이다.

(6) 푸얼차

윈난성의 특산차로 발효시킨 것이 특징이다. 차의 잎을 그대로 말려 파는 것과 찻잎을 쪄서 벽돌 모양으로 압축시켜 만든 전차형태의 두 가지가 있다.

(7) 톄관인차

우롱차의 일종으로 푸젠성이 특산지이며 주로 차오저우 요리에 반드시 나오는 차로 소화에 좋다.

2) 중국술

중국에는 지방마다 한두 개 정도의 특산주가 있을 정도로 술의 종류가 매우 많을 뿐 아니라 알코올 도수가 보통 40~60도로 매우 독한 것이 유명하다. 그래서 술에 관한 고사도 많이 있으며, 술을 노래한 시인들도 많은 편이다. 이태백(李太白)같은 주선(酒仙)은 술을 먹다가 삶을 마감했고, 한국인들에게도 익히 알려진 전원시인 도연명(陶淵明)은 헌주사(獻酒詞) 25편을 남겼다. 그들은 술을 인생의 좋은 반려이며 삶의 질을 높여주는 좋은 짝으로 보았다.

중국의 술은 크게 다섯 가지로 나눌 수 있는데, 증류주인 백주, 양조주인 황주, 한 방약을 이용한 노주, 과일 등을 이용한 과실주, 그리고 맥주 등이 있다.

(1) 백주(白酒)

백주란 한국의 청주처럼 백색 투명한 술을 통틀어서 부르는 말이다. 곡류나 잡곡 류를 원료로 해서 만드는 증류주로서 알콜도수가 보통 40도 이상으로 매우 독하다. 중국에서 백주를 빚은 것은 아마도 송나라 때가 아닌가 한다. 지금부터 약 9백 년 전 쯤 되는 셈이다. 이때부터 백주는 중국 술의 주종을 이루게 되는데 지금 한국인들이 일컫는 중국술은 거의가 여기에 속한다. <수호전>의 주인공 무송이 마셨던 술을 경 양춘 또는 무송주라고 하는데 역시 백주의 일종이다.

백주로 유명한 것으로는 귀주성에서 생산되는 마오타이주, 산서성에서 생산되는 분주, 그리고 수수, 밀, 옥수수, 찹쌀, 멥쌀 등 5종의 곡물을 재료로 해서 빚은 오곡액 (五穀液), 그리고 한국인들이 잘 알고 있는 고량주(배갈) 등이 있다.

(2) 황주(黃酒)

황주는 일종의 저알콜술(일반적으로 15~20도)로 황색이며 윤기가 있다 해서 그 이름이 붙여졌다. 황주는 한국의 탁주에 해당하지만 탁주만큼 흐리지는 않다. 황주 의 특징은 백주와 정반대이다. 즉 황주는 한국의 막걸리처럼 발효주로서 그다지 독 하지는 않다. 황주는 곡물을 원료로 해서 전용 주룩과 주약(약초랑 그 즙 등을 넣어 배합을 하고 곰팡이를 채운 것)을 첨가하여 당화, 발효, 숙성의 과정을 거쳐 마지막 에 압축해서 만들어진다.

황주의 역사는 중국 술의 역사와 같다. 벌써 4천 년이 넘는다. 황주의 명칭은 색깔 이나(紅酒·黑酒) 산지(紹興酒·蘭陵美酒), 맛(三冬蜜酒), 양조법(加飯酒)에 따라 무 척 다양하다. 현재 중국의 대표적인 황주는 소홍주를 꼽을 수 있다. 소홍주는 품종이 많은데 주요한 것으로는 원홍주, 가반주, 선양주, 향설주 등이 있다.

(3) 노주(露酒)

노주는 약주(藥酒)라고 할 수 있는데 술에다 각종 식물이나 약재를 넣고 함께 증류시켜 독특한 맛과 향기를 나게 한 술이다. 노(露)는 이슬을 말하며 이런 새벽의 영롱한 건강을 상징하기도 하여 붙여진 이름이다. 현재 중국에서 대표적인 노주라면 죽엽청주와 오가피주가 있다.

(4) 과실주

과실주의 대표는 역시 포도주이다. 사마천의 <사기>에 보면 중국의 서북지방에서 포도를 재배하여 술을 담갔다는 기록이 있는 것으로 보아 포도주의 역사는 최소한 2천 2백 년이 넘는다. 현재 중국의 최상급 포도주로는 산동 연대의 홍포도주와 청도의 백포도주가 유명하다. 연대포도주로 유명한 연대는 국제 포도주 도시로서, 지부는 연대의 북쪽 9㎞에 있는 작은 섬이지만 지부라고 하면 프랑스의 보르도나 포르투칼의 오포르토와 같이 연대 포도주의 대명사로 되어 있다. 1892년 창업한 장유공사산의 연대적포도주, 연대미미사. 금장백란지 등을 중국의 명주로 손꼽을 수 있다.

(5) 맥주

맥주는 중국에서 가장 많은 종류를 자랑하는 술로 각 지방마다 고유 브랜드를 가진 것이 많다. 그 중에서 청도맥주가 가장 유명한데 독일과 기술을 제휴하여 만든 것이다. 그 외에 북경, 상해, 서안 등지에 각각의 브랜드를 가진 맥주들이 있다.

2.5. 중국의 식문화와 음주문화

1) 중국의 식문화

중국 사람들의 먹는 것에 대한 집착은 대단히 강하다. 흔히들 한국 사람들은 인간이 살아가는 데 가장 중요한 것으로 의·식·주 (衣食住) 세 가지를 든다. 그 어느 하나도 빠져서는 살 수 없다는 뜻이다. 이 중에서 중국인들은 식(食)을 가장 우선적으로 꼽는다. 그래서 중국인들은 먹는 것 외에는 그다지 신경을 쓰지 않는다. 그들은 아무리 부자라 할지라도 외관에 치중하지 않는다. 그래서 옷이나 집의 화려함을 가지고 그들의 빈부를 따지는 것만큼이나 어리석은 짓도 없다.

중국에서는 요리가 한국처럼 한꺼번에 나오는 것이 아니라 순서대로 하나씩 나오는데 큰 접시에 요리를 내놓는다. 이것을 탁자 가운데 올려놓으면 탁자의 중앙은 회전할 수 있도록 되어 있다. 그래서 자기 앞으로 돌려놓은 다음 적당한 양을 덜어 먹는다. 물론 맨 마지막으로 나오는 것이 탕(국)과 과일(디저트)이다. 그러므로 한 가지 요리를 너무 많이 먹으면 그 다음 요리를 잘 먹기가 어려우므로 식사양을 조절하면서 먹어야 한다.

우리나라에서의 반찬을 제외한 국과 밥은 개인별로 나누어 상을 차리는 것과는 달리 중국은 일반적으로 회전이 가능한 원탁에 한가지 요리를 한 접시에 모두 담아 판을 돌려 가며 나누어 먹는 것이 외관상 눈에 띄는 습관의 차이 중의 하나다. 식당에서 음식을 주문할 경우 대개 채소와 고기, 해산물 요리를 조합하고 냉채(凉菜)와 더운 음식을 적절히 조정하고 간단히 밥이나 면을 곁들여 주문하면 무난한 편이다. 중국요리의 대단한 명성과 화려한 외양과는 대조적으로 실제 중국인민들의 식생활은 그리 화려하지도 대단하지도 못하다. 아침에는 대개 중국식 빵이나 죽을 먹고, 점심때는 직장 주변 혹은 구내의 식당에서 한끼를 해결하게 되는데, 양철 밥그릇과 숟가락 하나 달랑 들고 길게 줄지어 늘어섰다가 밥 한 그릇씩 받아들고 삼삼오오 길을 걸어가면서 밥을 떠먹는다. 저녁은 대개 각자의 가정에서 요리하여 먹게 되는데 맞벌이가 대부분인 중국 가정에서는 먼저 귀가한 쪽이 식사 준비를 한다.

중국인들은 아침, 점심을 간단한 면이나 빵으로 먹는 반면, 저녁은 가족이나 친지들과 어울려 잘 먹는 경향이 있다. 여럿이 모여 식사할 때는 8, 12가지 또는 16가지 요리가 상에 오르기 마련인데, 찬요리가 먼저 나오며 저렴한 요리부터 시작해 고급 요리가 나오므로 먼저 몇 가지 코스인지 알아두고 코스 중반부터 본격적으로 먹어야 한다. 이렇게 많은 요리를 내다보니 먹는 것보다 남기는 것이 많고, 또 남는 음식을 가져가는 습관이 있다.

중국요리는 대개 큰 접시에 나오는데 우리나라와는 달리 중국 사람들은 짝수를 좋아하므로 요리의 가지 수는 될 수 있는 대로 짝을 맞추는 것이 좋다. 중국 요리의 주문 방법은 여러 가지가 있으나, 4개채 1개탕을 기본으로 하며 짝수를 귀하여 여기는 습관에서 이와 같이 설정되었는데 이것은 요리 네 가지에 탕 한 가지라는 뜻이다.

중국 음식점에서 요리를 주문할 경우에는 불요향채(不要香菜)라고 하는 것을 잊지 말도록 해야 한다. 이것은 향채를 넣지 말라는 주문으로 향채는 중국 음식의 독특한 향을 내는 향신료 중의 하나이다. 대개는 이 냄새 때문에 중국 음식을 먹지 못하는 사람이 많기 때문에 이것을 넣지 않는다면 그런대로 먹을 만하다.

2) 중국의 음주문화

중국인은 술에 취해 실수하는 것을 몹시 싫어한다. 그래서 중국에서는 술에 취해 비틀거리는 사람을 구경하기 힘들다. 중국의 술 중에는 특히 독한 술이 많기 때문에 한국의 소주 마시듯이 마시면 술이 취하기 쉽다. 중국인이 건배를 외치며 술을 권해 올 때는 한 번에 다 들이켜는 건배의 의미로 중도에 내려놓으면 실례가 되며 술이 약한 사람의 경우 음주 전 양해를 구해놓는 것이 좋다. 우리의 '원샷'에 해당하는 말이 중국에서는 '깐뻬이(乾杯)'이다. 그런데 중국인들의 주도는 술자리가 처음 시작됐을 때 술을 연거푸 석잔 '깐 깐 깐'하는 것이다. 빈속에다 세잔 연거푸 독주를 들이키게 되면 그런 주법에 익숙하지 않은 외국인의 경우에는 초반부터 완전히 취해버리곤 한다. 하지만 이것도 일단 길들여지면 우리의 술자리보다 편한 점이 있기도 하다. 중국사람들도 우리처럼 반강제적으로 술을 권하기도 하고 술 못 먹으면 사회생활 하는데 지장이 있다는 식이다. 하지만, 일단 깐, 깐, 깐을 한 후에는 자기가 마시고 싶으면 마시고 그렇지 않으면 마시지 않아도 된다.

중국사람들은 절대로 잔을 돌리지 않는다. 우리나라 사람들이 중국사람과 술을 마실 때 주의 해야할 점이기도 하다. 우리처럼 술 마시면서 웃고 떠드는 건 그들도 상당히 좋아하지만 음주습관까지 같지는 않다. 술잔 돌리기가 우리에게나 정감 있는 것이지 중국 사람에게 강요한다면 아주 큰 곤혹감을 줄 뿐이다. 또한 중국사람들은 술을 아주 좋아하고 즐기지만 정도 이상으로 마셔서 술주정을 하는 것은 좋아하지 않을뿐더러, 그런 모습은 좀처럼 보기가 힘들다. 그 외에도 잔이 다 비기 전에 술을 첨가해 따르는 첨잔 습관 등이 우리와는 다른 음주문화이다.

중국 요리 주문하는 법

• 중국 요리를 주문하는 방법은 다음과 같다.

큰 접시에 담겨 나오는 중국 요리는 식사하는 인원수와 요리를 동수로 하여 주문하는 것이 적당하다. 요리의 숫자가 인원수의 1.5배인 경우는 좀 넉넉하고 인원수의 2배로 주문할 때는 너무 많이 남기게 된다. 즉 8명이 식사를 한다면 8접시가 적당한 셈. 중국요리의 주문 방법은 여러 가지가 있으나 중국의 전통적인 요리 코스의 관습으로서 대표적인 것을 쓰도록 한다. 중국 사람들은 짝수를 좋아하므로 요리의 가짓수는 될 수 있는 대로 짝을 맞추는 것이 좋다. 요리는 국물이 적은 것부터 순서대로 나온다.

(1) 4개채

전채(냉채가 전채가 된다) – 볶음요리 –조림요리–튀김요리(생선이나 고기요리),탕은 특별한 것이 없다.

예)1.냉채(해파리 냉채) 2.팔보채 3.새우케첩 볶음 4.닭고기 튀김 그리고 면 종류나 만두로 하고 후식 한 가지를 주문하면 된다.

(2) 6개채

4개채+(먼저 요리가 고기라면)생선–후식

예)1.냉채(새우와 해파리 냉채) 2. 송이버섯과 소고기 볶음 3.탕수도미 4.마파도후 5.제육튀김 6. 후식 그 다음에 면 종류나 만두 종류로 식사를 하게 된다.

(3) 8개채

6개채+튀김요리–탕요리. 중국의 최고급 요리코스로 10가지의 요리가 나온다.

예)1.8색 냉채 2. 해삼과 전복 3. 바다 조갯살 튀김 4.아스파라거스와 송이볶음 5. 동구벗과 새우 볶음 6.5가지 야채와 닭고기 볶음 7. 해산물 삭스핀 8. 왕새우 튀김 9. 도미찜 10. 완탕

2.6. 유명 음식점

1) 전취덕(全聚德)

1864년(청조 同治年)에 건립되어 136년이라는 오랜 전통을 자랑하는 전취덕은 깊은 중국문화의 숨결을 지니고 있는 곳이다. 전취덕은 통오리구이가 대표적 요리로 정착되었고, 400여가지 독특한 음식을 제공함으로써 독특한 음식문화를 이룩한 전취

덕은 이미 중화음식문화의 중요한 부분이 되어 그 이름을 해외에까지 떨치고 있다. 전취덕은 북경에만 분점이 20여 곳 있으며, 전국에 40여 곳의 체인점을 갖고 있다. 그 중에서도 王府井店(췌금원), 前門店(사계청), 和平門店(오주원)이 가장 유명한 곳이다.

오리구이에서 주로 먹는 부위는 연한 살과 바삭바삭한 껍질이지만 전통요리법을 전수하여 유명한 식당 '전취덕(全聚德)'에서는 그 외에도 오리기름 류황채, 오리채 콩나물볶음, 오리뼈탕 등 세 가지 음식을 더 식탁에 올려 대성공을 거뒀다. 오리 한 마리를 어느 한 부위도 버리지 않고 전부 손님식탁에 올려놓았는데 이것이 일압사흘(一鴨四吃), 즉 오리 한 마리로 네 가지 요리를 만들어 먹는다는 뜻이다.

(1) 췌금원(萃錦園)

왕부정 전취덕 통오리구이점은 왕부정 거리에 위치하는데 이곳은 명대의 열 개의 왕족의 저택이 있던 곳이다. "萃錦園"의 명칭은 그 곳에서 따온 것으로 아름다움과 수려함이 한데 모여있는 것을 뜻한다. 왕부건축의 풍을 지니고 있고, 황궁 왕부亭(정자), 閣(누각), 堂(가옥)의 명칭을 사용하고 왕부의 음악 그리고 시와 그림의 아름다움도 엿볼 수 있다.

홀 내에는 잘 조각되고 잘 그려진 기둥과 자줏빛의 목재들이 복도를 감싸고,文淵閣(문연각), 怡春堂(이춘당), 延望閣(연망각), 延暉閣(연취각), 符望閣(부망각), 靜憩軒(정게헌) 등 농후함과 어슴프레한 분위기와 조용하고 운치가 곁들여져 있는데 겉으로 보았을 때는 장중함과 우아한 아름다움이 잘 연출되고 있고, 그 큰 틀 안의 작은 것들은 아주 정교하고 아기자기하며 수려한 멋을 자랑하는데 대청안에 씌여진 詩文들과 그림들은 제각기 왕부의 고급스럽고 우아한 멋을 풍기고 있다.

(2) 사계청(四季廳)

前門의 전취덕통오리구이점 사계청은 "全聚德"의 근원지로 전통을 자랑하는 음식점은 손님들이 좋아하는 음식점이다. 계절의 변화에 따라 봄, 여름, 가을, 겨울에는 각각 "芝蘭(지란)" "積翠(적취)" "鞠香(국향)" "梅塢(매오)"로 이름 붙여지고,여기에 두 홀에 "荷香(하향)"(연꽃내음) "月桂(월계)"(달의 계수나무)의 글자가 앞뒤로 연결이 되어, 읽으면 사람을 편안하고 차분하게 하는 글귀가 씌여있다. 우아한 자태를 자랑하며 은은한 향기를 머금은 란, 사계절 늘 푸르른 비취색의 대나무, 흩날리듯 하고 고결한 국화, 서리와 눈의 시련을 이겨내는 매화, 반듯하게 뻗어 나온 연꽃이 맑은 빛을 발산하는 듯 하며 예술적으로 뛰어난 사람이 등(燈)을 정교하게 만들고 수묵화가가 먹물의 농담을 잘 살려 소슬한 날의 밝은 달이 휘영청 떠 있는 듯한 등을 가운데 달아두었다. 심미스럽고 깨끗한 기분, 꽃 나무의 우아함, 그리고 깨끗한 눈으로 목욕을 한 듯이 맑은 기분을 준다.

(3) 오주원(五州園)

화평문의 전취덕통오리구이점은 周恩來(주은래)총리가 직접 장소를 선택하여 건축된 것이다. 국내외 고위급 외교관들의 연회장소로 이용되는 중요한 곳으로써 친선 목적의 문화와 평화를 다지는 곳이다. 오주원의 뜻은 다섯 주의 민족이 서로 우애를 다지고, 천하의 미식을 맛보는 곳이라는 의미에서 지어진 것이다.

"景和(경화)" "知春(지춘)" "流杯(유비)" "韶樂(소락)" "怡然(이란)" "飛天(비천)" "寶鼎(보정)" 이라는 각 방의 이름은 시구에서 뽑아낸 것으로써 맑고 깨끗하고 호방한 기풍이 살아 숨쉬는 듯한 느낌을 주게 한다. 통오리구이를 먹고, 술을 맛보며 음미하고 신선의 음악을 들음으로 해서 농후한 동방문화에 흠뻑 젖어들게 한다. 복도의 벽에는 이 곳을 방문했던 여러 나라의 원수들과 대사 및 귀빈들이 왕림하여 찍은 사진들과 묵보(墨寶; 남의 쓴 글을 높여서 부르는 말) 들이 걸려져 있다. 전취덕은 이렇게 각 곳의 귀빈들이 모임과 회의 장소로서의 역할을 톡톡히 해내고 있다.

(4) 전취덕의 독특한 음식

요리에 대한 유능한 전문가와 재능있는 주방장이 70여 차례의 경험을 통하여 400여 가지의 음식을 최종적으로 23가지 전취덕의 독특한 음식을 만드는데 성공하였다. 과학적인 방법에 의거하여 재료의 분량이나 영양방면도 힘써 중국 전통 요리를 한층 더 발전시켰다.

① 전취덕鴨(전취덕 통오리구이)

오랜 전통을 자랑하는 전취덕 통오리구이는 오리를 메달아 굽는 가마를 사용하여 불과 과수의 재목을 태우는 방법으로 오리를 구워낸다. 오리가 완전히 구워지기까지는 45분 정도의 시간이 소요된다. 이 요리의 특색이라고 한다면 막 구워낸 오리는 껍질이 바삭바삭하며 육질이 부드럽고 과일 나무의 은은한 향기가 풍겨 나오는 것이라고 할 수 있다. 구워 나온 오리도 통통하고 대추 빛 색깔을 띠며 기름기가 흘러, 보기에도 아주 먹음직스럽다. 싸먹을 수 있게 밀가루 전병과 파를 찍어먹을 수 있는 것이 곁들여 나와 아주 맛있고 본연 그대로의 맛을 지녀 먹은 후에도 입에서 그 맛이 감돈다.

② 전취덕 芥末鴨掌(겨자 오리발)

이 요리는 전취덕의 많은 냉채요리 중에서 으뜸이고 육질이 부드럽고 연하며 겨자향기가 물씬 풍겨 나오고 맛도 상큼하고 시원하여 다시 한번 사람의 입맛을 바꾸어 놓을만한 음식 중의 하나이다.

③ 전취덕(전취덕새둥지)

이 요리는 먹을 수 있는 새둥지로 화려하게 장식을 했고 흰색, 갈색, 녹색, 노란색이 잘 어우러져 있으며 음식은 부드럽고 연하며 바삭바삭하다. 좀 짭짤하고 향기롭고 약간 매운맛을 지녀 사람의 식욕을 부추기기에 좋은 음식중의 하나이다.

④ 전취덕 靑椒鴨丁(피망과 오리 살코기)

이 요리는 미색과 녹색이 잘 결합되어 있고 부드러우며 입안에서 미끄러지듯 연하며 짭짤한 듯 입맛에 맞는 음식이다.

⑤ 전취덕 黃油煎鴨肝(버터로 오리의 간을 부쳐낸 음식)

이 요리는 노릇노릇 황갈색으로 먹음직스럽게 부쳐내었고 속은 아주 부드럽고 연하다. 버터의 향기가 물씬 배 어나오고 좀 매운 듯 맛있는 음식이다.

⑥ 전취덕罐 鴨絲魚翅(오목한 그릇 속에 담긴 오리의 육질과 상어지느러미)

이 요리는 찰기있는 상어지느러미와 오리의 연한 육질 그리고 진한 국물이 잘 조화된 맛이 있는 요리중의 하나이다.

⑦ 전취덕 鴨舌鳥魚蛋(오리의 혀와 새알을 잘 끓여서 만든 음식)

이 요리는 새콤하고 얼큰하며 신선한 요리이다. 부드러우며 음식에 기름기가 흐른다. 식욕을 돋구어 주며 오래 먹어도 쉽게 물리지 않는 음식이다.

⑧ 전취덕小鴨(오리과자)

이 밀가루 음식은 오리 모양으로 만든 것으로 여러 겹으로 싸여있으며 말랑말랑 부드럽고 달콤하며 대추의 향기가 독특하게 나는 음식이다.

⑨ 전취덕水晶鴨寶

이 요리는 수정처럼 투명하고 향기로우며 윤기가 흐르는 음식이다.

⑩ 전취덕火燎鴨心(불에 달군 오리 심장)

이 요리는 빨강 초록이 잘 어우러져 오리의 심장을 가운데 모아놓아 우산 모양을 만들고 불에 달군 부분은 아주 부드럽고 맛이 독특한 음식이다.

2) 방선

1925년에 창업된 방선은 청나라 때 궁전인 어선방(御膳房)을 담당하던 요리사가 개업한 유서 깊은 음식점이다. 채색이 아름답고 음식 맛이 뛰어난 궁중요리가 일품이며, 가격은 비싼 편이지만 고풍스러운 분위기를 즐길 수 있다. 역사서에 의하면 만한전석(滿漢全席)은 108가지의 요리로 구성되었다고 한다.

3) 홍빈루(鴻賓樓)

청대 1853년부터 현재까지 약 140년의 전통을 자랑하는 음식점인 홍빈루는 양고기를 사용하는 진귀한 요리로 유명한 이슬람교식 요리 전문점으로 양샤브샤브가 일품이다.

4) 공선당(孔膳堂)

북경 중심부에 위치한 고급음식점으로 유명한 요리는 공부채(孔府菜)이며 그 종류가 100여종 이상이나 된다.

5) 어선(御膳)

방선의 자매집으로 1989년에 개업하였지만 그 규모는 오히려 방선 보다 크다. 궁정요리가 최고조에 달했던 청(淸)대에 요리를 담당하는 곳을 어선방(御膳房)이라고 했는데 이 요리점의 이름은 이것에서 유래하였다. 또 당(唐), 송(宋), 원(元), 명(明), 청(淸) 등 각 시대의 골동품으로 장식한 호화로운 객실이 매력적인 음식점이다.

6) 태가촌(泰伽村)

중국의 소수민족인 타이민족이 운영하는 음식점으로 주로 타이족 전통음식이 제공되며 전통무용이 공연된다. 손님들에게 행운을 상징하는 붉은 실을 손목에 묶어주는 서비스가 제공되기도 한다. 본점은 1, 2층 1,700㎡이며 현재 북경에는 3개의 체인점이 운영되고 있다.

7) 패스트푸드업체

페스트푸드업체로는 McDondld가 북경에 60여 곳 있고 20여 개의 대도시에 분포되어 있으며, KFC는 북경 44곳 외에 대도시에서 영업하고 있다.

세계의 요리와
유명 레스토랑

제3장

동양요리(II)
일본요리

3.1. 일본음식의 특징

1) 일본음식의 지역적 특성

(1) 관서요리(關西料理)

가미가다(上方 ; がみがた)요리라고도 하며, 에도시대에 들어와서 발달된 에도(江戸)요리와 비교하면 그의 역사는 길다. 주로 교토(京都), 오사까(大板)의 요리를 가리키나 교토요리와 오사까요리와는 조금 다른 점이 있다. 교토는 바다로부터 멀리 떨어져 있으나 물이 좋은 관계로 야채와 건어물을 사용한 요리가 발달했다. 바다가 가깝고 어패류를 많이 접할 수 있는 오사까에서는 생선요리가 발달했으나 간은 그리 강하지 않다. 소재의 맛(味)을 최대한으로 살리는 연한 맛이 특징이며 색, 형태도 그대로 살리며 어느 정도의 국물(汁)이 많은 것이 특징이라고 할 수 있다.

(2) 관동요리(關東料理)

에도요리(江戸料理)라고도 하며, 에도마에(江戸前), 동경만(東京灣)과 우전천(隅田

川)등에서 잡은 어패류를 사용한 생선초밥(握りすし), 덴뿌라(天ぷら), 민물장어(う
なぎ)와 메밀국수(ソバ)등이 대표적인 요리이다. 역사적으로는 元(1688~1704)시대
로부터 생기기 시작한 요리와 찻집을 중심으로 발달하여 문화문정기(文化 文政期 ;
1804~1830)에 들어서면서 서민문화의 성숙과 더불어 확립되었다고 보아야 한다. 관
서요리와 비교하면 맛(味)이 농후한 것이 특징으로 되어 있으나, 조미료는 관서의 연
한 간장에 대하여 진한 간장이 사용되어 왔다. 이렇게 맛이 틀리는 것은 수질의 차
이, 동경만에서 잡힌 생선과 관서지방 주변에서 잡힌 생선의 차이와, 토질에 따른 야
채류의 차이가 요리의 지역분할에 일역(一役)을 하지 않았나 본다. 결론적으로 관서
요리의 맛은 연하면서 국물(汁)이 많고 재료의 색과 형태를 살릴 수 있는 반면, 관동
요리는 간이 세므로 국물이 적을 수밖에 없다. 그러나 요사이 교통수단의 발달과 요
리기술의 교류로 지역적 특징은 거의 없어지고 있다고 하여도 좋다.

2) 일본음식의 특징

일본은 사계절의 구분이 뚜렷하여 각각의 계절마다 수확되는 작물에 따른 조리법
도 다양하게 발달하였다. 우리나라와 마찬가지로 물이 좋아 일본 요리는 '물의 요리'
라 할만큼 물의 이용이 다양하다. 우리나라와 중국으로부터 전파된 문화의 영향으로
대륙 음식 문화의 흔적이 일본요리에 있어서도 관찰되며, 특히 섬나라의 특성상 생
선의 이용법이 다양하다. 섬나라인 일본은 대륙 세력에 휘말리지 않아서 독특한 식
생활 문화를 발전시킬 수 있었다.

일본 음식의 형태는 여러 가지로 구분되지만 크게는 잔치, 명절, 제사 등의 축제용
과 일반용으로 구분되며, 또 가정용과 식당용으로 구분되는 것이 다른 여러 나라와
비교해 볼 때 특이한 점이다. 또한 우리나라 사찰음식과 유사한 세이진 요리와 같이
아주 소박한 요리도 발달하였으며 상업용으로는 생선회가 식당의 대표적인 음식이
되고 있다.

일본의 토착 종교로는 샤머니즘의 영향을 크게 받은 것으로 보이는 신도가 있지
만, 주종교인 불교가 일본의 식문화에 크게 영향을 끼침으로써 예전에는 육식이나
생선회가 지금처럼 일반화되지는 않았다. 즉 생선회(사시미)는 일본 음식의 대명사

인 것처럼 인식되고 있지만, 실제로 생선회가 일반 가정의 식탁에 오르기 시작한 것은 극히 근래의 일이다. 왜냐하면 회를 만들기 위해서는 싱싱한 생선을 필요로 하고 이에 따른 전문적인 시설과 취급이 요구되기 때문이다. 저온 유통 체계가 완성되고 국민 소득이 현저히 높아진 근래에 이르러서야 일반 가정에서도 생선회를 먹을 수 있게 되었다.

일본요리는 '보면서 즐기는' 요리인 만큼 일본 요리는 맛뿐만 아니라 색깔이나 모양에서 색다른 즐거움을 준다. 일본요리는 서양 요리나 다른 동양권의 요리에 비해 향신료의 사용이 적어 식품 고유의 맛을 최대한으로 살린다.

4개의 섬으로 이루어진 일본은 지리적 특성으로 인해 생선류의 음식이 많다.섬이라는 지리적 특성은 요리의 주재료를 육류보다는 생선류로 사용하게 되었고 특히 어패류를 날로 먹는 회(사시미) 요리가 발달하게 되었다. 이러한 일식의 경향은 재료의 담백한 맛을 최대한 살려 '먹는 즐거움'을 제공한다. 시각적인 일식 요리의 매력은 식재료의 풍부한 계절 감각 때문이라 할 수 있다. 사계절이 분명한 일본에서는 식생활 또한 계절에 민감해 싱그러운 느낌을 주고 있다.

또 다른 시각적인 즐거움은 식기와 공간미에 있는데 일본 식기는 재질도 다양하고 형태도 다양해 음식을 연출하는데 있어 장점을 갖고 있다. 담을 때도 공간의 미를 충분히 고려한다. 무조건 많이 담는 게 아니라 색과 모양을 보기 좋게 다소곳이 담는 것이 일본 요리의 특징이다.

3.2. 일본음식의 역사와 요리의 종류

1) 일본음식의 역사

(1) 헤이안(平安)시대

794년에 교토(京都)를 수도로 정하고서, 가마꾸라막부(鎌倉幕府)가 성립되기까지의 약 400년간 후지와라(柱原)씨를 중심으로 한 궁정귀족의 시대를 헤이안(平安)시대라 한다. 이 시기에는 당나라와의 교류가 왕성하여 여러 가지 조리법이 행해졌으

며, 향응상(교오우젠=饗應膳)의 형식이나 연중행사 등이 정해져 일본 요리의 기초가
정리되었다. 이 시기에는 신선한 어패류를 생식하는 방법으로서 현존하는 최고의 조
리법이라 할 수 있는 할선(割鮮)이 유행하였다. 이 외에는 전반적으로 자연 그대로
순응하는 조리법인 간단한 끓임이나 구이, 건조 등이 행해졌다.

(2) 가마꾸라(鎌倉)시대

이 시대에 무사계급의 등장으로 음식에 질실강건(質實剛健)을 제일로 하여 음식도
소박하였다. 전쟁의 영향으로 전시식(戰時食)이나 삼식주의가 실시되고, 또 불교를
동반하여 정진(精進)요리 등이 발달했다.

(3) 무로마찌(室町)시대

이 시대에는 막부(幕府)가 교또무로마찌(京都室町)에 정해지고, 무사의 예법과 함
께 가지각색의 형식이나 유파가 발생했다. 이 시대에 정식으로 향응요리로 확립된
것이 본선요리(혼젠요리=本膳料理)이다.

(4) 아쯔지, 모모야마지(安上, 桃山時代)시대

호화로움과 한적한 생활, 검소한 취향과 아취를 동시에 갖춘 문화를 쌓았던 무사
의 시대로 차도(茶道) 완성을 동반한 가이세끼(懷石=차도에서 차를 내기 전에 나오
는 간단한 요리)의 확립되었고, 난반료리(南蠻料理)가 발달하였다.

(5) 에도(江戶)시대

동경(東京)의 옛 이름인 에도 왕도(王都)시대로 무사가 지배권을 쥐고 있었지만,
요리의 발전에 있어서는 서민이나 도시도 동민들의 문화적인 영향이 컸다. 각 시대
의 각종 요리를 흡수하여 발전되어 온 일본 요리의 전성기로 요리찻집(료리차야=料
理茶屋), 가이세끼요리(會石料理)가 발달했다.

(6) 메이지(明治)이후

메이지덴노(明治天皇)시대에 명치유신으로 도꾸가와막부(德川幕府)가 무너지고, 천황(天皇)을 중심으로 근대적 제반개혁을 이루었다. 즉, 문명개화와 함께 서양 요리가 급속도로 들어와 일본인의 식생활에 큰 영향을 미쳤으며, 식미본위(食味本位)의 경향이 강하게 나타났다.

2) 일본요리의 종류

(1) 정진요리(쇼진료리 ; 精進料理)

이 요리의 시초는 사찰음식으로 야채, 해초, 건물가공 등의 식물성 식품을 재료로 한 요리로 어패류 등과 같이 비린내가 나는 재료를 피해야 하는 불교사상에서 온 것으로 가마꾸라(鎌倉)시대의 불교의 융성과 더불어 일반시민에게까지 널리 퍼졌다. 쇼진(精進)이라는 것은 불교어로 쇼우곤(精勤)이라 해석되어 지는데 불도를 닦는 데 있어서 잡념을 버리고 一心(일심) 정신수양을 한다는 뜻이다. 미식(美食)을 멀리하고 엄격한 법을 지키며 동물성을 피하고 채식을 주재료로 이용한다. 즉, 어패류를 사용하지 않은 요리를 정진요리라고 부르게 되었으며, 법회나 그 이외의 불교행사(佛事)에 이용되었다. 정진요리는 중국으로부터 전해진 것으로 다량의 기름과 전분을 사용하는 것이 특징이다.

(2) 보차요리(후짜료리 ; 普茶料理)

보차요리(普茶料理)라고 하는 것은 에도(江戶)시대에 도래한 중국식 정진요리(쇼진료리=精進料理)이다. 중국의 사찰음식(정진요리)의 일종이며, 황벽산 만복사로부터 전래되었다 한다. 그래서 식탁의 예의도 중국요리처럼 원형탁자를 사용하여 4명이 하나의 탁자(四人一卓)에서 한 그릇의 요리를 나누어 덜어 먹는다. 보차요리는 불교정신으로부터 생물의 요리를 사용하지 않는 것이 원칙이나 영양면을 고려하여 두부, 깨, 식물성기름을 많이 사용한다. 야채와 건어물을 조리하며 자연의 색과 형을 아름답게 꾸미며 선종(禪宗)의 간단한 조리법을 도입한 것이 특징이다. 이것이 나가싸가(長崎)에 전해져 독자적인 발전을 이룩한 일본화된 중국식 요리인 싯포꾸 요리다.

싯포꾸 요리

중국식 요리가 일본화된 것을 말하며 나가사끼료리(長崎料理)라고도 부른다. 즉, 면에 야채, 송이버섯, 표고버섯, 생선묵 따위를 넣어서 끓인 요리로 나가사끼짬뽕(長崎ちゃんぽん)이라고 부르며 일본화된 중국식 요리이다.

(3) 본선요리(혼젠료리 ; 本膳料理)

주로 무사의 집안을 통하여 전래되어 왔으나 메이지시대에 들어오면서 민간에게도 보급되기 시작하여 지금까지 관혼상제 등의 의식요리에 이용되고 있다. 또한 손님 접대요리로 전해지는 정식 일본요리로 현대 일본요리의 원류라 할 수 있다. 형식은 한 사람의 손님에게 요리를 상에 올려서 제공하고 맑은 국, 야채의 수에 의해 상(센 ; 膳)의 수도 증가한다. 어느 상에는 무엇을 놓고, 동종동미(同種同味)의 요리는 내지 않는 등 여러 가지의 규칙이 있다. 그 복잡한 것으로부터 현재에는 어지간히 의례적인 것이 아니고는 거의가 볼 수 없다.

일반적으로 일즙삼채(一汁三菜), 이즙칠채(二汁七菜)가 가장 많이 사용되며, 보통 일본김치는 제외되었으나 이것을 합칠 때는 도모산사이(共三菜), 도모고사이(共五菜)라고 한다. 요리는 첫 번째 상(혼젠=本膳), 두 번째 상(니노젠=二の膳), 세 번째 상(삼노젠=三の膳), 네 번째 상(요노센=四の膳), 다섯 번째 상(고노센=五の膳)까지 차려 지기도 한다. 본선요리는 센(상; 膳)을 내는 방법, 먹는 방법에 형식이 있으며, 그의 예절과 방법을 매우 중요시한다. 그후 어려운 예절과 방식에서 변형된 새로운 스타일의 가이세끼(懷石料理)가 개발되었다.

(4) 회석요리(가이세끼료리 ; 懷石料理)

다석(茶席)에서 먹는 요리로, 당시 차를 마시는 것은 보약 장수한다 하여 아주 귀하게 여겨 약석(藥石)이라고 하였다. 유혹을 물리치고 정신을 통일하여 진리를 터득

할 때, 즉 겨울에 좌선을 할 때 수행자가 추위와 공복을 참고 견디기 위하여 따뜻하게 한 돌(溫石)을 회중(懷中)에 품어 고통을 가볍게 하였는데 이 돌을 가이세끼(懷石)라고 한다.

선종의 절에서는 야식의 은어(隱語)로도 사용되었는데 차도의 식사에도 이용되어 차 그 본래의 맛을 맛보기 위한 가벼운 식사를 가이세끼(懷石)라고 부르게 되었다. 사치스럽거나 화려한 식사는 아니지만 차의 맛을 충분히 볼 수 있도록 차를 마시기 전에 공복감을 겨우 면할 정도로 배를 다스린다는 의미를 갖고 있으며, 차와 같이 대접하는 식사라 할 수 있다.

난반료리(南蠻料理)

파를 쇠고기나 닭고기와 생선 등을 섞어서 조린 음식으로 무로마찌(室町)말기부터 아쯔지모모야마(安上挑山) 시대에 걸쳐서 남반인(南蠻人 ; 서양인, 주로 스페인, 포르투갈 사람)이 도래하여 유럽풍이 각양각색의 문화를 전했다. 그 대표적인 예가 튀김(덴뿌라)인데 그 이전의 튀김종류의 요리는 식물성 식품을 가루에 묻히지 않고 그대로 튀겼다

(5) 회석요리(가이세끼료리; 會席料理)

이 요리는 연회요리(宴會料理)로 에도시대부터 이용되어 왔으며, 본선요리를 약식으로 개선하여 만든 주연요리(酒宴料理)이다. 회석(가이세끼=會席)이란 모임의 좌석, 회합의 좌석이라는 의미로서, 에도(江戶)시대에 연가(俳諧, 誹諧)의 좌석에서 식사를 즐긴 것에서 시작되었다. 그 이전에 발달한 본선(혼젠=本膳)요리나 가이세끼(懷石)를 기본으로 하여 정진(精進)요리나 중국 남반(南蠻)요리 등 각양각색의 요리나 재료를 받아들여 일반화한 요리이다. 형식보다는 식미본위(食味本位) 즉, 보아서 아름답고 냄새를 맡아서 향기롭고 먹어서 맛있는 것을 전제로 하며, 회석요리는 일즙삼채, 일즙오채, 이즙오채 등으로 이루어진다.

회석요리를 대접할 때에는 손님의 취향과 구미에 맞추어 계절감 있게 메뉴를 구성하여야 한다. 특별한 경우를 제외하고는 동일재료를 중복하여 사용하지 않으며, 같은 맛은 될 수 있는 대로 피하는 것이 이 요리의 예의라 할 수 있다.

식당 안내 및 식사요령

(1) 고급레스토랑

고급 중국요리에서 프랑스 요리 최고의 미각에 이르기까지 일본의 고급 레스토랑은 수위를 다툰다. 대부분의 고급 레스토랑은 특급호텔이나 도쿄의 긴자, 롯퐁기, 아카사카나 하라쥬쿠 등의 번화가에 위치하고 있다. 식도락가라면 예전에 경험하지 못한 새로운 맛의 세계를 발견할 것이다.

(2) 대중식당

보다 부담 없고 저렴한 식당은 중심가 오피스 빌딩의 지하, 백화점과 도심 쇼핑 센터의 식당가나 붐비는 철도역의 지하도 등에 많이 자리잡고 있다. 점심시간이 되면 이러한 식당들은 사무실 근무자들로 붐빈다. 많은 사람들은 쟁반에 셋팅된 저렴한 테이쇼쿠(정식)를 주문한다. 보통가격이나 좀 저렴한 가격의 식당에는 바깥 쇼윈도우에 플라스틱으로 만든 음식모형이 가격표와 함께 전시되어 있다. 주문요령을 잘 모를 때는 원하는 음식의 모형을 가리킨다. 식당에 따라서는 일본어, 영어 2개국어의 메뉴를 갖추고 있는 곳도 있는데, JNTO가 발간한 "투어리스트 핸드북"을 활용하는 방법도 있다. 주요서점에 가면 저렴한 일본식사에 관한 간단한 안내서를 구할 수 있다.

시간이 없는 사람들은 서서 먹는 우동집, 커피숍, 패스트푸드점이나 매우 저렴한 가격에 다양한 음식이나 음료를 살 수 있는 자동판매기를 이용한다.

대부분의 식당에서는 계산서를 발부하며, 나올 때 지불한다. 가끔은 미리 식권을 구입하여 종업원에게 건네주는 식당도 있다. 신용카드를 받는 경우를 제외하고는 현금으로 지불한다. 저렴한 식당, 커피숍이나 패스트푸드점은 현금만을 취급하며 팁은 받지 않는다.

(3) 특이한 식당

① 도시락은 지역에 따라 독특하며, 열차 등에서 판매하고 있다.

② 크루즈선을 타고 해안과 도시의 야경을 바라보며 즐기는 디너도 각별한 운치가 있다.

③ '야타이(屋臺)'로 불리우는 거리의 포장마차에서 맛보는 간이요리도 저렴하고 색다른 분위기다.

④ 특급호텔의 디너쇼는 훌륭한 식사와 쇼를 즐길 수 있으며, 하루 저녁 정도는 호기를 부려볼 만한 코스이다.

⑤ 편의점을 이용하면 샌드위치, 도시락 혹은 원하는 간이요리를 구입할 수 있다.

⑥ 백화점 지하식품부에 가면 많은 종류의 음식을 살펴보거나, 시식할 수 있다.

⑦ 가이텐 스시(회전초밥) : 회전식 카운터에 둘러앉아 저렴한 초밥을 즐기는 특이한 형태의 식당.

3.3. 일본의 대표적 음식

1) 사시미(생선회)

사시미는 우리말로 표현하면 '생선회'라고 하는데, 일본의 관서 지방에서는 쓰쿠리라 하고 관동 지방에서는 사시미라고 한다. 일본의 대표적 요리라고 할 수 있는데이 요리가 특히 재료 자체를 산채로 먹고 신선한 것을 먹는다는 점은 일본 요리의특색이라고 할 수 있다. 일본은 사면이 바다로 둘러싸인 섬나라이기에 각종 해산물이 풍성하다. 그런데 특별한 양념을 넣는 음식도 아닌 사시미의 맛 차이는 어디서생기는가? 얼마나 맛있는 사시미를 만드느냐는 생선을 어떻게 자르느냐에 달려 있는데 즉, 얼마나 회를 잘 치느냐가 가장 중요한 문제이다.

일본은 유독 요리용 칼이 발달했는데 이것은 사시미 음식문화와 깊은 관계가 있는 것으로 판단된다. 일본의 전문 요리사라면 보통 식칼과 생선을 다루는 데 사용하는 사시미 전용 칼을 철저히 구분하는 것은 기본이다. 단순히 구분하는 데 그치지않고 다양한 종류의 칼들을 구비하여 그 용도에 따라 달리 사용한다. 예컨대 복어회전용 칼, 장어의 뼈만 자르는 칼, 뱀장어의 배를 가르는 데 사용하는 칼 등 매우 다양한 생선 요리용 칼이 있다. 지금은 많이 사라진 모습이지만 얼마 전까지만 해도일반 가정의 부엌에도 적어도 3개의 칼은 갖춰져 있었다 한다.

우리는 회를 초고추장에 찍어 먹는 걸 좋아하며 여기다 마늘이나 고추와 같은 자극이 강한 양념을 몇 점 더해 상추와 깻잎 등에 싸먹는 게 일반적이다. 하지만 일본사람이 회를 먹는 상에서는 초고추장이나 마늘, 고추, 상추 같은 것은 전혀 찾아볼수 없다. 일본 사람들은 재료 자체의 본 맛을 살려 먹는 걸 좋아하여 값비싼 사시미의 경우에는 특히 생선 본래의 맛을 더욱 원한다. 그러니 생선의 맛을 돋궈주는 간장과 와사비 정도만을 살짝 묻혀 먹는 게 일반적이다. 그리고는 곁들여 나온 저민생강을 한두 점 집어먹는다. 이것은 입가심용이라고 할 수 있는데, 특히 다른 종류의회를 먹을 때 앞서 맛본 생선의 맛과 섞이지 않도록 하기 위해서 일종의 입안 청소를 하는 것이다.

2) 스시(생선초밥)

우리가 생선초밥이라고 부르는 '스시'는 주로 날생선을 이용한 음식으로 일본 사람이면 누구나 좋아한다. 우리는 초밥 하면 흔히 김초밥이나 유부초밥을 먼저 떠올리지만 사시미의 나라 일본에서는 생선초밥이 초밥의 대명사격이다. 일본 회전 초밥집에서 나오는 스시의 종류는 매우 다양하다. 게다가 그 질과 맛이 아주 뛰어나며 우리나라에서는 최고급 일식집에서나 볼 수 있는 싱싱한 복어, 성게알, 연어알이 올라간 스시와 '도로'라고 불리는 참치의 가장 맛좋은 부위로 만든 스시는 정말 맛있다. 회를 좋아하는 사람이라면 아마 혀가 놀랄 정도의 짜릿한 경험을 하게 될 것이다.

3) 시루모노(국물요리)

시루모노는 국물류를 말하는데 냄비요리인 나베요리와는 구별된다. 멸치, 다시마, 가쓰오부시(가다랭이포)와 대합, 도미 등을 이용하여 시원하고 맛있는 국물을 고아내어 사용한다.

4) 맑은 국(스이모노)

맑은 국물요리은 세심한 맛이 요구되므로 팔팔 끓이지 않고 은근히 끓여 채나 행주에 걸러내어 사용한다. 여기에 곁들이는 야채류는 푸른색과 조화를 이룰 수 있게 해야 하며 생강즙, 유자, 산초잎도 준비해야 한다. 주재료는 따로 손질하여 국보다 진하지 않은 밑간을 하며 국물의 맛은 싱거운 편인데 싱거워서 맛을 못 느낄 정도가 되어야 한다.

5) 미소시루(된장국)

일본 된장은 지역이나 상표에 따라 여러 종류가 있는데 크게 적(赤)된장과 백(白)된장으로 나뉜다. 국물 속에 넣는 재료로는 미역, 두부, 대파가 들어가며 계절에 따라 바지락, 버섯 등이 첨가된다.

6) 아에모노(무침요리)

무침요리에는 여러 종류가 있으나 준비하는 방법에 있어 우리나라 무침과는 다르다. 일식 무침의 경우 재료를 따로따로 준비 후 요리를 내기 직전에 필요 양을 같이 섞어 무치는데 꼭 필요한 때에 바로 무쳐야 한다.

7) 한천을 이용한 요리

젤라틴이나 한천을 이용해 응고한 여름요리도 있고 복어나 아귀 껍질을 응고한 겨울 요리도 있다. 일식에서는 응고시킨 요리의 재료도 다양해 새우, 닭간, 쇠고기, 달걀, 버섯 등으로 100종류 이상이 요리로 응용된다.

8) 니모노(조림요리)

조림요리는 '니모노'라고 하는데 책임자가 따로 있을 정도로 최고의 기술을 요한다. 맛을 내는 방식에 따라 관동식과 관서식이 있고 세부적으로는 지역에 따라 조리법에 차이가 있다. 간장으로 조린 아라다끼, 하얀 조림 시라니, 된장 조림 미소니, 초조림 스니 등으로 30여 가지의 조림 방식이 있다.

9) 무시모노(찜요리)

부드러운 재료인 달걀, 새우, 도미, 대합, 연어 등을 이용한 찜 요리는 우리에게도 친숙한 요리이다. 내부에 가지고있는 재료 맛을 살린 부드러운 맛은 노인에게나 어린이에게도 좋다.

10) 야끼모노(구운요리)

구운 요리는 직접 구이와 간접 구이로 나뉜다. 일반적으로 구이는 조금 덜 익힌

듯 하면서 굽는 것이 최고의 기술이다. 구이는 일본 정찬 요리에서 중간 코스로 내놓는 요리로 무침과 마찬가지로 시간을 염두하고 내놓는 요리이다.

11) 스노모노(초회)

초회는 일식요리 중 건강에도 유익한 요리이다. 정찬 요리에도 필요한 요리로 고등어, 전어, 전갱이, 해조류, 야채류 등을 혼합할 수 있어 영양상 아주 좋은 조리법이다.

12) 쓰께모노(절임요리)

쓰께모노는 입안을 개운하게 해 오차의 맛을 더욱 느끼게 하는데 필요한 것으로 노란무(다쿠앙)이 대표적이나 계절에 따라 배추, 오이 등을 사용한다.

13) 가가미 모찌(찹쌀떡)

일본에서도 새해를 맞는 가장 중요한 집안 행사 중의 하나는 찹쌀로 빚는 '모찌 만들기'였다. 우리가 아는 '모찌'는 안에 단팥이 들어있고 겉에 허연 가루가 묻혀져 있는 찹쌀떡이지만, 원래 모찌는 일본어로 떡을 총칭하는 말이다. 새해에 먹는 모찌는 찹쌀가루를 쪄서 둥글둥글하게 마치 우리나라의 찐빵과 비슷한 모양으로 만든다. 설날에 쓰는 모찌를 '가가미 모찌'라고 한다. 우리말로 직역하면 '거울 떡'이다. 떡 모양이 마치 옛날의 구리처럼 둥글다고 붙여진 이름이다. 일체감을 느낀다는 뜻이 담겨 있다.

14) 소바 (메밀국수)

새해 전날 밤 일본 사람들은 밤참으로 '소바'라고 하는 메밀국수를 먹는다. 이것에는 새해에도 건강하고 무병장수를 기원하는 의미가 담겨 있다. 가족들이 '고다스'라는 덮개를 씌운 테이블 모양의 전기난로 주위에 둘러앉아 제야의 종소리를 들으며 먹는 메밀국수는 별미 중의 별미로 아주 인기있는 음식이다.

3.4. 일본의 술

1) 일본의 토속주

일본의 주요 술 산지로는 나다, 후시미(伏見), 히로시마(廣島), 아키타(秋田) 등을 꼽을 수 있다. 그러나 이곳에서 생산된 것은 대부분 에도시대부터 도쿄(東京)로 집산되었다. 그러므로 일찍부터 다른 현(縣)의 술을 접할 수 있는 기회가 많았으므로 도쿄에는 전통적으로 유명한 술이 많았다. 일본의 토속주(土俗酒)들은 대부분 곡물로 만들어지므로 단맛이 나지만, 요사이는 신맛이 나는 술 등 다양한 형태와 맛을 구가하는 술들이 제조되고 있다. 일본술 이름 중 신구(辛口)라는 라벨이 붙어 있다면 신맛이 가미된 술이라고 판단하면 된다.

(1) 생주(生酒 ; 마나자케)

가열 살균을 하지 않은 술로 효모가 살아 있고, 어린 죽과 같은 진한 향기와 싱그러운 맛이 특징이다.

(2) 생힐주(生詰酒 ; 나마쯔메슈)

보통 일본술은 저장하기 전과 병에 담기 전에 보통 2번 가열 살균 처리를 하는데 이 술은 처음의 한 번만 가열 살균 처리를 하기 때문에 생맥주보다 맛이 숙성되어, 신선함 속에서도 안정된 부드러움이 있다.

(3) 원주(原酒 ; 겡슈)

희석하거나 알코올 도수를 조절하는 작업을 하지 않은 처음 그대로의 술로 일반적으로 알코올 도수가 높고, 짙은 맛이 특징이다.

(4) 고주(古酒 ; 코슈)

술을 제조한 해(양조년도; 매년 7월부터 다음 해 6월까지)를 넘긴 술을 일반적으로 고주(古酒)라고 부르며, 1년된 고주로부터 수 십년된 고주(古酒)까지 있다. 오래된 것일수록 무조건 좋다고는 할 수 없지만, 고주 나름대로의 독특한 향기가 이 술의 특징이다.

(5) 금혼정종(金婚正宗 ; 긴콘마사무네)

대정(大正)천황의 성혼 축제에서 술 이름을 따서 [금혼(金婚)]이라고 한다. 약간의 단맛이 나는 술인데, 다양한 소비자의 요구에 따라서 신맛이 나는 신구금혼(辛口金婚)도 제조하고 있다.

(6) 영설(吟雪 ; 긴세쓰)

쌀로 빚은 토속주로 맛이 깊고 그윽하며, 신맛이 나는 영설신구(吟雪辛口)도 있다.

2) 일본의 음주문화

일본과 우리나라는 음주법에 있어서 비슷하면서도 차이점이 있는데 이러한 차이를 이해하고 서로간의 습관의 차이를 인정할 때 올바른 음주문화가 형성될 것이다. 우리와 비슷한 점은 첫째, 원만한 인간관계를 위해서 대부분 술자리를 만든다. 직장 동료들, 학교 선후배들, 가까운 친구나 연인끼리, 서먹서먹한 관계를 풀고 싶을 때, 더욱 두터운 친분을 원할 때 등 우리나라 사람들이나 일본 사람들에게 술은 친교의 촉매로 이용되고 있다. 둘째, 우리의 '원샷(one shut)'에 해당되는 단어가 일본에서는 '이키'라는 말로 일본에서도 술자리가 얼근하게 달아올랐을 때면 '이키!'를 외치는 모습을 자주 볼 수 있다.

우리와 다른 음주습관으로는 첫째, 우리는 밥을 먼저 먹은 후에 술을 마시는게 일반적이지만 일본사람들은 우리와는 반대로 밥을 나중에 먹는 게 보통이다. 가정에 초대받아 갔을 때 우리나라에서는 식사가 끝난 후 술자리가 벌어지지만, 일본에서는 술과 그에 맞는 요리가 먼저 나온다. 혹 이때 밥을 찾으면 대부분의 일본 사람들은 "왜? 술은 이제 그만하려고?"라고 묻기도 한다. 둘째, 일본인들은 술자리의 맨 처음 시작을 맥주 한 잔으로 하는 사람들이 많은데 목을 차가운 맥주로 적셔줘야 다른 음식이 잘 넘어간다고 얘기한다. 첫잔은 대개 맥주로 건배를 한 다음 자신이 먹고 싶은 술로 바꾸는 것이 일반적인데 소주나 양주를 마신 후 입가심으로 맥주 딱 한잔 더 하고 가자는 우리와는 다른 것 같다. 셋째, 지금은 우리도 술을 권하고 마시는 것이 일반화되었지만 아직도 여성들 중에는 술을 따라 주는 대상을 자신의 아버지와 지아비로 한정 시키는 사람도 있다. 하지만 일본에는 그런 관습이 없을 뿐더러 나이와 별 상관없이 가까이 앉아 있는 사람끼리 서로 잔을 채워 주는 게 보통이다. 우리는 보통 술잔을 다 비운 후 술을 따르지만 일본 사람들은 잔이 다 비기 전에 잔을 채우는 첨잔 문화다. 일본에서는 빈 잔이 되기 전에 주변의 사람에게 술을 따르는 것이 일반적이며, 잔이 비게 되면 옆 사람에게 무심한 것으로 생각한다.

일본의 직장인들이 찾는 대표적인 선술집은 '술이 있는 곳'이라는 뜻의 이자카야(居酒屋)다. 이런 대중적인 술집은 문 앞에 빨간 종이등을 내걸어서 눈에 잘 띈다. 큰길가에 있는 이자카야 '무사시보'는 직장인들이 즐겨 찾는 보편적인 선술집으로 생맥주 한 잔에 4백엔, 간단한 안주 한 접시에 7~8백엔을 받는다. 모듬 생선회도 한 접시에 1천엔을 넘지 않을 정도로 우리네 눈으로 보면 양이 적겠지만 대신 싸고 깔끔하다.

술자리는 보통 한 시간이나 길어야 두 시간 정도로 다음 날 업무에 지장을 주지 않는 정도만 마시는 경우가 보통이다. 각자 주머니 사정을 생각해서 많이 시키지 않으므로 일본의 선술집에서 큰소리를 내거나 취해서 주정하는 사람을 찾기는 쉽지 않다. 술값을 치를 때도 '와리깡(dutch pay)'이라고 해서 일행이 똑같이 나눠 내거나 자기가 시켜서 먹고 마신 것에 대한 값만 내는 것이 보통이다. 언뜻 보면 우리의 음식 문화에 미루어 볼 때 야박하게도 보이지만 남에게 신세지기를 삼가고 분수를 지키려는 일본인들의 합리성이 엿보인다. 주머니 사정에도 건강에도 큰 부담을 주지 않는 것이 일본의 음주문화다.

일본의 색다른 술문화 중 특이한 것 중 하나가 술자동판매기이다. 일본 전역에 20

만 대에 가까운 주류 자판기가 있는데 대부분 맥주를 파는 자판기지만 위스키나 청주를 파는 자판기도 있다. 이런 술자판기가 문제시되는 것은 미성년자들이 자판기에서 술을 사서 마신다는 것인데 이에 대한 여론이 나쁘자 주류판매상들은 밤 11시부터는 주류 자판기를 끄겠다는 개선책을 내놓았다. 그러나 별 효과가 없어 이번에는 아예 미성년자들이 술을 살 수 없는 연령식별 자판기를 개발했다. 이 자판기에서 술을 살려면 운전 면허증을 집어넣어야 하는데 면허증에 표시된 연령이 스물 살을 넘어야만 술이 나온다고 하니 참 재미있는 현상이다.

3) 일본술을 맛있게 마시는 법

일본에서 술을 차갑게 하여 마시는 방법을 '히야(冷や)'라고 하며, 따뜻하게 데워서 마시는 방법을 '아츠캉'이라고 한다. 보통 여름에는 차갑게, 겨울에는 따뜻하게 데워서 마신다. 차갑게 하여 마실 때에는 컵으로 마시지만, 따뜻하게 하여 마실 때에는 작은 병(도꾸리라고 부르는 호리병의 일종)에 담아 작은 술잔에 따라 조금씩 마신다. 또한 가게에 따라서는 [히야]를 부탁하면 나무되에 가득 따라 주기도 하는데 무의 향기와 술의 맛이 조화를 이루어 무엇이라고 말할 수 없는 맛을 자아내는데 이것을 마스자케(枡酒)라 한다.

(1) 술집 안내

퇴근 후 바, 클럽 등 야간업소에서 여럿이서 술을 마시는 것은 일본인의 통상적인 저녁일과라 할 수 잇다. 어느 도시나 지역에도 많은 술집이 있으며, 이곳들은 저녁 시간에 많은 사람들로 붐빈다. 대도시에는 바, 주점, 디스코와 나이트클럽 등이 밀집해 있는 유흥가가 잇다.

일본식 바에는 첫잔에는 저렴한 간이요리가 곁들여진다. 여비를 절약해야 할 경우는 누군가가 단골집에 초청해주지 않는 한 매우 비싼 호스테스 클럽 같은 곳은 피하는 것이 좋다. 묵고 있는 호텔의 도어맨이나 벨 캡틴에게 근처의 합리적인 가격의 업소를 소개받는 것도 좋은 방법이다.

4) 술의 종류

(1) 맥주

맥주는 일본의 가장 일반적인 주류로 술통꼭지에서 바로 꺼낸 생맥주나 병맥주로 제공된다. 병맥주는 대, 중, 소롤 각각 330ml, 500ml, 633ml의 규격으로 생산된다. 대부분의 술집에서는 소 혹은 중 규격품이 공급된다. 생맥주는 맥주집에서 조끼에 넣어 갖다주며, 여름철에는 옥외나 백화점 옥상에 맥주시음장이 마련되어 맥주애호가들로 북적인다. 맥주의 가격은 술집의 형태에 따라 다양하다. 보통 소, 대 사이즈가 400엔에서 900엔정도이다. 호스테스클럽의 맥주가격은 이와는 달라 엄청나게 비싼 경우도 있다.

(2) 사케(일본주)

쌀로 빚은 일본전통의 술로 주류판매상에서 큰 병 단위로 판매하고 있다. 일반주점에서는 병채로 내지 않고 작은 도자기 술병에 넣어 작은 도자기 술잔과 함께 술상을 낸다.

일본주는 차게, 혹은 따끈하게 데우거나 해서 마신다. 어떻게 마시든지 일본주는 그 부드럽고 향기로운 맛이 일본요리와 매우 잘 어울린다. 일본주는 부드러운 듯 강하므로 숙취하지 않도록 적당히 마시는 것이 좋다.

(3) 위스키

국산위스키와 수입위스키의 가격은 마시는 곳의 타입에 다라 매우 다르다. 보통 국산위스키 한 잔은 500-700엔 정도이며, 수입위스키는 600-800엔 정도이다. 대부분의 일본인은 '미즈와리'라고 하여 얼음과 미네랄워터에 희석해서 마신다. 위스키의 미각을 더해준다는 비싼 빙하의 얼음이 요사이 일본에서 인기를 끌고 있다.

(4) 와인

서양요리를 제공하는 레스토랑에서는 국산과 외국산 와인을 제공하고 있다. 중국산 '라오츄'는 중국식 레스토랑에서 마실 수 있다. 최근 수년간 좋은 와인과 알맞은 안주를 제고하는 격조있는 와인바가 점차 대중화되고 있다.

(5) 쇼쮸(소주)

이 증류된 화주(火酒)는 고구마, 밀, 수수 등의 재료로 만들어지는 술로서 보드카와 비슷하다. 일본인들은 스트레이트로 마시거나 얼음을 넣어서, 혹은 칵테일로 해서 마신다. 한때는 찾는 사람이 적었으나 근래에 와서는 젊은층 사이에 상당히 인기를 끌고 있다. 시중의 호평을 얻고 있는 모든 일본식 술집에서 판매하고 있다.

예산범위 내에서 마음에 드는 술집을 찾는다는 것은 간단한 일이 아니다. 예를 들어 맥주 작은 병값을 기준으로 생각하면 참고가 된다. 400엔 미만이면 저렴한 수준이고, 400-600엔선이면 적당한 가격이라 할 수 있다. 600-1200엔 정도면 비싼편이고, 1200엔 이상이면 너무 비싸다고 보면된다.

술집의 형태	가격대
비어홀이나 비어가든	저렴하거나 적당
로바다야끼	저렴하거나 적당
아카쵸오칭	저렴하거나 적당
야키토리야	저렴하거나 적당
호스테스 없는 바	저렴-비싼 가격
호스테스 있는 바	비싸거나 아주 비쌈
퍼브	저렴하거나 적당
클럽	저렴-비싼 가격
캬바레	비싸거나 아주 비쌈
호텔 칵테일 라운지/바	적당하거나 비쌈

로바다야키 퍼브에서는 해산물과 손님이 보는 앞에서 요리해주며 때로는 긴 삽처럼 생긴 숟가락으로 요리를 손님접시에 얹어주는 것이 흥미롭다.

아카쿄오칭 바는 입구에 달린 붉은 초롱불의 이름을 딴 술집으로 갖가지 주류 및 일품 요리를 제공하고 있다.

야키토리야는 닭고기나 기타 야채등을 재료로 한 꼬치구이를 전문으로 하는 일본 술집이다.

체인식 주점인 스시인, 요로노타키, 쓰보하치, 덴구(天狗) 등 가격면에서도 안심할 수 있는 곳으로 다양한 요리와 주류를 즐길 수 있다.

3.5. 일본의 식사예절과 우리 생활 속의 일본

1) 일본의 식사예절

일본 요리는 숟가락 없이 젓가락만으로 먹는다. 젓가락은 중국, 우리나라, 동남 아시아 국가의 일부에서도 사용되고 있는데, 일본에서도 아주 오래 전부터 사용했던 것 같다. 일본에서는 우선 음식이 나오면 국물에 젓가락을 적시고 국물로 입을 축이고 나서 밥을 한입 먹는다. 밥과 반찬을 번갈아 가면서 먹어야 한다. 이 때 젓가락이 반찬에서 또 다른 반찬으로 직접 가서는 안 된다. 이렇게 되면 반찬의 맛이 뒤섞여 반찬 본래의 맛을 알 수 없게 되기 때문이다. 또 반찬 접시를 그대로 놓은 채로 젓가락으로 들쑤시는 일이 있어서도 안 된다. 반드시 접시를 일일이 자신에게 가까이 가지고 와서 덜어 먹어야 한다. 오른손으로 젓가락을 사용할 경우 왼손은 밥그릇과 국그릇, 반찬그릇을 나르는 데 써야 한다. 이는 우리나라처럼 밥이나 국, 반찬을 한 곳에 고정시켜 놓고 먹어 왼손은 거의 쓸데가 없는 것과 비교할 때 식사법의 커다란 차이를 보여 준다.

일본인의 식사 예절에서 젓가락과 관련된 금기 사항으로 감자나 무 등으로 만든 반찬을 젓가락으로 찔러 보는 것은 실례이다. 이것은 속까지 잘 익었나를 확인하기 위한 것이겠지만, 음식을 만든 사람을 의심하는 행위가 되기 때문에 좋지 않다. 또 뼈가 있는 생선을 먹을 때 뼈를 발라 내지 않고 그대로 뼈 뒷면의 고리를 먹으려고 들쑤시는 것도 매너로서는 좋지 않은데, 이는 뼈를 발라내는 것을 귀찮아하는 것처럼 보이기 때문이다. 국물을 마실 때도 일본인들은 반드시 젓가락을 사용한다. 일본인들은 숟가락을 사용하지 않기 때문에 국물도 그릇 언저리에 입을 대고 마셔야 하는데, 이 때 향미(香味)를 위하여 국에 넣은 유자 껍질이나 산초 잎이 입에 들어가지 않도록 젓가락으로 가볍게 눌러 준다.

일본인들은 밥을 먹을 때 작은 공기를 이용하므로 사람에 따라서는 두 공기, 세 공기를 먹어야만 배가 차는 경우가 있다. 이럴 때 일본인들은 공기를 깨끗이 비우지 않고 조금 남기는데 이 표시가 한 공기 더 먹고 싶다는 의사 표시이다. 반대로 깨끗이 비웠을 때는 식사가 끝났음을 의미한다. 오차카이세키(お茶懷石)라고 하여 다도에서 진한 차를 마시기 전에 가볍게 먹는 식사가 있는데, 이 때 공기가 비어 있으면 아예 더 먹으라고 권하지도 않는다. 일본에서 손님으로 초대받았을 때 두 공기 세 공기를 더 먹는 것은 상관이 없으나(보통은 두 공기를 먹는다) 한 공기로 끝내는 것은 실례이다. 두 공기를 먹을 수 없을 때는 두 번째는 조금만 달라고 하여 두 공기를 먹는 형식을 취하면 된다. 일본에서는 예로부터 한 번으로 끝내면 인연이 끊긴다는 미신이 있어 사람이 죽었을 때 머리맡에 저승밥을 고봉으로 놓은 그릇 놓는 습속과도 연결되어 인연이 끊긴다고 생각했던 모양이다. 이는 우리나라에서 한 숟가락이면 정이 없다 하여 한 번 더 주는 시늉을 하는 것과도 비슷하다.

식사시간에 일본인들은 서구인들과 마찬가지로 담소하기를 좋아하여 오차카이세키(お茶懷石)의 경우 주인과 손님은 즐겁고 자연스럽게 대화를 한다. 서로 아무 말도 하지 않고 식사만 한다면 이는 부자연스럽고 결례가 된다. 다만 입안에 음식물을 넣은 채 이야기를 하게 되면 음식물이 튀어나올 수도 있고 먹는 사람도 충분히 음식물을 씹지 않게 되기 때문이다. 따라서 식사 중엔 너무 웃기는 화제는 피하는 것이 좋으며, 식사 중에 재채기, 하품 등을 하는 것은 물론 금물이다. 음식을 먹을 때는 먹는 소리는 될 수 있는 대로 내지 않는 것이 좋다. 상대방에게 불쾌감을 주기 쉽기 때문이다. 단 예외가 있는데 도쿄(東京)가 있는 관동 지방에서는 메밀국수에 한해서 소리를 내도 무방한 것으로 되어 있다. 오히려 메밀국수의 경우엔 소리를 내면서 먹어야 제 맛이라고 말하는 사람도 있다. 그러나 이것도 관동 지방에서만 통하는 이야기로 식사 예절로서는 예외이다. 오사카, 나라, 교토를 포함하는 관서 지방 쪽에서는 메밀국수든 우동이든 소리를 내지 않고 먹는다.

2) 초밥을 맛있게 먹는 법

초밥집에서 테이블이 아닌 쓰시바(초밥을 만드는 카운터)에서 먹을 때는 손으로 집어먹어도 예의에 어긋난 것은 아니지만 테이블에서 먹을 때는 젓가락으로 집어먹어야 한다. 다만 젓가락으로 먹을 때와 손으로 먹을 때의 방법은 알아두는 것이 좋을 것이다. 손으로 먹을 때는 물수건 하나가 더 놓이는데 이중 작은 물수건으로 먹는 도중 손가락을 닦아가며 먹는다. 젓가락으로 먹을 때는 가장 좋은 방법은 생선과 밥을 함께 집을 수 있도록 초밥의 옆을 집는 것이 좋은데 그래야 간장을 묻힐 때 밥알이 떨어지지 않는다.

간장 접시는 초밥보다 자신의 앞쪽에 놓는 것이 좋으며 처음에 간장을 조금만 붓고 먹다가 모자라면 그때 또 더 붓는 것이 올바른 방법이다. 또 초밥에 간장을 찍을 때는 밥이 아니라 생선 쪽에 묻혀 먹는 것이 좋은데, 그 이유는 밥에 이미 간이 되어 있으므로 밥알에 간장을 찍으면 너무 짜서 맛의 균형이 깨진다.

모듬초밥을 주문할 경우 여러 종류의 초밥이 나오는데 먹는 방법이 잘못되면 서로 다른 재료의 독특한 맛을 느끼지 못하고 같은 맛으로 느끼기 쉽다. 따라서 생선마다 독특한 맛을 음미하기 위해서는 생선초밥 한가지를 먹고 나서 입가심을 하는 것이 좋다. 이때 곁들여 나오는 초생강을 먹으면 입안이 개운해지고 생선마다 독특한 맛을 음미할 수 있다.

생선초밥은 먹는 순서에 따라 맛이 다르게 느껴지는데 일반적인 원칙은 맛이 엷은 것부터 진한 것, 익힌 것, 마끼 순으로 먹는 것이 좋다. 또는 그집의 초밥맛을 좌우하는 달걀말이를 제일 먼저 먹고 전어, 고등어, 장어 등은 데마기를 먹기 전에 먹는다. 예를 들면 달걀말이 → 광어, 도미(흰살 생선) → 참치, 도로(붉은 살 생선) → 전어, 고등어, 장어(기름진 생선) → 마끼 순으로 먹는다. 하지만 광어나 도미 등은 기호에 따라 기름진 참치와 순서를 바꾸어 먹어도 무방하다.

3) 우리 식생활에 있어서 일본음식

중국 음식점과 더불어 일본 음식점은 우리의 일상 생활에도 밀접한 관계를 맺고 있다. 일반 음식점으로서 뿐만 아니라 우동, 라면, 다쿠앙, 우동, 벤토, 와리바시, 소바 등의 일본 단어들이 우리 식생활에 자리잡은 일본 음식문화의 한 단면을 보여준다. 정갈하고 신선한 맛이 특징인 일본음식은 개운한 맛을 좋아하는 우리나라 사람들의 입맛과도 맞아 기성세대 외식문화의 한 부분으로 자리잡고 있다. 중국음식만큼 저렴하진 않지만 우리의 입맛을 계속 붙잡아 온 일본음식, 즉 일식은 생라면, 오꼬노미야끼 등의 외식시장 진출로 이제 신세대들의 기호에도 적극적으로 어필하고 있다. 그러나 우동이나 초밥 정도로 인식되어온 일식을 정통적인 관점에서 들여다보면 일식에 대한 새로운 세계를 접할 수 있어 일본 식문화는 물론 그들의 문화나 기호를 실제적으로 인식할 수 있다.

전통적인 일식 이외에도 도시락, 초밥, 냄비요리, 튀김, 스키야시, 샤부샤부, 면류(우동, 소바), 데판야키(철판구이) 등의 일본의 음식문화가 이미 우리의 식생활의 일부분이 되었다. 사시미, 초밥, 우동, 모밀국수 등은 특히 우리의 식생활에도 친숙하고 선호하는 이들이 많다. 형태나 맛에 있어 일본 음식의 특징을 대변하고 있다고 해도 과언이 아닌 이들 메뉴는 동양권은 물론 서양에 이르기까지 폭 넓은 인기를 끌고 있다. 우리나라의 경우 초밥, 우동, 메밀국수, 덮밥, 생라면 등을 판매하고 업소가 체인화된 형태로 성업할 정도로 한국인들의 외식 문화에 큰 영향을 끼치고 있다. 더구나 최근에는 샤브샤브 요리가 일종의 유행처럼 번져 웬만한 식당에서 샤브샤브를 맛볼 수 있게 되었다. 이러한 변화는 깨끗하고 담백한 맛을 선호하는 현대 한국인들의 기호를 반영하고 있어 앞으로도 일식은 우리의 외식문화에 있어 큰 부분을 차지하게 될지도 모른다.

3.6. 일본의 유명 음식점

1) 일본의 유명 초밥집

(1) 동경의 '에도긴' 초밥전문점

1924년 곤도긴조씨에 의하여 개업한 에도긴 쓰시집은 4개의 건물로 이루어져 있는데 고급 초밥코너인 혜도관과 부담 없이 신선한 초밥을 즐길 수 있는 별관이 있다. 맛으로 음식을 즐기는 식도락가들이 즐겨 찾는 초밥전문집으로 특히, 고등어초밥이 유명하다.

(2) '오케이쓰시'

1943년 긴자에서 개업한 오케이쓰시집은 동경역 앞에 위치하며, 주인 무라세씨는 쓰시장인(匠人)을 한 명만 꼽으라고 할 때 이의 없이 지명되는 쓰시 만들기 달인(達人)이다. 이곳을 드나들 정도의 사람이라면 어지간한 식도락들인 만큼 주문도 다채로운데, 이것은 이 집의 맛과 주인의 솜씨를 익히 아는 단골들이 많다는 것을 의미한다.

(3) 동경의 다이아몬드 호텔의 일식당

동경 한소몽 궁궐 근처에 위치한 다이아몬드호텔의 일식당의 주방장은 60세 가까이 되신 분으로 40여년 동안 초밥을 만들어온 오오사까 출신의 전문가이다. 반백인 머리에 후덕한 인상으로 손님들에게 인기가 있는데 바다장어 등 구운요리(야끼모노)가 추천메뉴이며, 고슬고슬하게 지은 밥과 쫄깃한 골뚜기가 한데 어우러진 꼴뚜기 초밥을 선택하면 후회하지 않을 것이다.

(4) '아오야마오' 초밥집

시부야 진단빌딩에 자리한 초밥전문집으로 전국에 체인망을 가지고 있는데 본점이 있는 이곳이 가장 유명하다. 비록 규모는 크지 않지만 깨끗하게 정돈되어 있고 최신식 설비와 오목조목한 집기가 한눈에 들어온다. 이 곳의 추천메뉴로는 활어 참치 뱃살(도로)로 만드는 참치초밥이다.

2) 유명 일본요리점

(1) 아오야기(靑柳)

이 곳의 추천메뉴는 생선요리로 지방이 적당한 생선 맛도 일품이지만 정성 들여 만든 요리의 모양을 보는 것도 즐거움이다. 신선한 재료를 사용하는 것은 물론 재료가 가진 독특한 맛을 최대한 살린 요리로 평가된다. 고급 일식 그릇들과 요리의 조화도 눈요리감이며 가볍게 맛볼 사람은 점심때 가서 5,000엔 코스나 10,000원엔 코스를 시키면 된다. 미나토구 도라노몬 도쿠시마켄 도라노몬 빌딩 1층

(2) 와케토구야먀(分とく山)

이 집은 전통과 새로움을 조화시킨 전통일식집으로 주인 노자기씨는 일본 미식가들이 존경하는 맛의 달인이다. 단순한 것을 기본으로 하면서 제철의 재료와 맛을 살리는 창작요리가 뛰어나다. 오마카세 코스를 시키고 특별히 원하는 게 있다면 그것만 주문하면 된다. 요리 끝에 밥을 볶아 주며, 오마카세 코스의 가격은 15,000엔 정도이다. 미나토쿠 아자부 하치조 빌딩 3층

(3) 쓰루주(つる壽)

대개의 고급 요리집들이 오후 5시부터 문을 여는데 비해 이곳은 점심시간에 1,500엔대 부터의 대중식사도 제공하며, 3,500엔의 모듬점심은 추천메뉴이다. 미나토쿠 도라노몬 산와은행 바로 뒷골목

(4) 와코(和辛)

1960년대부터 장사를 시작한 이 집은 도쿄 외의 유명 음식점 중 대표 음식점으로 정통파 요리로 유명하다. 객실이 2실 있는데 하루 딱 두 팀밖에 안 받으니 단체로 갈 때는 반드시 예약을 해야 한다. 이 집은 출장요리도 하며, 코스요리 가격은 20,000~25,000엔이다.

3) 기타 유명 음식점

(1) '리큐안(利久庵)' 우동집

긴자대로 스미토모은행 통로로 따라가면 리큐안이라는 우동집이 있는데, 이곳은 삼성그룹의 故 이병철회장이 단골로 들리는 우동전문집이다. 기쓰네 우동, 다누끼 우동 등 대부분 800엔 정도로 싼 일본식 우동을 맛볼 수 있다.

(2) '삼국일(三國一)' 우동전문집

신주쿠 알타 스튜디오에서 기노쿠니아와 반대쪽 길 오른쪽에 위치한 역사가 오래된 우동전문집이다. 이 집의 인기메뉴는 야채와 마요네즈 드레싱이 배합된 자체 개발한 사라다우동이며, 미하라미소 우동과 미소가스 우동도 권할만하다.

(3) 작은 곰이라는 뜻의 '치구마' 생메밀국수집

사카이현의 오래된 목조가옥의 '치구마'는 좁은 입구에 비해 안은 넓다. 20조(10평)의 다다미방이 여러 개 있으며, 키 작은 소나무와 주먹만한 바위가 앙징스러운 정원이 아름다운 일본 전통가옥의 메밀국수집이다. 멸치, 톳, 다시마와 간장을 넣고 오랫동안 우린 국물 맛이 진하다. 미리 삶아 놓은게 아니라 방금 반죽해서 만들어 삶은 국수에 강렬한 맛의 진국이 아름답게 어울리는 음식이다. 300년 전통의 메밀국수 전문집의 생메밀국수 가격은 1인당 900엔정도이다.

(4) 오사카 도톰보리의 '금룡(金龍)라면' 전문집

오늘 날 일본의 대표적인 음식으로 자리 잡은 일본라면 중 가장 대표적인 라면이 '금룡(金龍)라면'이다. 일본의 3대 라면이라면 후쿠오카의 하카다 라면, 홋가이도의 아이누 라면, 그리고 오사카의 금룡라면인데 그중 가장 맛이 뛰어나다고 평가되는 것이 '금룡(金龍)라면'이다.도톰보리에는 동서남북 네 곳에 금룡라면 가게가 있는데 모두 서서 먹는 가게이지만 일본 전국에서 유명하다. 이 집 라면의 맛의 비결은 아무래도 국물 맛인 것 같은데 돼지뼈를 고아서 만든 국물에 생라면을 넣고 거기에 숙주나물과 파, 그리고 손바닥만한 돼지고기 한 점을 얹어서 주는데 그 맛이 담백하고 시원하다. 한 사발 수북하게 주는 라면 값이 500엔밖에 되지 않지만 네 개의 점포에서 하루 4천 그릇을 판다고 하니 일본 최고의 라면 명점임에 틀림없다.

(5) '샤부리' 샤브샤브전문점

시부야 근처 파르코 1관 7층에 위치한 샤브샤브전문점인 '샤부리'는 고기도 최고를 쓰고 분위기에 비하여 가격은 저렴한 편이다. [레이디코스]라는 것이 있는데 전채요리, 샐러드, 디저트, 반찬, 밥이 같이 나오며 1,900엔이다. 점심시간에 특별히 '샤브샤브점심'이 1,500엔이며, 3,800엔으로 다소 비싼 '샤브샤브 다베호다이'는 바이킹 뷔페식의 샤브샤브이다.

(6) '도톰부리 1번지' 창코나베전문집

'창코나베'는 일본의 씨름(스모)선수들이 먹는 음식이 대중화된 음식으로 먹는 양이 엄청 푸짐하다. 세숫대야만한 냄비 안에 가득한 육수부터 끓인 후 쇠고기와 생선을 넣고 난 다음 배추, 파, 조개, 쑥갓, 버섯 등의 재료를 살짝 데친 후 간장에 찍어 먹는다. 건더기를 건져 먹은 다음 그 국물에 굵은 우동을 넣고 끓이면서 소금과 간장, 약간의 고춧가루를 넣고 간을 맞춘다. '창고나베'는 스모선수들의 체중을 불리기 위해 고안된 이 음식은 그야말로 양 위주의 음식으로 그들은 체중이 목표량에 도달하지 않으면 잠도 자지 않고 그런 냄비요리를 하룻밤에 몇 대야씩 먹는다. 그런 뒤 몸무게를 재어보고 목표치에 미달하면 밤을 새워서라도 먹어야 하는 음식이다. 일본 맛의 본고장, 스모로 유명한 오사카에 있다.

(7) '오카한' 본점 스키야키전문점

긴자 욘초메 교차점 근처에 위치한 가네타나카 빌딩의 '오카한'은 7층의 스키야키전문집과 8층의 철판요리전문점으로 나뉜다. 7층의 스키야키전문점에는 달콤한 고기를 싫어하는 사람들을 위한 숯불구이(아미야키)도 같이 판매하는데 둘다 13,000엔 정도이다.

(8) 홋카이도 요코초(橫丁) 골목의 '아이누 라면' 전문집

삿포로 제일의 유흥가 중 사람 둘이 다니려면 서로 어깨를 부딪히지 않고서는 지날갈 수 없는 좁은 요코초 골목 안에 30여 개의 라면집이 늘어서 있다. 한 그릇 값이 무려 1,200엔으로 비싼 편인 아이누 라면은 여느 라면과는 다르게 버터가 들어가 좀 느끼한 편인데 이외에도 버터라면, 김치라면 등이 있다.

세계의 요리와
유명 레스토랑

제4장

동양요리(III)
인도요리

4.1. 인도 문화의 이해

1) 인도의 역사와 종교

인도는 다양한 종교와 인종이 생활하는 나라로 힌두교 83%, 이슬람교 11%, 시크교 2%, 기독교 3%, 자이나교 300만, 불교 400만으로 구성되어 있다. 이와 같이 인도의 종교 중 대다수를 차지하는 것은 힌두교로 인도에서 가장 오래된 종교이지만 특별한 교조도 교단도 없다. '베다'를 비롯한 많은 문헌이 있으나 이슬람의 '코란'이나 기독교의 '성경' 비교할 만한 경전은 없다. 또한 힌두교는 예로부터 전해져 오던 것에 끊임없이 새로운 요소가 융합되어 있다.

힌두교도는 죽을 때까지 카스트에서 벗어날 수 없으며, 자신이 속한 카스트에 태어난다는 것은 자신의 전생(前世)의 행위에 의해 정해진 것이라고 믿고 따른다. 따라서 카스트 내에서의 계급상승은 다음 生(생)에서나 기대할 수 있는 것으로 카스트는 많은 부분에서 생활규범으로써 작용한다. 단지 직업을 제한할 뿐만 아니라 결혼도 카스트내의 같은 계급에서만 가능하며, 심지어는 음식도 각 계급간에 제한을 두고 있다.

BC 6세기경의 불교나 자이나교, 11세기의 링가야트, 다시 이슬람교의 영향을 받은 카비루, 16세기에 나나크가 창설한 시크교 등은 이러한 힌두교의 교의와 사회질서에 반항한 사람이다. 불교는 13세기 인도에서는 위력을 상실했지만, 자이나교는 서인도 에서 존속되고 있다. 시크교는 편잡왕국을 세우고 19세기에 영국에 의해서 멸망할 때까지 특수한 군사조직과 교도조직을 가졌으며 오늘날까지도 독자적인 신앙과 계 율을 유지하고 있다. 그러나 이러한 힌두교에 반항한 종파도 힌두교의 불가사의한 포용력에 의해 카스트의 한 계층으로 분류된다.

인도 또한 외래종교를 받아들였는데, 그 대표적인 것이 조로아스터교, 이슬람교, 기독교이다. 조로아스터교는 이란에서 이슬람교도의 압박을 피해 8세기 무렵 인도로 옮겨오면서 전래되었으며, 이슬람교도는 10세기경 이슬람교도군이 델리(Delli)지방 을 점거하면서 이슬람 왕국을 건설하였다. 처음엔 서아시아에서 옮겨와 인도에 정착 한 사람들이었으나 이후에는 인도에서 태어나 개종(改宗)한 사람도 많다. 종교를 바 꾸는 개종은 정치적인 이유에서 상층계층 사람들이 주로 하지만 대부분 하층의 민중 들이 집단적으로 하기도 한다. 이스람교는 힌두교와는 달리 알라의 신 이외에는 신 이 없으며, 다신교인 힌두교처럼 다른 종교에 대한 관용성이 없어 때때로 양 교도간 의 충돌이 일어났다. 그리하여 인도가 독립할 무렵 이슬람교를 국교로 하는 파키스 탄이 인도에서 분리하여 독립하였다. 기독교는 두 가지로 전래되었는데, 하나는 유 대인들이 전한 것을 인도 특유의 포용력으로 흡수한 기독교(시리안 크리스챤)와 유 럽인이 전래한 기독교이다.

인도 화폐와 가치

인도에서 사용되고 있는 통화는 루피(Rupee)와 파이사(Paisa)이며, 루피는 단수로 Re., 복수로 Rs., 파이사는 P가 사용되고 있다. 옛날의 화폐단위가 남아 있어 '안나'라는 말이 통용되고 있는데, 1루피는 16안나이고, 차라나(4안나=25파이사), 아타나(8안나=50파이사), 바라나(12안나=75파 이사) 등이 간혹 사용된다. 현재 1루피가 우리 돈으로 약 27원 정도인데, 인도는 물가가 무척 싸다 는 점을 생각한다면 30원 이상으로 인식하는 것이 좋다.

2) 인도의 사회제도 - 카스트

아리안족이 인도로 이주하면서 원주민들을 정복하고 동화(同化)시켜 가는 과정에서 카스트 제도라고 하는 특유한 사회제도가 발달하였다.

표-1	카스트 제도	
계층	**역 할**	**비고**
브라만	제식의 수행, 베다의 교수	
크샤트리아	정치, 군사	왕족
바이샤	농업, 목축업, 상업 등	서민계층
수드라	2종성에 대한 봉사	피정복민
(아디수드라)	불가촉천민(untouchable)	

<표-1>에서와 같이 인도인들은 카스트 제도에 의하여 브라만, 크샤트리아, 바이샤, 수드라의 4가지 계층으로 나누어지고, 사람은 태어나면서부터 각자의 카스트에 속하며 결혼·직업 등은 동일한 카스트 내에서 행해진다. 힌두교의 제사는 브라만에 속하는 사람들에 의해서 시행되며, 크샤트리아는 무사계급으로서 왕족은 여기에서 탄생된다. 바이샤는 농업, 목축업, 상업 등 각종 직업에 종사하는 서민계층으로서 후에 각 직종에 따라 2차 카스트 제도가 생겼다. 카스트의 최하위는 수드라로서 대부분 피정복민으로 구성되었고 상위 카스트의 노비로 종사하였다. 한편 4성에 속하지 않는 분류로 아디수드라(탈(脫)카스트라)는 불가촉천민(不可觸賤民 ; untouchable)이 생겨서 이들은 거주·직업 등에 엄격한 차별대우를 받아왔다. 간디는 이들을 신(神)의 아들이라 부르고, 그들의 해방을 위해서 노력했다. 이들은 인도의 전 지역에 거주하며 총인구의 15%에 달하는데, 독립 후에는 불가촉천민제를 폐지하고 그들에 대한 차별을 금지하는 특별법을 제정하였다. 정부에서는 그들을 구제하기 위해서 장학금제도를 설치하고, 의석의 일부를 할당하기도 하였다. 대도시에서는 점차로 카스트의 차별이 해소되어 가지만 아직까지 지방에서는 고쳐지지 않는 사회문제이다.

4.2. 인도음식의 특징

1) 인도음식의 특징

인도는 다인종(多人種)의 나라일 뿐만 아니라 중동 및 서양 문화의 영향을 받아서 음식도 지역과 종교에 따라 매우 다양하고 음식은 색과 맛, 질감이 조화를 이루고 있다. 쇠고기를 먹지 않는 힌두교인들이 많은 남부 인도에서는 요리에 향신료를 강하게 하여 칠리(고추의 일종)를 많이 사용하고, 또 코코넛 밀크와 크림을 많이 사용하고 있다. 반면, 북부 인도에는 외부 식문화의 영향을 받아 약하게 조미한 음식과 요구르트 및 다른 혼합물을 많이 사용하고 있다.

인도는 국민의 약 80% 이상이 힌두교도이며, 이들 모두 채식주의자이므로 주로 단백질을 콩류와 우유, 버터, 요구르트 등의 유제품으로 섭취한다. 인도인들은 육류 섭취 여부에 따라 채식주의자(Vegetarian)과 비채식주의자(Non Vegetarian)로 나뉜다. 채식주의자들은 주로 살생을 금지하는 자이거나 힌두교도를 비롯해 종교적인 이유 때문에 육류를 먹지 않는데, 상위 카스트인 사람일수록 엄격하게 지킨다. 엄격한 채식주의자들은 육류와 생선류는 말할 것도 없고, 심지어는 달걀도 먹지 않는다. 입으로 섭취한 음식물이 몸 상태를 유지시킴과 동시에 마음까지도 결정한다고 생각한다.

이에 비해 비채식주의자는 일반적으로 이슬람교도, 시크교도, 기독교도들로 가난한 계층의 사람들은 종교적이라기보다는 경제적인 이유로 검소한 채식주의 음식을 먹는 경우가 많다. 도시의 여유 있는 계층간에서는 육식도 보편화되어 있지만, 아직까지 인도의 전통을 지키는 채식주의자는 예전과 같이 엄격하게 육식을 금하고 있다.

힌두교에 뿌리를 두고 있는 인도인들은 근본적으로 음식을 만드는 것은 오염되는 과정이라고 생각한다. 왜냐하면 인간이 음식을 만듦으로써 재료를 세속화하고 정수를 파괴하고, 또한 음식을 먹기 시작했을 때보다 음식을 다 먹었을 때가 인간은 더

오염되어 부정해졌다고 생각한다. 따라서 인도인들은 음식을 만들 때나 식사할 때 최대한으로 부정해지지 않고 정결함을 유지할 수 있도록 음식과 관련된 규례(規例)들을 잘 지켜 왔다.

힌두교 가정에서 부엌은 아주 정(淨)한 지역으로 구별되어 있으므로 부엌은 쓰레기를 버리는 곳과 멀리 떨어져 위치해야 하고 손님을 접대하는 곳과도 구별되어 있어야 한다. 음식을 만들기 전에 깨끗하게 치워놓은 부엌은 집안에서 가정, 사원 다음으로 성스러운 곳이기도 하다. 부엌에는 금이 그어져 있어 아무나 그 금 안으로 들어갈 수 없다. 야채 등 음식 재료도 부엌 안으로 들이려면 그것을 씻는 등의 의례적인 의미의 정하게 하는 행위를 해야 한다. 음식을 만드는 사람은 부엌에 들어가기 전에 반드시 샤워하고 바느질하지 않은 옷을 걸쳐야 한다. 오늘날까지도 바느질한 셔츠를 오염의 두려움 때문에 기피한다.

모든 카스트는 브라만에게서 음식이나 물을 받을 수 있지만, 조금이라도 높은 카스트들은 자신들보다 낮은 카스트에게서 음식을 받을 수 없으므로 가장 높고 정한 브라만이 모든 계층을 충족시켜 줄 수 있다는 이유로 요리사는 브라만이 가장 선호의 대상이다.

음식을 먹을 때 사용되는 도구들도 정해져 있는데, 오염을 막기 위하여 접시 대신 바나나 등 큰 나뭇잎을 일회용 접시로 많이 사용한다. 숟가락이나 포크도 부정한 것일 수 있기 때문에 기피하고 오른손만을 사용한다. 브라만에 속하는 인도인뿐만 아니라 모든 인도인들은 다른 카스트와 합석하여 식사할 수 없었다. 음식을 함께 먹는다는 것은 한 카스트의 일원이라는 것을 확인해 주는 것이다. 결혼 등으로 인척 관계가 형성되어도 식사를 같이 하는 관계는 즉시로 성립되지 않는다. 약간이라도 높은 카스트의 신랑이 낮은 카스트의 신부와 결혼을 했을 경우 신부집에서 간청하여 그들과 함께 식사를 하게 되면 신랑은 자신의 가문을 배반한 것이므로 신부집에 그에 대한 선물을 요구한다. 카스트에서 단절된 사람과의 식사는 카스트 안의 소집단의 형성과 분열을 가져오는 주요한 요인으로 작용하기도 한다. 여러 사람이 식사할 때도 서로 마주 보지 않고 모두 얼굴을 한 방향으로 하고 줄을 맞추어 앉아 식사하는데, 이 때 가장 중요한 남자 인물이 제일 오른쪽으로 자리잡는다.

2) 정통적인 힌두 조리법

요리 방식은 불을 사용하는 경우와 그렇지 않은 경우로 크게 나뉜다. 불을 사용하지 않는 요리 방식으로는 첫째, 물이나 손을 써서 하는 경우로 야채를 씻고 달을 물에 담그는 것, 그밖에 껍질을 벗기거나, 비비고, 자르는 것 등을 들 수 있다. 둘째, 유제품을 사용하는 경우로 열을 가하지 않고 우유나 유제품을 섞는 것으로 요리한다. 음료를 만들거나 금방 자른 과일을 우유나 다히(dahi)로 섞는 때를 들 수 있다. 셋째, 공기와 태양으로 요리하는 경우로 야채나 설익은 과일을 태양열을 이용하여 피클을 만들거나 야채를 보관하기 위하여 햇볕에 말려 건조시킬 때 사용한다.

불을 사용하는 것이 더 관례적인 요리의 개념인데, 불을 사용하는 경우를 크게, 첫째 기이를 사용하는 경우와, 둘째, 기이를 사용하지 않는 경우로 나누어 볼 수 있는데, 기이를 사용하는 경우를 '빡까'라 하고, 기이를 사용하지 않는 경우를 '까짜'라 한다.

다히(dahi)와 기이(ghee)

다히(dahi)는 生乳(생유)를 가열·살균하고 약간 따뜻할 때 오래된 다히를 조금 넣어 발효사키는데, 적당한 온도에서 몇 시간 놓아 두면 약간 신맛을 띠는 크림 상태로 된다. 이 다히를 막대기로 휘저으면 막칸이 되고 막칸을 가열하면 기이가 생긴다. 기이는 상온에서 고체이기 때문에 운반·보관이 편리하다. 식용, 약용, 의례용으로 사용되며 인도 유제품 생산량의 절반 정도를 차지한다고 한다.

요리법의 분류를 통해서 인도인들에게는 요리를 한다는 것이 관례적으로 불을 사용하는 것과 달리 불을 사용하지 않고도 가능하다는 것을 알 수 있다. 그 이유는 인도에서 음식을 만든다는 것은 음식 재료에 불을 가하여 먹기에 적합하게 익히는 것이 아니고 음식의 문화적 속성과 먹는 사람의 문화적 속성을 연결하는 것이기 때문이다. 또한 불로 혹은 불 없이 요리하는 것에도 많은 복합성이 들어 있다. 예를 들어 다히를 만들기 전에 우유를 끓이지만, 다히는 불로 요리한 음식의 범주에 들어가지 않는다. 왜냐하면 우유는 이미 베다시대의 최고의 신인 인드라(Indra)의 신성한 힘에 의하여 암소 안에서 익혀졌으므로 요리된 것으로 간주하기 때문에 더 요리를 해도 의례적인 관점에서는 아무 변화가 없는 것이다. 인도에서는 불에 익힌 음식을 정(淨)한 것으로 보지 않고 우유나 기이가 들어간 음식을 정(淨)한 것으로 여기는 것도 흥미롭다.

3) 독특한 향신료의 문화와 탄두리 조리법

인도요리의 특징은 향신료(spices)에서 비롯되는데, 열대지방에 속하는 인도는 풍성한 나무로부터 인도 특유의 맛을 내는 향신료를 만들어 조리하는데 사용하고 있다. 나무 뿌리, 껍질, 잎, 열매 모두가 음식 에 사용되며, 향신료는 월계수 잎, 고수풀 열매, 고추, 커민 열매, 계피, 카르다멈, 클로버(정향나무열매), 호로파씨, 박하, 겨씨, 칼피처, 셀러, 타메릿(심황뿌리), 펜넬(회향풀), 샤프란, 백리향, 칼다몬, 넛머그(육구두) 등 이루 헤아릴 수 없을 정도이다. 이것들은 주로 약재로도 이용되는 것이기 때문에 건강에도 좋은데, 이 재료들을 개인의 취향에 따라 여러 가지 혼합하여 사용하고 있다.

민족의 감각·지혜·전통이 표현되어 있다는 의미에서 그 나라의 요리는 중요한 문화 중의 하나라고 말할 수 있다. 인도요리에서 우리의 간장·된장에 버금가는 것이 바로 '마살라(Masala)'이다. 마살라는 주로 식물의 열매 씨앗·잎·뿌리 등으로 만들어진 향신료로 그 종류도 아주 많다. 인도 요리에서는 재료에 열을 가하고 나서 여러 가지 마살라를 섞어 만든 종합 향신료를 넣어 향기를 내고 맛을 내는 것이다. 반찬에서 스낵까지 인도 음식의 대부분은 이 마살라를 빼고는 생각할 수 없을 정도로 인도 요리는 독특한 '마살라 문화'라고 할 수 있다. 또한 인도 요리는 전체가 마살라 문화의 통일성을 지니고 있으면서 개개의 지방성과 종교 등에 따른 미묘한 다양성을 동시에 갖고 있다. 이 점 또한 인도만의 특성으로 인도를 표현할 때 자주 쓰는 '다양성 속의 통일'이 적용되는 것이다. 인도음식의 기본이 되는 마살라의 주재료는 감자로, 손이나 주걱으로 눌러 어깬 후 양파 썰은 것과 커리 분말과 다양한 재료들을 넣어서 섞으면 새하얀 감자가 노랗게 변한다.

인도 음식에 주로 쓰이는 용기인 '탄두리(Tandoori)' 흙으로 만들어진 화덕을 지칭하는 인도어로 24시간 동안 계속 숯불에 달구어져 있으며, 탄두리를 사용하여 만든 요리는 별미이다. 이 용기에 양이나 소, 닭, 돼지고기를 바베큐 방식으로 조리되는 음식을 탄두리 음식이라고 하는데, 닭을 요구르트와 고추, 정향, 계피 등의 향신료를 넣어 양념한 후 탄두리에 구워낸 탄두리 치킨이 우리 입맛에 맞다.

4.3. 인도의 대표적인 음식

1) 인도인의 주식(主食)

인도인의 주식을 크게 나누어 보면 북인도에서는 밀가루로 만든 인도 빵(차파티, 난 등)을, 남인도나 뱅골에서는 쌀밥을 주식으로 한다. 주로 서북 인도에서 밀을 생산하고 남인도나 뱅골지역에서 쌀을 생산하는 영향도 있지만, 북쪽 지방의 밀가루 음식의 상식은 중동이나 유럽에 걸쳐서 보편화된 빵 중심의 식생활에서 기인하는 것 같다.

(1) 밥

쌀을 주식으로 하고 있는 곳은 동인도 일대에서 뱅골 해안과 아라비아 해안 주변의 고온 다습 지대가 중심이다. 북쪽과 남쪽은 품종이 틀려 북부에서는 쌀알이 긴 인디카종, 남부에서는 쌀알이 짧은 자포니카종을 재배한다. 조리법도 우리의 조리법과 달라 쌀이 어느 정도 익으면 밥물을 버린다. 거의 대부분의 지역에서는 익을 때쯤 밥물을 버리고 뜸을 들이지만, 아삼지역 일부에서는 설익은 상태의 밥이 선호되고 있다. 뱅골지역에서는 죽을 쑤기도 하며, 또 설익은 쌀을 으깨어 말린 후 물에 말아서 먹거나 기름에 튀겨 먹는 경우도 있다.

① 차왈

우리의 밥과 흡사한 음식으로 쌀밥(Rice or Plain Rice)이라고 한다.

② 플라우(Pulau 또는 Pulao)

향신료를 알맞게 섞어서 볶은 밥으로 우리의 볶음밥과 비슷하다.

③ 비리야니(Biriyani)

풀라우 보다 조금 값이 비싸지만 향신료나 너츠도 사용한 고급 요리로 야채만으로 조리한 요리도 있지만 양고기(mutton)비리야니나 닭고기(chicken)비리야니는 일반적으로 비교적 고급 레스토랑에 가야 먹을 수 있다.

④ 레몬 라이스(Lemon Rice)

레몬으로 맛을 낸 산뜻한 맛의 밥이다.

⑤ 빵

인도에서는 쌀보다는 밀을 주식으로 하는 지역의 분포 범위가 한층 넓다. 그 분포는 파키스탄 전체와 갠지스 평원의 서쪽 평지와 데칸고원의 북쪽평지 대부분을 차지하고 있다. 북인도에서는 인도식 빵인 로티(Roti : 차파티 등의 인도식 빵의 총칭)가 주식이다. 밀은 쌀과 달리 밀가루로 만들어 빵 종류를 만들어서 먹는데 만드는 방법은 반죽을 발효시키지 않고 만드는 방법과 발효시키는 방법의 두 가지가 있다.

　가. 발효시킨 것
- 난(Nan) : 정제한 하얀 밀가루(마이다)로 구운 빵인데, 발효시켜 만든 것이어서 조금 부풀어 있으며, 차파티 보다 고급으로 값싼 레스토랑에서는 구하기가 어렵다.

　나. 발효시키지 않은 것
- 차파티(Chapati) : 밀기울이 든 밀가루(야타)를 물로 개어 얇게 적당한 크기로 둥글게 편 다음 불에다 구워서 만든다. 갓 구운 것이 맛있고 담백해서 물리지도 않으며 다양한 소스에 찍어 먹으면 된다. 인도인에게는 차파티와 달(콩수프)만 있으면 그것만으로도 훌륭한 한끼 식사가 된다고 한다.
- 푸리(Puri) : 인도식 스낵으로서 역이나 거리에서 쉽게 볼 수 있는 푸리는 차파티같이 철판 위에다 굽지 않고 기름으로 튀겨서 부풀린 것으로 탁구공처럼 작은 것부터 호떡크기까지 다양하다.

2) 커리요리(Curry; 카레요리) - 인도에는 카레라이스가 없다.

인도요리라면 우선 카레라이스를 연상하겠는데 인도의 전통 커리요리는 우리의 카레와 차이가 있으며 우리식 카레밥(curry rice)은 없다. 카레는 인도요리에서 유래되어, 그것이 영국으로 건너가서 대중적인 입맛에 맞게 만들어져, 다시 한국에 수입되어 퓨전화된 요리이므로 인도 고유의 커리요리와는 다르다.

(1) 고기를 이용한 카레

한국에서 카레를 만들 때에는 고기와 여러 종류의 야채를 이용하지만 인도에서는 고기와 야채 중에 한 가지만을 사용하는 것이 보통이다. 그렇기 때문에 재료와 맛이 조금씩 다르지만 비슷한 요리 이름이 아주 많다. 레스토랑의 영문 메뉴에도 카레(Curry)라는 단어가 등장한다. 예를 들면 양고기카레(Mutton Curry)는 자른 양고기를 향신료를 가미해 삶아 만든 정통적인 고기 요리로 야채를 넣지 않고 각종 향신료를 넣어 걸쭉하게 만든 것이다. 이것을 반찬으로 해서 밥이나 로티(차파티 등의 빵 종류)와 같이 먹는 것이다.

커리요리의 주재료는 양고기와 닭고기로 잘 알려진 바와 같이 소는 힌두신이 타는 것으로 성스러운 동물로 모셔지기 때문에 쇠고기는 먹지 않는다. 그렇다고 해서 절대로 먹지 않는 것은 아니고 힌두교도가 아닌 사람은 먹기도 하며 도시의 서양식 레스토랑에서는 비프스테이크를 파는 곳도 있다. 또한 이슬람교도는 돼지고기를 부정한 것이라고 해서 입에 대지 않으므로 육식주의자들의 식사에는 주로 양고기와 닭고기를 쓰고 있다. 인도에서는 육류 중 닭고기를 제일로 여겨 양고기보다 비싸고 지역에 따라서는 생선과 새우를 사용하기도 한다. 우리나라에서는 카레요리에 쇠고기를 넣는다면 고급으로 생각하지만 인도에서는 '쇠고기카레' 자체가 사리에 어긋나는 것이므로 '쇠고기카레'를 취급하고 있는 곳은 극히 특수한 곳으로 한정되어 있다.

① 양고기카레(Mutton Curry)·닭고기카레(Chicken Curry)

고기(양고기, 닭고기)를 향신료로 삶는 정통적인 커리요리라고 할 수 있다. 그 밖의 이름은 향신료의 사용법이나 요리법에 따른 차이만 있을 뿐 기본적으로는 카레의 범주에 들어간다.

카레라이스 없는 인도 정통 커리(Curry)의 유래

우리나라에서 사용되는 카레가루는 향신료에 익숙지 않은 서양에서 대중적인 입맛에 맞게 믹스한 것이다. 커리는 옛날 인도에 온 포르투갈인이 스프를 얹은 밥을 보고 뭐냐고 질문하자, 인도 사람들은 수프의 건더기인 '내용물'을 묻는다고 생각하고는 카레(타미르 어로 '야채고기')라고 답했다. 이에 포르투갈인들은 카레가 요리 그 자체라고 믿고 그렇게 부르기 시작한 것이 지금의 카레라는 말로 전해져오고 있다. 인도에 커리라는 정식 음식이 없는 것으로 보면 일리가 있는 말인 것 같다.

(2) 야채를 이용한 카레

채식요리에는 여러 가지 계절야채가 사용되는데, '사브지(Sabzi)'는 '야채'라는 의미이지만 야채카레처럼 반찬으로 만들어진 것도 사브지라고 부르기도 한다. 사브지는 고기요리보다 싸고 위와 장에도 부담이 없으며 야채는 여러 가지를 마구 섞지 않고 1~2 가지를 섞어서 만든다. 대표적인 사브지는 컬리플러워, 감자, 완두콩, 양배추, 가지, 토마토, 시금치 등이 있다.

남인도에서는 반찬으로 먹는 '산바(Sanba)'가 있는데 이것 역시 야채카레로 세끼 식사에서 빼놓을 수 없는 것이라고 한다. 건더기는 집에 있는 채소 중에서 몇 가지를 넣어서 만든다. 조리 방법은 후라이팬에 버터를 녹이고 머스터드(겨자)를 넣어 볶기 시작한 후 가지와 토마토를 넣고 볶는다. 버터가 잘 스며들었을 때 달(삶은 콩요리)을 익혀 놓은 냄비에 쏟아 붓고 삼바가루(고추, 통후추, 달, 코코넛 등을 함께 볶아 가루로 만든 것)와 함께 10분쯤 끓여서 소금으로 간을 맞춘 후, 그것을 밥에 끼얹어 먹거나 찐만두에 끼얹어 아침식사를 한다.

3) 인도인의 정식(定食) - 탈리(Thali)

인도의 음식 문화를 상징적으로 나타내는 '탈리(Thali)'는 인도의 정식인데, [탈리]라는 단어가 의미하는 바는 '큰 접시'이다. 이 접시에 쌀밥이나 차파티 등의 주식과 콩 종류인 '달(Dhal)', 커리 종류, 인도 김치의 일종인 '아차르(Achar)', 요쿠르트인 '다히(Dahi)' 등을 수북히 담은 인도 정식이다. 이 요리에는 밥과 여러 가지 반찬을 담기 위해 오목하게 생긴 쟁반이나 둥글고 큰 접시가 사용되는데 이 접시가 탈리이다. 역의 식당이나 열차 안에서의 식사도 탈리이고, 일반 식당에서도 탈리의 형식으로 식사를 제공하는 곳이 많다. 정식으로 '탈리'를 주문하면 1인분의 식사를 비교적 싸게 먹을 수 있다.

남인도에서는 독특하게 바나나 잎에 내오는 식사가 있는데, 'Meals Ready'라고 써놓은 식당에 들어가면 먼저 적당한 길이로 바나나 잎을 테이블 위에 올려놓는다. 이것이 탈리 대용인 쓰고 버리는 1회용 접시로, 물로 잘 닦아내고 나면 밥이 올려지고 반찬인 커리가 차례로 놓여진다. 남인도의 커리는 북인도의 커리와는 조리법과 맛에 차이가 있다. 외국인에게는 숟가락을 가져다주는 곳도 있지만, 역시 바나나 잎사귀에 담겨진 탈리는 손으로 주물럭거려 잘 섞어서 먹는 것이 제격일 것이다.

4) 기타 요리

(1) 달(Dhal)

부드럽게 삶은 콩에 마살라를 가미한 음식으로 큰 것과 작은 것, 황색이나 검은빛이 도는 것 등 여러 종류가 있는데 콩의 종류에 따라 맛과 모양이 다르다. 밥이나 차파티에 이 달을 섞어서 먹는 것이 식사의 기본으로 우리나라의 된장국에 버금가는 대중음식이기도 하다. 콩에 약간 독특한 맛이 있어서 처음에는 적응이 안 될 수도 있겠지만 식물성 단백질이 풍부한 음식으로 익숙해지면 비교적 괜찮은 음식이다.

(2) 다히(Dahi)

요구르트의 일종으로 탈리에도 많이 곁들여지며 지나치게 매운 카레를 섞으면 먹기가 수월해지며 식후에 먹어도 좋다.

(3) 도사(Dosa)

주재료인 쌀가루를 하룻밤 동안 재운 후 발효가 되면서 약간 시큼한 맛이 나면, 이것을 반죽해서 얇고 둥글게 만든 다음 기름에 튀긴다. 튀긴 후에 건져내면 기름을 머금고 있으므로 말면 말리는데, 보통은 한번 정도만 말아 놓는다. 말아놓은 모양이 다양하고 어떤 곳에서는 고깔모양으로 말아서 세워주기도 하는데, 시간이 지나면 바삭바삭해진다. 도사의 종류가 다양한데 도사 안에 아무 것도 넣지 않고 반죽만을 튀겨낸 것을 플레인(Plain)도사 또는 사다(Sadha)도사라고 한다. 도사 안에 무엇을 넣느냐에 따라 도사의 이름이 달라지는데, 마살라를 넣고 둘둘 말은 마살라(Masala)도사도 있다. 좀더 바삭바삭한 것이 좋다면 종이처럼 얇은 페이퍼(Paper)도사를 시켜 먹으면 좋다.

(4) 이들리

남인도에서 만나볼 수 있는 음식인 이들리는 도사와 마찬가지로 쌀가루를 1~2일 정도 발효시켜서 만들기 때문에 약간 시큼하다. 도사가 기름에 튀겨서 느끼한 편이지만, 이들리는 여자 주먹만한 크기로 반죽한 쌀가루를 증기로 쪄내는 음식이므로 비교적 담백하다.

(5) 아차르(Achar)

야채나 과일 절임으로 피클의 일종이라고 생각하면 된다. 고추가 들어 있어서 식욕을 불러일으키며 라임이나 망고로 담근 것도 있어서 맛이 독특하다.

(6) 사모사(Samosa)

만두피에 마살라 또는 야채나 고기, 치즈 등을 듬뿍 얹어 삼각형 모양으로 만들어 기름에 튀긴 음식으로 대중적인 음식이다.

(7) 우따빰(utappam)

우따빰(utappam)는 우리나라의 빈대떡 같은 형태로 여러 가지 야채를 넣고 향신료를 넣은 쌀가루와 함께 반죽한 뒤 기름에 튀겨져 나오는데 케첩이랑 찍어 먹으면 한결 맛있다.

(8) 파코라(Pakora)

이것도 대표적인 스넥 중의 하나이다. 꽃양배추, 양파 등의 채소에 마살라 맛의 껍질을 입힌 튀김이다. 레스토랑에 있는 치킨 파코라는 닭을 그대로 튀긴 것 같은 느낌이 드는 음식이다.

(9) 파니르

야채는 아니지만 채식요리의 독특한 특징을 지닌 요리이다. 하얗고 부드러운 치즈를 넣고 조리한 것으로 재료가 야채만 들어갔을 때보다는 비싸지만 고기보다는 싸며 단백질원(源)으로 이용된다.

(10) 양념장(sauce)

식당에서 요리를 시키면 대개 두 가지 양념이 나오는데, 한가지는 흰색의 소스로 맛이 조금 밍밍하고, 다른 한가지는 황토색의 매우 짜다. 밍밍한 것은 '짜뜨니'라고 하는데, 코코넛 가루를 약한 향신료에 넣어서 만든 양념으로 코코넛가루가 씹히는 것이 뒷맛이 고소하다. 황토빛이 나는 양념은 '쌈바'라고 하며 여러 가지 향신료로 만든 양념으로 이 두 가지를 섞어서 찍어 먹으면 맛있다.

(11) 스윗(Sweet)

인도인들이 즐겨 먹는 디저트로 '스윗(Sweet)'이 있는데, 레스토랑에서 탈리를 시키면 작은 접시에 스윗이 가끔 제공된다. 이것은 달콤함을 넘어 목이 메일 정도로 단데, 특히 연유를 이용해서 만든 '스페셜스윗(Special Sweet)'은 더 달다. 스페셜스윗은 주로 은박지에 쌓여져 있는데, 그 이유는 말라서 굳어지는 것을 방지하기 위해서이다. 그리고 인도음식에 익숙하지 않은 외국인들의 눈에는 자칫 도넛츠로 착각하기 쉬운 스넥으로 기름에 튀긴 '기스윗(Ghee Sweet)'이 있다.

5) 티벳음식

인도에서 그래도 우리 입맛을 끌 수 있는 음식은 아마 티벳음식일 것이다. 티벳음식은 티벳 사람들이 주로 모여 사는 곳에서 맛 볼 수 있는데, 그 가격이 우리 상상을 넘는 수준이니 값을 물어보고 시키는 것이 좋다.

(1) 모모

모양과 맛이 우리나라 만두와 흡사한 음식인 모모는 내용물에 따라 양고기모모, 닭고기모모, 감자모모, 베지모모 등이 있다.

(2) 떤뚝

뗀뚝은 우리의 수제비와 비슷한 음식으로 밀가루 반죽을 수제비 빗듯이 뚝뚝 떠어내 만들거나 칼로 잘라서 모양을 내는데, 종류에 따라 닭고기뗀뚝, 야채뗀뚝, 계란 뗀뚝 등으로 나뉜다.

4.4. 인도의 술과 음료

1) 인도의 술

이슬람교는 술을 금지하며, 힌두교도 그다지 술을 좋아하지는 않는데 인도인들은 술이 마음을 탁하게 해서 인간 속에 있는 신을 잠재워 버린다고 믿는다. 아직까지 '구자라트주'는 아직도 주 전체가 금주법의 영향으로 술을 먹을 수 없지만, 이 주에서도 일부 호텔에서는 술을 마실 수는 있는데 이 경우에는 리큐르 퍼밋(Liquor Permit : 일종의 음주 허가증)을 보여주어야 한다. 델리를 포함한 꽤 많은 지역이 금요일을 'Dry day'라 하여 술을 먹지 않는 날로 지정하고 있다.

(1) 인도 술의 종류

① 맥주

우리나라 맥주의 알코올 도수가 대부분 4~5%인데 비하여 인도맥주는 최고 8.5% 까지의 여러 종류가 있다. 이런 독한 맥주는 대부분 'Super strong'라고 쓰여져 있다. 인도는 넓은 나라인 만큼 각종 술의 종류가 다양한데, 맥주 역시 지방마다 하나의 상표가 있다고 해도 과언이 아니다. 그중 한국인들이 가장 선호하는 맥주는 블랙라벨(Black Label)과 킹피셔(King fisher)이며, 지방에 따라서 골든 이글(Golden Eagle), 선라거(Sun Lager) 등 여러 가지가 있는데 다른 물가에 비교하여 비싼 편이다.

② 위스키, 럼

인도의 위스키의 맛은 세련되지는 않지만 알코올 도수는 높다. 인도 곳곳에는 'Bag piper, World no.3 Whisky'라는 간판을 볼 수 있는데 '백파이퍼'는 그만큼 인도에서는 대중적인 위스키이다. 백파이퍼 보다 고급화된 위스키가 '백 파이퍼 골드'이다.

③ 토속주

야자나무의 줄기에서 뽑아 낸 즙을 발효시켜서 만든 것으로 색다른 맛이 난다. 고아에는 야자나 너츠로 만든 토속주 페니가 있다.

④ 찬

찬은 곡물로 만든 탁주로서 티메트 고유의 술이다. 손으로 빚은 술이라서 거친 것도 있지만, 입에서 느껴지는 감촉이 상쾌하고 취하는 기분도 좋다. 병에 든 양주에 비해서 값도 아주 싸서 인도뿐만 아니라 네팔 및 티베트계 사람들이 주로 애용한다.

※ 인도는 가정에서 만드는 밀주가 있는데 이 밀주를 마시고 수백 명이 중독되어 사망한 예가 있으므로 잘 알 수 없는 술은 마시지 않는 것이 좋다.

2) 인도에서는 담배도 먹거리

담배를 사랑하는 사람들에게 인도가 좋은 점은 거의 아무데서나 피울 수 있고, 인도야 원래 쓰레기 투기가 편한곳 이니 멋지게 담배를 튕겨낼 수 있다는 것(인도인들 말에 의하면 담배꽁초도 길가의 소들에게는 일용할 양식이라니……)이다. 인도를 가장 대표한다고 할 수 있는 담배는 '비디'라고 불리는 잎담배를 돌돌 말아서 실을 감아놓은 필터 없는 담배이다. 난 원래 줄담배를 피우는 스타일이라 생각 없이 비디로 줄담배를 피워봤는데, 정말 폐가 답답하다는게 느껴질 정도로 독하다. (비디 다섯 개피를 연속으로 피우고 콜라를 마시면 혓바닥이 타는 것 같다.) 이게 20~25개피 까지라 2.5루피를 하니, 거의 환상의 가격이라고 할 수 있다. 필터 있는 인도산 담배가 없는 것은 아니지만, 그 값이 비디에 비해 매우 비싸다. 한국인들이 즐겨 피우는 것으로는 'Wills', 4스퀘어, 차르미나르 등의 담배가 있다.(인도에는 10개피가 한 갑 단위 인데 대개 10~14루피 정도이다). 요즘 외국인 여행자들에게 힛트를 침과 동시에 한국인에게는 향수를 느끼게 하는 담배가 인도전역을 배회하고 있는데 'Fine'이라는 한국담배로 한국이름은 '솔'이다. 20개피 짜리 한 갑에 20루피 가량 하니 비디를 제외하고는 가장 싼 담배라 할 것이다. 한국의 솔을 제외한 외국산 담배의 값은 매우 비싼 편으로 말보루나, 마일드세븐, 카멜 등이 흔히 보이는 담배인데, 한 갑에 55~65루피 가량이다. 이밖에 담배로는 히마찰프라데쉬쪽에 가면 심심찮게 보이는 물파이프(허블 버블)가 있다.

충격실화 : 비디를 선물받은 친구 이야기

비디라는 담배가 필터도 없고, 담뱃잎을 말아서 그냥 피우는 거라, 이런 것을 접하지 못한 우리에게는 이것이 혹시 그것(일명 '대마'라는……)이 아닐까 하는 의구심을 내보기 쉬운데, 정말로 사건이 터지고 말았다. 마땅히 선물할 것도 없어서 싼 비디를 왕창 사서 친구들에게 뿌렸다. 친구들 물론 매우 신기해하면서, 정말 가격 대 성능비가 좋은 선물이었다. 그중 한 친구가 있었는데 어찌 물 건너온 귀한 놈으로 함부로 콧구멍에 불을 때랴~ 라는 심정을 책상에 짱박아 놨는데……며칠 후 방을 치우던 그 녀석의 어머니께서 발견을 한 것이다.

아들이 잘못된 길로 가는 것을 막으려던 의지의 대한민국 어머니는 아들을 마약사범으로 경찰에 신고를 했고, 결국 비디는 국립과학수사연구소까지 간 끝에 마약이 아닌 담배라는 답을 얻어 돌아왔다. 짧게 쓰지만 경찰에서의 신고와 국립과학수사연구소의 결과 발표까지는 많은 일이 있었음은 물론이다.

2) 인도의 음료 종류

(1) 챠이(Chay)

인도의 음료수라면 단연 '챠이'를 꼽을 수 있는데, 챠이는 우유와 설탕, 때로는 차 잎의 즙을 넣어 끓인 홍차이다. 인도 어디를 가더라도 사람이 많이 모이는 곳이나 오가는 곳에는 반드시 챠이가게가 있으므로 인도 여행 중에 챠이를 마실 기회가 많다. 챠이를 주문할 때 'Special Tea'로 부탁하면 값은 두 배 이지만 더욱 짙은 맛을 느낄 것이다.

챠이의 위력

인도인들은 챠이로 하루를 시작하고 하루를 마감한다. 바라나시에서 잔시로 가는 길......전날 먹은 술 때문에 늦잠을 자고 겨우 기차시간에 맞추기 위해 사이클 릭샤를 타고 역으로 향한다. 조금 페달을 밟던 릭샤와라는 길가에 챠이 장사를 보자 갑자기 내려 챠이를 한잔 마신다.(물론 아무런 양해도 구하지 않는다.)

"야! 나 너무 늦었다...빨리 가자...."

"나두 이게(챠이가) 급하다. 이걸 안 마시면 일을 할 수가 없다."

어쩔 수 없어 잠시 기다리고, 이윽고 릭샤왈라가 다시 와서 페달을 밟는데...... 아까와는 판이하게 다르다. 거의 오토릭샤에 필적하는 수준의 스피드로 오히려 더 빨리 역에 도착해서 그날 무사히 떠났다는 얘기.....정말이다!

그러나 지금의 인도에서 토기로 만든 챠이 그릇을 발견하기란 쉽지 않다. 대부분 이제는 일회용 플라스틱 컵으로 바뀐 것, 예전에 토기에 먹을 때처럼 사람들은 그것을 길에다 버리는데, 하얀색의 썩지 않는 플라스틱은 특히 챠이 인구가 많은(?)역에는 플랫폼이나 철로가 보이지 않을 정도로 내버려져 있다. 서울에서 똑같이 먹으면은 너무나 달아서 먹지 못할 것 같던 챠이가 인도에서는 술술 들어간다. 추운 겨울철에는 몸을 녹이고 풀기 위해서 더운 여름철에는 여름대로 그 뜨거운 것이 몸에 받는다.

---

(2) 랏시(Lassi)

물 대용으로 먹기는 그렇지만 인도에서 가장 맛있는 마실거리 중에 하나인 랏시는 걸쭉한 마시는 요구르트로 고소한 뒷맛이 상큼하다. 랏시는 레스토랑보다는 재래

시장 안에서 파는 랏시가 정통 인도의 맛일 것 같다. 랏시는 요쿠르트에 설탕과 물을 넣어서 잘 섞은 청량음료로 단맛과 신맛이 나며 대개 여성들이 좋아한다.

(3) 코코넛 쥬스(Coconut)

수레에 잔뜩 쌓아 놓은 코코넛 1개를 골라서 윗 부분을 칼로 잘라 빨대를 꼽아 건네주는 코코넛은 상큼한 단맛이 나며 뒷맛이 고소하다.

(4) 병에 든 음료수

병에 든 음료수로는 콜라·쥬스류가 있는데, 코카콜라와 비슷한 인도 콜라로는 Thums Up, Campa Cola 등이 있다. 레몬 맛의 탄산음료인 Limca도 차게 해서 마시면 상쾌한 느낌을 준다. 병제품 이외에도 망고, 구아바, 파인애플 등의 종이팩 쥬스도 많이 있다.

(5) 남인도에서의 커피

커피를 생산하는 남쪽에서는 챠이와 함께 저렴한 대중적인 차로 커피를 들 수 있다. 주문을 받은 가게 주인은 눈을 의심케 할만큼 놀라운 기술을 보여준다. 양손에 잡은 컵에서 컵으로 이리저리 커피를 이동시키면서 한 잔 가득한 커피를 빈 컵으로 무사히 옮겨지는 것이다. 이것을 몇 차례 반복하면 설탕과 우유가 잘 섞이고 거품이 있는 핫 커피가 손님 앞에 놓이는데, 인도인 중에는 이 커피를 접시로 옮겨 식혀가면서 마시는 사람도 있다.

4.5. 인도의 식사예절과 음주문화

1) 식사예절

인도음식의 특징에서 설명한 바와 같이, 인도에서는 식기를 통하여 부정(不淨 ;더러움)이 전해지지 않기 위하여 손으로 식사를 한다. 다만 왼손은 배설작용의 뒤처리에 사용하기 때문에 식사 때에는 사용하지 않는다. 식사 전에 반드시 물로 양손을 씻고 난 후 식사를 시작하는데, 인도의 식당이나 가게에 가면 입구의 한 곳에 손 씻는 곳이 있고 나란히 비누가 놓여 있는 경우가 많다.

커다란 바나나의 잎 위에 음식을 올려놓고 오른손으로 손가락을 이용하여 먹으며, 아주 뜨거운 음식은 나무 스푼을 이용하기도 한다. 오른손 검지, 중지, 약지를 붙여 밥을 뜬 다음 엄지손가락 손톱으로 입안으로 밥을 밀어 넣는다. 예의 범절을 중시하는 곳에서는 손가락 두 번째 관절까지만 사용하기도 한다. 오랜 경험 속에서 손으로 음식을 먹으면 음식의 촉감과 온도를 입과 손 두 곳에서 느낄 수 있어 맛이 훨씬 좋다는 것을 깨우쳤기 때문이다. 다 먹었으면 손끝에 묻은 것을 빨고 핥아서 맨 마지막에는 자신의 손가락을 맛보는 것으로 마감하는 셈이다. 식후에는 손 씻는 곳에서 손을 씻고, 입안을 헹구고 가게를 나서는 것이 인도식 예법인데, 이런 습관 덕분인지 인도에서는 충치에 걸린 사람이 비교적 적다. 힌두교에서는 식사 중에 이야기하는 것을 무례하다고 여기며, 식사하고 있는 모습을 보는 것조차도 버릇없다고 여기기 때문에 조용히 식사가 끝나면 손을 씻고 양치질한 후 이야기한다.

2) 음주문화

인도를 기점으로 서쪽으로 갈수록 술 마실 기회가 적은데, 인도 역시 술 마시기가 어려운 나라이다. 인도는 전면 금주국은 아니므로 술을 마실 수는 있지만, 단순히 기분을 내기 위해서 술을 마시는 사람은 드물다. 우선 술을 먹기 좋은 지역은 엄청난 양의 주세가 붙지 않는 델리, 고아, 폰티체리, 시킴, 듀 등 지역이다. 이 지역에서 사다 마시는 술의 가격은 맥주의 경우 25루피 정도이고, 위스키 750㎖ 경우는 200루피 정도이다. 그 외의 지역은 지역마다 주세가 다른데, 아그라와 바라나시가 있는 우타르프라데쉬는 주세(酒稅)가 비싸기로 인도 내에서도 소문난 곳이다. 남인도에서 자주 볼 수 있는 'Bar'라는 간판은 거의 위법이므로 주의하는 것이 좋다.

현재 금주법이 실시되고 있는 주는 구자라트주뿐이지만, 구자라트주에서도 일부 호텔에서는 마실 수 있다. 그런 경우에도 '음주허가증(Liquor Permit)'을 보이지 않고는 마실 수 없다. 이 지역에서 술을 마시기 위하여 '음주허가증'을 발부하려면 비자가 있는 여권을 가지고, 현지의 4대 도시 관광국에 가면 간단하게 발부해 준다. 그 밖의 주에서도 금주일(Dry day)이 있는데, 델리의 경우 매월 1일과 7일, 봄베이의 경우 매월 1일과 10일이 금주일로 이 기간엔 일체 술을 팔지 않는 게 보통이다.

인도인들은 '술이 마음을 탁하게 해서 인간 속에 있는 신(神)을 잠재워 버린다'고 생각하기 때문에 취해서 소란스럽게 구는 일은 없다. 이슬람교는 술을 금지하며, 힌두교도 그다지 술을 좋아하지는 않는다. 그러나 최근의 경우 특히 도시에서는 술에 대해서 관용을 보이는 경향으로 외국인 관광객은 호텔이나 바에서 얼마든지 마실 수 있다. 그러나 이런 곳에서 비싼 술을 마신다고 해서 꼭 즐거워지는 것만은 아니므로 인도에서는 여행 자체와 전통 문화에 도취하면서, 목을 축이기 위해서는 현지인들과 인도 전통 챠이를 한 잔 마시는 것이 어떨지?

4.6. 유명 레스토랑

1) 북인도의 레스토랑

① 샐러드가 맛있는 Potpourri

샐러드가 맛있는 레스토랑으로 코노트 플레이스의 L블록에 있다. Nirula Hotel 2층에 있는 이 레스토랑에는 바이킹 형식의 샐러드 바가 있다. 12종류의 샐러드 요리와 빵이 주특기이다.

(1) 올드델리 주변

① 라시를 좋아하는 사람이라면 들러볼 만한 Dosa Restaurant

무엇보다도 라시가 맛있고 세련된 맛이 무어라 말할 수 없을 정도이다. 가격도 양에 비해 싸고 맛이 있으며 근처에 영화관도 있어 상당히 붐비는 곳이다.

② 탄도리 치킨의 원조 Motti Mahal

탄도리 치킨으로 유명한 가게로 메뉴는 풍부하고 모든 인도 요리를 즐길 수 있다.

가격은 좀 비싸지만 가끔 별식으로 맛보는 것도 좋다. 자마 마스지드에서 10분 거리이다. 인기있는 레스토랑이기 때문에 예약을 해두면 좋다. 인도에서도 이곳 밖에 없었던 브레인(뇌) 카레가 없어졌다는 것은 유감스럽다.

(2) 다사슈와메드 주변 레스토랑

① 새벽부터 문을 여는 Khushubu Restaurant

다사슈와메드 한가운데 있어 위치적으로 대단히 편리하며 새벽부터 영업한다. 남인도 요리에서 탄드루 요리까지 즐길 수 있으며 맛도 아주 좋다.

② 채식 레스토랑인 Kesari

메뉴가 풍부해 선택하기 어렵지만 Kashmiri라 이름 붙인 것은 열대 과일 푸루트 너츠가 들어간 독특한 맛 때문이다. Vegetable Kashmiri와 Angri Kofta는 코코넛이 놀랄만큼 잘 배합되어 맛있다.

③ 술 종류가 많은 Yelchiko Restaurant

고드우리아 교차점 부근의 지하에 있는 가게로 인도요리ㆍ중화요리ㆍ콘티넨탈 요리가 있다. 인도의 성지에 있고, 술에는 인도산 맥주, 위스키, 럼, 진, 브랜드 등 무수히 많다. 가게도 넓고 안정된 분위기로 직원들도 예의바르다.

(3) 카주라호 주변 레스토랑 - 현지인이 추천한 레스토랑

서쪽 그룹 사원 입구 맞은편 왼쪽에 있는 이름도 없는 조그만 옥외 레스토랑으로 펀자브인이 운영한다. 탈리는 맛에서도 적극 추천하고 싶을 정도로 독특한 맛이 있다. 빵케이크도 맛있고 작은 포트의 차를 5~6잔은 즐길 수 있다.

(4) 자이푸르 주변의 레스토랑 - 인형극을 볼 수 있는 Roof Garden Cafe

Shiv Niwas Palace 앞 건물의 3층에 있다. 공연에 사용된 인형을 팔기도 하니까 마음에 드는 것이 있으면 말해 보자. 요리는 어느 것이나 적당한 가격이고 양도 듬뿍 준다.

(5) 우다이푸르 주변의 레스토랑 - Roof Garden Cafe

가격은 비싸지만 맛은 확실한 레스토랑으로 시티 팰리스 근처의 Amalka Kanta쪽에 있다. 그 지방의 고유한 음악을 직접 들려주며 잘 손질된 정원에서의 식사는 아주 로맨틱하다.

(6) 레 & 라타크 지방 주변의 레스토랑

레에서는 카레를 기본으로 하는 인도요리와 티베트풍의 라타크 요리를 먹을 수 있다. 티베트요리는 중국의 영향을 받고 있기 때문에 우리의 입맛에도 맞는다.

① 진한 Curd를 먹을 수 있는 곳 La Montessori

메인 바자르에서 왕궁으로 향해 왼편에 있는 눈쿤푸 스튜디오 2층에 있다. Chinese Chopsuey, Fried Rice를 비롯하여 무슨 음식을 부탁하더라도 실망하는 일이 없을 것이다.

② 여행자에게 인기있는 Dreamland

Power House의 서쪽에 있어서 곧 찾을 수 있다. 여행자에게 인기가 좋아서 혼잡하지만 한번 발을 들여놓으면 끊지를 못한다. 추천할 만한 것은 타르민 수프이며 특히 감기 기운이 있을 때는 따뜻한 타르민 수프가 당신의 몸을 낫게 해줄 것이다.

(7) 암리차르 주변의 레스토랑

시크 교도의 총본산이며 가장 성스러운 황금사원 Golden Temple이 있다.

물을 가득 채운 4각의 연못인 암리차르가 눈앞에 펼쳐진다. 연못 중앙에는 황금색으로 빛나는 작지만 아름다운 사원이 있어 끊임없이 은은한 성가가 울려펴져 마음이 차분히 가라앉게 된다. 못 주변으로 이어진 4각의 회랑은 하얀 대리석으로 만들어져서 맨발에도 감촉이 좋다. 사원의 뒤쪽에는 연못에 잠기도록 된 Hari-ki-Pauri(신의 계단)라고 불리는 돌계단이 만들어져 있다. 먼 곳에서 온 순례자가 목욕을 하고 고향으로 가지고 돌아기기도 하는 '불사의 물'을 긷는 성역이다. 내려가보면 몇 년을 살아온지 알 수 없을 정도로 거대한 잉어가 얼굴을 내밀기도 한다.

이 사원에는 입구를 지나서 성소로 들어가는 길이, 올라가는 것이 아니라 계단을 내려가도록 되어있는 것이 흥미롭다. 이것은 예배자가 일상 생활로부터 한 단계 더 몸을 낮추라는 뜻이며, 이것만으로도 시크교의 가르침을 깨달을 수가 있다. 또한 사원의 출입구가 사방으로 열리도록 설계되어 있는 것도 이곳이 만인에게 개방되어 있음을 상징하는 것이라고 한다.

사원에 부속된 식당에서는 점심과 저녁에 무료로 식사를 할 수 있다. 식당이라고 하지만 넓은 콘크리트 바닥에 깔개를 간 곳이며 한 번에 수백 명의 참배객이 식사를 할 수 있다. 여행자도 순례자의 입장에서 여기에 합석해도 좋다. (그러나 꼭 머리카락을 보이지 않게 감싸야 하며 모두가 하는 대로 따라 할 것)

이 무료 급식은 '만인이 평등하다'는 시크의 종교 의식과도 통하는 것이다. 각자의 접시에 차파티와 달이 배급되면 함께 기도를 하고 나서 식사에 들어간다.

2) 동인도 레스토랑

(1) 캘커타 주변의 레스토랑

수데르 거리의 파라곤 호텔과 모던 로지가 있는 작은 길을 안으로 들어가서 뒷거리로 빠져나가면 레스토랑이 많이 눈에 띈다. 특히 캘커타는 중국인이 많은 도시라서 진짜 중국요리를 싼 값으로 먹을 수 있어서 좋다.

① 라시라면 이곳 Maan Singh Lassi Shop

Blue Sky Cafe옆에 있는 작은 가게. 이곳 라시를 먹으면 다른 곳의 라시가 맛없게 느껴질 정도이다. 바로 앞에서 요쿠르트(yogurt)와 설탕을 섞어 만들어준다.

② 벵골 요리의 고급 레스토랑 Aaheli

초우링기 오베로이 그랜드 호텔에서 전차 터미널 방향으로 5분 거리이다. 추천할 만한 요리는 리리샤라는 생선요리와 바나나에 과일 열매를 삶은 카레요리이다. 여러 가지 맛을 즐길 수 있는 벵골 요리 10종류를 수북하게 쌓은 탈리도 권할 만하다. 서비스나 세금을 포함하면 140Rs정도되지만 맛과 서비스를 생각한다면 납득이 갈 것이다.

③ 비프스테이크가 맛있는 Lytton Hotel의 Resturant

인도에서 비프스테이크를 유일하게 즐길 수 있는 곳으로 맛이 일품이다. 인기가 좋아서 일찍 가지 않으면 품절되는 경우가 많다. 서비스도 철저하다. 풍부한 메뉴가 있으며 인도 요리도 즐길 수 있다.

(2) 부다가야 주변의 레스토랑 - 티베트 요리점 Dojee

인도인이 추천한 가게로 외국인 관광객들로 발딛을 틈이 없다. 바나나 팬 케이크가 맛있다.

(3) 다르질링 주변의 레스토랑

① 모모 전문 레스토랑 Mili Resturant

역 앞의 좁은 비탈길을 10m쯤 올라간 곳에 있다. 티베트인 가족이 경영하는 아담한 가게이다. 모모 요리만큼은 어느 곳 보다도 맛이 월등히 뛰어나며 가격도 비싸다.

② 네팔의 술집 ABC

로키시나 찬, 그리고 발효한 좁쌀에 물을 섞어 대나무 빨대로 마시는 톤바라는 진귀한 술도 있다. 모모(만두), 구운 고기, 투크파도 맛있다.

3) 남인도 레스토랑

(1) 마드라스 주변의 레스토랑 - 맛이 보장된 Imperial Resturant

마늘 맛이 나는 생선튀김과 카레풍 맛의 감자칩이 맛있다. 저녁 7시경부터 밴드 연주가 시작되고, 흘러간 팝송을 들을 수 있다.

(2) 마하발리푸람 - 해안 사원 바로 옆의 Sea Shore Restaurant

해안 사원의 북쪽 약 100m쯤 되는 해변 레스토랑으로 해안 사원과 바다를 보며 마시는 맥주 맛이 최고이다. 신선한 재료를 사용한 해산물은 소금과 라임으로만 조리하지만 맛은 좋다. 샐러드(salsd dressing)와 감자칩이 나온다.

(3) 퐁디셰리 주변의 레스토랑 - Le cafe Pondicherry

정부광장 부근에 있는 시청사 앞의 해안에 있는 멋진 카페로 인도, 중화요리, 양식, 스낵도 있다. 남인도의 밀크커피도 이곳에서 마시면 카페오레 같은 맛이 난다. 옥상에선 해안가 Goubert Salai를 한눈에 즐길 수 있다.

(4) 하이데라바드 주변의 레스토랑 - Pure Vegetarian Restaurant Lakshmi

역 앞의 Royal이라는 이름이 붙은 호텔이 모여 있는 곳 안에 있는 참신한 레스토랑이다. 시원스럽게 일하는 종업원들이 계속 더 갖다 주기 때문에 배불리 먹을 수 있다. 아주 깨끗하고 근사하며 맛있는 레스토랑이다.

(5) 방갈로르 주변의 레스토랑 - 게요리가 맛있는 Taipan

최고로 맛있는 레스토랑으로 특히 게요리가 일품이다. 단 주방장이 쉴 때는 맛이 바뀌므로 주의해야 하며 주인은 기분파다. 때때로 두부요리도 서비스로 나온다.

세계의 요리와
유명 레스토랑

제5장

동양요리(IV)
태국·베트남 요리

제5장

태국 · 베트남 요리

5.1. 태 국 …… 자연과 전통문화가 어우러진 식생활

1) 태국음식의 특징

동남아시아는 인도, 중국 및 서구의 영향을 많이 받은 지역이지만 태국의 경우는 식민지가 된 적이 없기 때문에 그 영향권에서 벗어날 수 있었다. 또한 동남아시아는 인도의 영향을 많이 받았는데 식생활 측면에서 예로 든다면, 향신료를 많이 사용한다. 이에 비해 인도와 거리가 먼 베트남이나 필리핀에서는 고추를 많이 사용하지 않는다. 태국인들은 중국 남부인 광동성이나 복건성 주변에서 대량으로 이주해 온 중국인들의 후손들이 많기 때문에 중국 문화와 밀접한 관계가 있다. 중국인들이 유입한 것 중에서 영향이 큰 것은 이른바 중국식 냄비와 면류 및 장류이다. 태국 음식이 중국의 영향을 많이 받은 다른 요인은 중국요리를 먹을 기회가 많기 때문에 자연히 젓가락 사용법을 익힌 사람이 많다는 것이다. 젓가락을 사용하는 곳은 중국, 한국, 일본, 베트남 등이고 그 다음으로 꼽을 수 있는 곳이 태국이다.

불교 신자가 많은 태국에서는 예전에는 음식을 만들기 위한 살생을 금했다. 그것은 불교 교리의 영향도 있겠지만 태국에서는 물고기 등의 수산물이 풍부하고 소와 같은 큰 동물들은 식품으로 적합하지 않다고 생각되었기 때문으로 풀이된다. 어떤 종류의 토종 동물들은 식품이라기보다는 애완용으로 치부되었고 게다가 그 동물들은 식용으로서가 아니라 농사나 수송을 위한 동력을 위해 길러진 것이다. 그러나 종교적 희생의 형식으로 살생이 허락되는 경우도 있었는데 예를 들면 신의 이름으로 살생된 고기는 식용으로 이용되었다.

태국 사람들은 다른 지역의 요리와 식사 습관을 무조건 받아들이는 것이 아니라 태국화시키면서 발전시켰기 때문에 대체식품이 많이 활용되었다. 카레를 만드는 데 코코넛 기름이 버터 기름의 대체품으로 쓰이고 다른 낙농식품들도 코코넛기름으로 대체 되었다. 또 너무 강하고 텁텁한 카레의 맛을 깔끔하고 향이 나게 만들기 위해서 코코넛 크림을 사용하였다.

태국 요리의 주재료중의 하나인 칠리는 포르투갈 전도사가 남아메리카에서 가져 왔다고 알려져 있는데 칠리가 보급되기 전에는 식욕과 향미를 돋구기 위한 페퍼콘과 향초를 사용하였다. 태국 남자들은 알코올 음료를 마시는 것을 즐겨하며 이러한 음료와 어울릴 수 있는 요리로 칠리음식을 즐겨 먹었다. 이와 같이 태국 음식은 중국, 인도는 물론, 포르투갈로부터도 영향을 받아 토착화시키면서 독특한 식문화를 발달시켰던 것이다.

태국의 음식은 중국 음식과 인도음식이 혼합되어 국수요리, 카레 및 각종 요리 등 다양하며, 특히 여러 가지 향료 및 각종 양념을 사용하여 매운맛, 단맛, 신맛, 짠맛 등이 함께 조화롭게 어울린 독특한 맛으로 유명하다. 특히 '톰양꿍'이라고 하는 해산물 수프는 마치 한국의 해물탕과 같은 맛을 지니고 있어 한국인 관광객들이 많이 찾는 음식이다. 또한 싱싱하고 맛있는 생선 및 해물요리는 식도락가들에게 즐거움을 배가시킬 것이다.

태국 음식 이름으로 종류를 구별하는 법은

• 팟 : 볶음, • 얌 : 샐러드, • 깽 : 국,
• 똠 : 찌개로 나눌 수 있으며 덧붙여서 태국음식요리는 한마디로 표현하면 향기가 있는 음식이다.

2) 태국의 대표적 음식

태국의 식사는 일반적으로 밥과 최소 세 가지 이상의 반찬으로 구성된다. 각각의 요리는 차례로 나오는 것이 아니고 동시에 한 식탁에 차려져 나오는데 카레 음식, 장류에 찍어 먹는 음식이 주요리가 되고 국과 샐러드 종류가 곁들여진다.

(1) 주식

① 쌀

쌀은 카오차오(멥쌀)와 카오나오(찹쌀)로 나뉘는데 카오차오는 방콕과 중·남부, 카오나오는 북부와 동북부의 주식이다.

② 국수

쌀가루로 국수를 주로 만들며 주로 멥쌀을 사용해 만든 2종류의 쿼티오(굵은 센야이와 가는 센레쿠), 센미(마른국수), 카놈친(소면과 비슷한 젖은 국수)은 태국의 대표적인 국수 종류이다. 또, 바미는 밀가루와 달걀을 섞은 중화면이다.

③ 볶음밥

볶음밥은 카오팟이라 부르며 볶음밥에도 여러 가지가 있는데 파인애플 속에 5가지 볶음밥을 넣은 요리로 카오옵사파로가 있다.

(2) 부식

① 고기

태국은 불교 국가라 하여 고기를 금하지는 않지만, 매월 4일에는 소와 돼지를 시장에서 팔지 않는다. 그러나 식용이 되는 다른 동물은 언제든지 먹을 수 있어 닭, 생선, 조류, 개구리 등을 요리해 먹는데 회교를 믿는 태국 사람은 종교가 금하는 음식은 먹지 않는다.

② 채소

채소에는 서양요리의 양배추, 칼리플라워, 양파, 당근, 양상추, 토마토, 감자, 호박, 오이, 무, 동부, 쑥갓 등 친숙한 것에서부터 중국 요리에 들어가는 채소와 열대지방 채소 등 종류가 다양하다.

③ 조미료

태국 음식의 독특한 맛을 내는 것은 조미료와 향신료이다. 소금은 태국 연안의 염전이 주요 산지이며 단맛은 보통 설탕 외에 야자당, 코코넛 밀크(카티)가 태국 음식의 풍미를 더해 준다. 신맛에는 식초와 귤 종류인 라임을 사용하며 태국 요리에서 빼놓을 수 없는 조미료는 남플라(간장)와 가피(새우젓)이다. 멸치젓처럼 생선으로 만든 남플라는 액체 상태의 간장으로 쓰인다. 가피는 검은 보라색이며 고체로 만들어서 팔고 있는데 처음 보는 사람은 이것을 된장의 일종이 아닌가 생각될 정도로 된장과 유사하다. 이 가피는 새우나 보리새우를 으깨어 발효시킨 것이다.

태국요리의 신선한 매운맛은 고추를 많이 사용하기 때문이고 톡 쏘는 매운맛은 프릿키누라는 작은 고추를 사용하기 때문이다. 후추는 날 것이나 말린 것이 사용되는데 각기 다른 종류의 매운맛을 전해준다. 생 향신료인 작고 붉은 양파, 마늘, 레몬 글라스, 난큐, 타메릭 등도 태국의 맛을 만들어 내는데 빼놓을 수 없는 향신료이다. 샐러드 등 생야채가 들어가는 요리에는 잎 채소로서 바질, 코리앤더의 새잎, 목재의 잎 등이 있다.

국과 흰밥, 그리고 작은 접시에 양념을 끼얹어 먹는 야채만으로도 서민 가정에서는 훌륭한 식사가 된다.

④ 타이수끼

우리나라의 전골과 비슷한 형태인 수끼는 큰 용기에 육수를 가득 붓고 끓인 다음 여러 종류의 해산물과 야채, 소고기 등을 함께 익힌 후 양념에 찍어 먹는 태국의 전통 음식으로 소스의 맛이 음식 맛을 좌우한다. 자기가 먹고 싶은 것으로 몇 가지를 주문하면, 커다란 국자에 육수를 가지고 와서 냄비에 부어준다. 육수의 간이 안 맞을 때에는 소금과 후추를 넣으면 된다. 마늘을 넣고 끓이면 더 맛이 좋다. 육수가 끓을

115 ●

때쯤이면 주문한 것들을 가져다주는데, 한꺼번에 넣고 먹든지 조금씩 넣어서 먹으면 된다.

다 익은 것들은 젓가락이나 작은 국자를 이용해서 건져낸 후 양념장에 찍어 먹는다. 양념장은 고추장과 태국 전통의 소스인 남쁠라로 되어 있으며 원한다면 마늘, 고추, 레몬 등을 넣어 먹을 수도 있다. 밥은 같이 먹기도 하지만, 건더기를 다 먹은 뒤 참기름(남만 응아)을 치고 남은 국물에 볶아 먹으면 된다.

⑤ 냠

열대과일 인 파파야 중에서 약간 덜 익은 것을 골라 우리나라의 무채와 같이 썰어서 땅콩과 각종 채소와 말린 새우, 바닷게 등을 함께 넣고 절구에 찧어 만든 음식이다. 맛이 시고 매우며 태국 사람들은 냠을 찰밥과 함께 먹기도 하는데 대부분의 음식점에서 맛볼 수 있으며 포장 마차에서도 먹을 수 있다.

⑥ 솜탐

태국의 동북부 지역의 고유 음식으로 설익은 푸른 파파야를 얇게 썰어 남플라 피망이라 불리는 작은 고추와 마나오라 불리는 라임과 설탕 그리고 태국식 조미료를 듬뿍 뿌린 샐러드의 일종이다.

⑦ 수프

대표적인 톰얌이나 켄츄로를 숯불이 들어 있는 신선로 판인 모에 넣어 가지고 온다. 톰얌에는 코코넛 밀크를 넣은 톰얌과 넣지 않은 것 2종류가 있으며 속 재료로는 새우, 생선, 닭고기 등을 사용한다. 맑은 국에 가까운 수프인 켄츄로는 두부, 돼지고기 다진 것, 쥐똥참외 잎 등을 재료로 쓴다. 대개 고리앤더의 파란 잎을 곁들이며 레몬글라스와 라임의 잎을 넣고 끓이면서 남플라나 가피같은 어장유로 맛을 낸다.

⑧ 찜요리

재료를 바나나 잎에 싸서 찐 호목은 맛이 좋으며 카이호바이투이는 판다누스 잎에 싸서 찐 닭고기이다. 찐 것은 보통 능이라 하고 맥주를 마시면서 먹는 홍합을 혼멘루옵모딘이라고 한다.

⑨ 볶음요리

주요리의 하나로 재료의 이름을 먼저 들고 다음에 팟이라고 말하고 함께 볶는 것의 이름을 붙이면 요리 이름이 된다. 예를 들면 닭과 생강을 볶은 요리가 카이팟킹이다. 유명한 것에는 쇠고기와 야채를 기름에 볶은 것인 누아팟남만호이와 닭과 바질잎을 볶은 카이팟바이카파오 등이 있다.

(3) 태국의 특산품 - 과일

태국은 과일의 천국이라고 할 수 있을 정도로 풍부하다. 망고, 망고스틴, 두리안, 파인애플, 파파야, 람부탄, 롱안, 리치, 타마린드, 오렌지, 포멜로 및 20여종이 넘는 바나나 등 각종 과일을 연중 내내 맛 볼 수 있다.

① 마라푸오

일반적으로 익어도 파란빛을 띠는 것과 익으면 다갈색이 되는 것의 두 종류가 있다. 속의 달콤한 즙(코코넛 주스)과 배젖은 식용으로 사용되며, 특히 배젖은 얇게 짜서 우유처럼 만들어 요리에 사용한다.

② 마무앙(망고)

양손을 벌려서 안아야 할 정도로 큼지막한 과일로 익으면 껍질이 노란색이고 파란빛일 때도 먹는다. 3~6월 사이에 많이 생산되며, 달콤한 향기를 가진 과일이다.

③ 릿치(여주)

껍질 속에 지름 3㎝ 정도의 하얗고 부드러운 열매가 들어 있으며 씨를 바르기가 좋다. 여름철이 제철인 과일로 주로 4월부터 6월에 많이 재배된다.

④ 람야이

린치가 끝물일 무렵 태국 북쪽에서 한꺼번에 들어왔다가 8월이 지나면 자취를 감춘다. 크기나 가지에 달린 모습이 린치와 비슷하며 껍질은 갈색, 열매는 반투명으로 태국 사람들이 좋아하는 과일 중 하나로 북부지방이 주산지다.

⑤ 솜오(포맬로)

커다란 감귤로 왕귤이라고도 한다. 연노랑색과 복숭아색을 띠는 것이 있는데, 복숭아색 솜오는 작지만 방콕 서부의 니콘파톰 주변의 것이 일품이다. 차게 해서 먹으면 제 맛을 즐길 수 있으며 샐러드로 만들어서 먹어도 맛있다.

⑥ 망고스틴

5~9월에 많이 재배되는 것으로 태국 사람들이 제일 좋아하는 과일이다

태국의 주요 관습과 예절

① 발로 사람이나 물건을 가리키는 행동은 무례한 것으로 여겨진다. 태국 사람들은 특히 머리를 쓰다듬는 것을 좋아하지 않기 때문에 친밀함을 표하는 행동이라도 삼가는 것이 좋다. 고의이건 아니건 상대방의 머리를 건드리게 되었다면 즉시 사과를 해야 한다.

② 필요 이상으로 상대방을 오래 쳐다보는 것도 무례한 행동으로 여겨진다. 때로는 싸움을 거는 행동으로 받아들여질 수도 있다.

③ 태국사람의 집에 들어갈 때에는 신발을 벗어야 한다.

④ 모든 불상은 크든지 작든지, 오래된 것이든 새 것이든 신성한 것이다. 따라서 누구든지 사진을 찍기 위해 불상에 올라간다거나 불경스러운 행동을 해서는 안 된다.

⑤ 태국의 왕실은 태국인들의 존경을 받고 있기 때문에 관광객들은 무심코 왕실을 모독하는 행동이나 말을 하지 않도록 조심해야 한다.

⑥ 태국인들은 공공연한 장소에서 하찮은 입씨름을 하는 것을 좋아하지 않는다는 것도 기억해 둘 필요가 있다. 태국인들은 그런 행동을 가장 몰상식한 행동이라고 생각하고 있기 때문이다.

⑦ 공공 장소에서 남녀간의 애정표현은 바람직하지 않다.

⑧ 태국 사람들은 서로 인사를 할 때 악수를 하는 것이 아니라, 기도하는 자세와 같이 양 손바닥을 합장한 자세로 목례를 한다. "Wai"라는 말로 인사를 하며 일반적으로 손아랫사람이 윗사람에게 먼저 하고 손윗사람은 같은 자세로 이에 응답한다.

⑨ 타인에게 물건을 건네줄 때 왼손은 사용하지 않는다.(태국에서 왼손은 화장실에서 사용하는 손이므로)

3) 태국의 술

태국에서 가장 대중적으로 인기 있는 술은 맥주와 위스키이다. 그러나 맥주는 값이 비싸기 때문에 일반 서민이 날마다 마실 수 있는 것은 아니다. 맥주 중 가장 유명한 것이 싱하맥주(Singha Beer)로 맛은 우리나라 맥주 보다 진하며, 알콜 도수도 높다. 싱하 다음으로 인기가 있는 맥주는 클로스맥주(Kloster Beer)인데, 가격은 오히려 싱하 보다 비싸지만 부드러운(mild) 맛이 특징이다.

태국의 맥주가 우리나라의 맥주와 가격이 비슷한데 비하여, 위스키는 우리보다 싸다. 태국의 위스키는 실질적으로 메콩(Mekong)이라는 하나의 상표밖에 없기 때문에 일반 서민에게도 널리 마셔지는 술이다. 메콩은 알코올 도수가 35로 그렇게 독하지 않으며, 느낌이 부드러워 마시기가 쉽다. 그러나 과음할 경우 다음날 숙취가 있으므로 너무 많이 마시지 않는 것이 좋다. 또 사슴 레벨로 메콩보다 약간 빨간 쾅통(Kwangtong)이라는 위스키는 메콩 보다 약간 싼데 그만큼 맛은 떨어진다고 생각하면 된다.

4) 태국의 식생활

태국에서 원래 손으로 식사를 하였는데, 지금까지도 손만 가지고 식사하는 곳은 북부와 동북부 등의 찹쌀을 주식으로 하는 사람과 남부의 말라이게 사람들이다. 그러나 방콕의 식당에서는 면을 먹을 때 젓가락과 숟가락을 혼용해서 사용한다. 또는 튀긴 국수는 포크와 스푼으로 식사하는데, 오른손에 스푼을 들고 왼손에 포크를 든다. 국수는 튀기면 짧게 끊어지지만 긴 채로 있으면 스푼을 나이프 대용으로 사용하여 면을 짧게 자른다. 국수종류라도 생선을 사용한 카놈친은 숟가락 하나로 먹는데 면을 숟가락으로 잘라 건져 먹는다.

밥 종류는 기본적으로 숟가락과 포크를 사용하는 것이 일반적이지만 포크는 음식물을 누르는 역할만 할 뿐 본래의 기능인 음식을 찍어먹는 역할은 하지 않는다. 그리고 나이프는 서양음식을 제공하는 레스토랑에서 사용된다. 숟가락은 밥이나 죽에도 사용이 가능하기 때문에 음식점이나 가정에서 숟가락 하나로만 식사하는 사람들이 많다.

밥을 젓가락으로 먹는 사람은 중국계 사람들로 그릇에 가득한 밥을 왼손에 들고 오른손을 사용해 젓가락으로 입에 밥을 넣어 먹는다. 태국식은 밥을 접시에 담아 숟가락으로 떠먹는데, 입에 대고 먹는 것은 컵이나 찻잔 정도이다. 찹쌀을 주식으로 하는 사람들은 밥을 손으로 떠서 먹지만 인도와 같이 오른손만 사용하는 것은 아니다. 왼손으로 떠서 오른손으로 한입 크기로 뭉쳐서 먹기도 하는데 주로 남자들이 이렇게 먹는다. 이런 방식으로 식사할 경우를 대비해서라도 식사 전에는 손을 깨끗이 씻어야 한다.

태국의 음식점의 식탁에 조미료가 몇 개씩 놓여 있는데, 국수가 나오면 각자의 입맛에 따라 작은 차 스푼으로 1~2가지씩 넣어 먹으면 된다. 조미료로는 프릭남플라(피키누라는 조그맣고 파란 고추를 둥글게 썰어 남플라오 단근 조미료), 프릭 솜(맵지 않은 대형 고추를 둥글게 잘라 초에 버무린 것), 프릭 폰(거칠게 간 고추), 후추와 땅콩가루 등이 있다.

5) 태국의 유명 레스토랑

보통 대형 쇼핑몰과 호텔에 있는 음식점이나 음식센터는 꼭 한번 들러 볼만한 곳으로 많은 레스토랑들은 여러 가지의 아시아 요리를 제공하며, 다양한 음식의 대형 칼라사진이 메뉴에 곁들여져 있으므로 메뉴를 쉽게 선택하게 해준다. 야외 가든 레스토랑과 강변 레스토랑은 아주 평화로우며, 대부분의 방콕시민들이 저녁 무렵에 즐겨 찾는 곳이다. 메뉴가 다양하고 서비스는 신속하며, 가격은 저렴한 편이다. 특히, 짜오프라야강(Chao Phraya River)을 순항하는 유람선 위에서 특별한 저녁식사를 즐길 수 있으며 부드러운 미풍과 촛불을 밝히고 하는 식사와 이색적인 음악은 낭만적인 분위기를 자아내기에 충분하다. 또한 해물요리 레스토랑이 인기가 있는데, 개인의 기호에 맞게 숯불로 구운 다양한 종류의 신선한 해물과 일부 관광객을 위주로 한 레스토랑들은 이국적인 태국의 고전 및 민속춤을 보여준다.

(1) 태국전골 전문음식점

태국전골 전문점은 여러 군데에 있지만 음식 맛이 좋고 서비스가 좋은 곳은 사이암 스퀘어에 있는 캔톤(Canton)과 코카(Coka)이다. 주말이면 가족단위 고객이 많아, 가끔 앉을 자리가 없을 정도라 하니 이 곳의 인기를 알 수가 있다.

(2) 야시장의 음식점

야시장에는 오픈 레스토랑이 늘어서 있고, 서유럽 요리, 중화요리, 타이요리, 해산물요리까지 먹을 수 있다. 시장 입구에는 신선한 생선 종류나 살아있는 게 등이 진열되어 있다

(3) Sukhumvit Seafood Market

각종 어패류 등 해산물 요리를 손님이 원하는 형태로 주방장이 요리해주는 곳으로 가격은 비싼 편으로 1인당 미화 40$ 이상이다.

(4) 푸켓타운의 노점식당

푸켓타운에서 권하고 싶은 것은 노점식당으로 장소는 퓨켓 로즈, 임페리어 호텔 맞은편에 있으며 노점의 국수가 특히 맛있다.

5.2. 베트남

1) 베트남 음식의 특징

베트남 속담에 '먹는 것이 있어야 도(道)를 논할 수 있다.', '하늘이 벌을 내릴 일이 있어도 식사 때는 피한다'는 말이 있는데, 먹는 것을 모든 일의 우선으로 여길 만큼 중요하게 여기고 있음을 알 수 있다.

베트남은 동남 아시아에서 지리적으로 중요한 위치에 있어, 많은 인종이 이동하고

문화를 교류하는 통로 역할을 하고 있다. 1000년 동안 중국의 지배를 받았고, 19세기 말 프랑스의 지배, 그리고 월남 전쟁 때는 미국의 영향을 받다가 공산국이 된 파란 만장한 역사를 지닌 나라이기도 하다. 베트남 요리의 기본은 중국 요리이지만, 프랑스의 영향을 받아서 요리로 이름난 두 나라의 특징이 보태어져 음식 수준이 상당히 높다. 동남 아시아에서 음식을 먹을 때 젓가락만 쓰는 곳은 베트남뿐이며, 식사 때는 음식을 큰 접시나 큰 대접에 담아 나누어 먹는다.

베트남 요리는 중국의 영향을 받아 중국 냄비를 이용해 볶거나 튀기는 요리가 많지만 중국 요리보다 기름을 적게 쓰고, 맛을 낼 때도 태국 요리보다는 신맛·단맛·매운맛 등을 적게 쓴다. 그래서 전반적으로 맛이 순하고 산뜻하여 건강 메뉴로서 세계적으로 많은 사람들에게 각광을 받고 있다. 기본적인 조미료에는 생선을 발효시켜 만든 뇨크 맘(nuoc mam)이 쓰이고, 레몬즙과 고추, 향초들을 적절하게 써서 상큼하면서도 깊이가 있는 맛을 낸다.

베트남에서는 쌀을 주식으로 하고 육류, 생선과 채소로 만든 반찬을 함께 먹는다. 쌀로 밥뿐 아니라 가루를 내어 국수나 전병, 케이크 등을 자주 만들어 먹기도 한다. 특히 녹두를 밥에 섞거나 죽을 만들어 먹는 것이 특징이다. 육류는 쇠고기·닭고기·돼지고기를 고루 먹고, 새우·생선·오징어 등이 요리에 많이 쓰인다. 조립법은 굽거나 튀기거나 볶는 등 비교적 간단한 편이다. 일상적인 반찬으로는 숙주·죽순·부추·공심채·가지·외·여주 등을 볶거나 튀긴 소박한 찬들이 있고, 두부와 튀긴 유부도 자주 먹는 식품이다. 이밖에 산미가 있는 채소 수프인 가인 쮀어아(canh chua), 으깬 새우를 사탕수수에 말아서 튀긴 차오 톰(xao tom), 생선 젓갈인 고이(goi)등도 특색 있는 베트남 요리이다.

포(pho)는 쌀국수로 노점에서 가장 인기 있는 메뉴이며, 특히 아침에 많이 먹는다. 남부 지방은 삶은 반 포(banh pho)를 대접에 넣고 쪽파, 파슬리, 날숙주, 육계피 등을 얹은 다음 위에 얇게 썬 쇠고기나 닭고기를 얹어 고기 뼈로 만든 육수를 붓는다. 북부에서는 숙주나 계피를 넣지 않고 육수도 담백하다. 여기에 쇠고기나 닭고기를 동그랗게 만든 것이나 유부를 넣기도 한다. 하노이 등의 북부에서는 국수 위에 날쇠고기를 얹기도 하고, 남쪽의 호치민에서는 포보다 약간 가늘고 질긴 후티에우를 먹는데, 보기에는 중국 국수와 비슷하나 수프의 맛이 미묘하고 섬세한 베트남 국수의 독자적인 맛이다.

밀가루 국수인 미(mi)는 약간 누런 색이고, 투명한 것으로 타피오카를 쌀가루에 섞은 미엔(mien)이 있다. 이웃 나라인 캄보디아에는 '구이디아', 태국에는 '가놈친', 라오스에는 '후' 등의 쌀국수가 있다. 그리고 베트남에는 쌀로 만든 전병으로 만든 요리가 많이 있는데 말린 상태를 라이스 페퍼(rice pape)라고 한다. 물에 잠깐 불려서 야채를 싸서 먹는데, 튀기기도 한다.

2) 베트남의 음식

(1) 포(Pho)

포(Pho)는 뜨거운 쌀 국수 정도로 생각하면 된다. 국물은 고기 뼈로 우려낸 물이다. 첨가되는 고기 종류에 따라서 퍼의 종류가 나뉘어진다. 소고기를 넣으면 포보(Pho bo), 닭고기를 넣으면 포가(Pho ga)이다. 주로 '퍼보'를 즐겨 먹는다. 뜨거운 국물에 쌀 국수와 파, 고기가 들어있다. 본인 취향에 따라서 야채(상추, 숙주나물 등)와 레몬즙, 고추 혹은 고추소스, 달걀을 곁들여서 먹을 수가 있다. 한국인들은 고추소스를 넣어서 먹으면 얼큰한 소고기국물 맛을 느낄 수 있다. 현지인은 주로 아침 식사나 간단히 요기를 할 때 퍼를 먹는다. 베트남 속담에도 있듯이 자주 먹는 밥은 지겹고 가끔 먹는 퍼는 맛있다(참조: 언어-은어). 사이공에는 포 외에도 후띠에우(Hu Tieu)가 유명하다. 포와 비슷하나 면발이 가늘고 딱딱한 편이다. 새우(Tom)와 돼지고기(Thit heo)가 들어간다.

(2) 반짱(Banh Trang=Rice paper)

반짱은 누옥 맘(Nuoc Mam)과 더불어 베트남의 대표적인 음식이다. 지름이 약 30cm정도 둥근 보름달 모양의 쌀 웨이퍼(Rice paper)이다. 반짱은 베트남 중부 지방의 특산품으로 반짱을 이용해 다양한 요리를 만들 수 있다.

쌀가루를 갈아 끓인 액을 거꾸로 뒤집은 가마솥 뚜껑에 적당량 붓고 그 밑은 장작불을 피워 살짝 구워 낸다. 이 반짱을 둥근 대나무 판 위에 올려놓고 볕에 말린다.

그러면 둥글둥글하고 딱딱한 반짱이 만들어진다. 이렇게 만든 반장은 오래 보관이 가능하며 들고 다니기도 편하다

반짱은 용도에 따라 크게 두 가지 종류가 있다. 불에 구워서 먹는 반느응(Banh Nuong)과 음식을 싸서 먹는 반꾸온(Banh Cuon)이다. 전자의 경우 반짱의 두께가 두꺼우며 깨(Me)가 많을수록 특품이다. 후자는 물에 불려서 쌈 싸 먹는 용도이므로 반드시 얇아야 하고 깨나 다른 이 물질이 없어야 한다. 그리고 반짱을 부드럽게 하기 위해서 만들 때 밀가루를 첨가한다. '반 느응'은 마치 참깨가 박힌 쌀과자 같다. 주로 맥주를 마실 때 안주로 이용되고, 잘게 부숴 죽에 넣어 먹기도 한다. 특히 제사를 모실 때는 '반느응'을 이용한다. '반꾸온'은 용도가 아주 다양하다.

(3) 반미(Banh Mi)

반미는 프랑스 바게뜨 빵과 비슷하다. 길이는 30Cm정도이며 겉이 딱딱하다. 그냥 떼어서 먹기도 하나 대부분 빵 가운데 잘라서 달걀 후라이를 넣거나 말린 돼지고기, 야채를 넣어서 먹는다. 외국인들은 버터나 잼을 발라서 먹기도 한다. 반미는 베트남 전역에서 쉽게 구할 수 있으며 쉽게 상하지 않고 걸어다니면서 먹을 수 있고 어디서나 허기를 채워 줄 수 있는 빵이다. 처음 먹으면 딱딱해서 맛이 없으나 계속 먹다 보면 그런 대로 먹을 수 있다. 반미 역시 베트남인의 아침 식사용으로 애용된다. 특히 지갑이 얇은 학생들에게. 가격은 오백동~천동사이이며, 고기나 야채를 첨가하면 3천동 가량 한다. 반미 외에도 반베오(Banh beo)라는 조그만 쌀 부침개도 아침 식사로 많이 먹는다.

(4) 차조(cha gio)

라이스 페이퍼에 고기와 해산물, 야채 등의 재료를 골고루 다져 놓은 후 돌돌 말아서 바삭하게 튀겨 낸 영양이 풍부한 별미 요리다. 튀긴 후 바로 키친 타월에 올려 기름기만 살짝 제거하고 뜨거울 때 먹어야 제 맛이다. 뜨거운 스프링 롤을 상추에 싸서 호호 불어 가며 매콤한 소스에 찍어 먹는 맛이 그만이다. 차조를 기름에 바싹 튀기면 맛있는 짜요가 된다. 사이공에는 많은 현지인 음식점이 각기 특색 있는 짜요를 준비하고 있다. 중부지방은 반짱을 이용한 특산 요리가 많은데 이는 반짱의 주요

생산지이기 때문이다. 그 중 유명한 중부 음식은 반 세오(Banh Xeo)이다. 전통 반 세오의 크기는 손바닥만 한 반달모양이나 사이공에서는 파전같이 크게 나오기도 한 다. 밀가루 반죽을 작은 프라이팬에 붓고 나서 중부 해변에 풍부한 새우와 육류, 야 채를 첨가해서 잘 익힌다. 이를 반꾸온에 싼 다음 야채를 곁들어 말아먹는다. 한국사 람들은 물고기를 잡으면 주로 매운탕이나 회를 쳐서 먹는다. 베트남 사람들은 주로 통째로 별다른 양념 없이 익힌다. 그리고 고기와 야채들을 물에 살짝 적신 연한 반 꾸온에 말아서 늑음맘이나 특별한 소스에 찍어 먹는다. 쇠고기, 돼지고기 등 모든 음 식을 말아먹을 때는 반꾸온이 이용된다. 마치 우리나라에서 쌈을 싸먹듯이 말이다.

(5) 껌(Com Dia)

베트남의 일반적인 쌀밥이다. 안남미로 만든 맨밥에 고기구이와 해산물·야채를 더해 얹어 먹는다. 가장 저렴하고 포만감이 있는 경제적 음식으로 쇠고기(Com Bo)· 닭고기(Com Ga)·돼지고기(Com Sung)·새우(Com Tom) 등 재료에 따라 맛이 다 르다.

(7) 깐쭈어(Chan Chua)

베트남의 대표적 수프로 파인애플·토마토·토란·콩 등의 야채에 민물고기를 우 린 국물이 들어가며, 감칠맛과 약간의 신맛이 난다.

(8) 고이쿠온(Goi cuon)

삶은 새우·닭고기·부추·향채 등을 라이스 페이퍼에 말아서 기름에 튀기지 않 고 그냥 먹는다. 이것은 차조와는 달리 튀기지 않고 그냥 말기만 한 것이다. 타레(양 념 소스)는 누크맘이 아니라 된장과 비슷한 독특한 타레에 찍어 먹는다.

(9) 차오톰(Chao tom)

새우 다진 것을 사탕수수의 심에 말아서 숯불에 구운 것이다. 먹을 때는 오이·야 채 샐러드·향채와 함께 라이스 페이퍼에 말아서 타레에 찍어 먹는다.

(10) 고이센(Goi sen)

고이란 베트남의 독특한 샐러드를 말한다. 고이센은 연꽃 줄기와 당근, 돼지고기 등을 설탕과 술·간장·식초로 만든 조미료에 무쳐서 그 위에 잘게 부순 땅콩과 채 친 향채를 얹은 것이다. 반드시 튀긴 새우가 함께 딸려 나온다. 그 외에도 데친 새우를 사용해서 요리한 고이톰과 닭고기로 만든 고이가 등이 있다.

(11) 쿠어장뭐이(Cua rang muoi)

민물게를 통째로 튀겨 갖은 양념과 특유의 소스를 바른 일품요리이다. 몸체가 20cm가 넘는 게도 있다.

(12) 쩨(Che)

베트남은 참 덥다. 습기가 많은 여름철이면 특히 불쾌지수가 올라가고 생활에 활력을 잃을 때가 많다. 한국에서는 뜨거운 보신탕으로 몸보신을 하기도 하지만 베트남에서는 시원한 쩨(Che)를 먹으면 더위를 잠깐 잊을 수 있다. 쩨는 한국의 팥빙수와 비슷한 음식이다. 그러나 한국보다 훨씬 싸고 종류도 다양하다.

쩨의 주원료는 콩이다. 콩에도 흰 콩, 검은 콩, 땅콩까지 그리고 녹두, 팥, 코코넛 껍질 등 원료는 참으로 다양하다. 쩨더우(Che Dau)라 불리는 가장 흔한 쩨는 삶은 콩과 코코넛 껍질을 끓여 만든 우유 같은 액체인 느윽여어(Nuoc Dua)를 섞은 것이다. 먹을 때는 유리컵에 쩨와 가는 얼음을 적당량 섞어서 먹는데 보통 한 컵에 천동 내지 이천동 가량 한다. 식후 시원한 쩨 한 잔이 베트남에서 가장 좋은 디저트이다.

쩨텁깜(Che Thap Cam)은 콩과 팥, 땅콩 등 5가지 정도의 재료가 혼합된 쩨이다. 옥수수를 잘게 썰어서 삶아 쩨로 먹기도 하는데 이를 쩨밥(Che Bap)이라고 부른다. 북부 안장(An Giang)지방에 유명한 쩨브으이(Che Buoi)는 과일 브으이(Buoi) 껍질을 삶아 녹두(Dau xanh)를 넣어 만든 쩨이다. 중부 퀴년(Qui Nhon)지방에는 쩨주오이느웅(Che Chuoi nuong)이 유명하다. '주오이'는 바나나, '느웅'은 '불에 구운'이란 뜻이다. 간장 종지 만한 그릇에 구운 바나나와 누룽지, 땅콩, 달콤한 쩨 액이 섞여 있다. 따끈한 이 쩨는 밤에만 먹는 쩨이다. 고산도시 달랏은 쩨농(Che Nong)으로 유명하다. 아침, 저녁으로 기후가 쌀쌀해서 여러 가지 뜨거운 단팥죽 같은 쩨를 만날 수 있다.

같은 쩨 부류이나 사용하는 재료가 과일인 쩨가 있는데 이들을 특히 신또(Shin to)라 부른다. 요즘에는 신또라는 말보다 영어 발음을 따온 꼭테이(Coktai)이 더 많이 쓰이고 있다. 꼭테일로 유명한 도시는 많은 한국 사람들이 '나트랑'으로 알고 있는 나짱(Nha Trang)이다. 꼭테일의 재료로는 제철 과일 대여섯 가지와 쩨를 만들 때 쓰이는 '느억 여어'이다. 말린 사과, 곶감, 대추도 같이 들어 있기도 한다. 맛은 기가 막히게 좋으며 이천동에 여러 가지 열대 과일을 맛볼 수 있다. 사이공(Sai Gon)은 베트남 전국 쩨의 집합소이다. 대도시답게 좀더 세련되고 첨가물도 많으며 가격 또한 더 비싸다.

(13) 향료

① 민트(mint)-향료

민트는 베트남 요리에 다양하게 사용되는데, 동남아시아 지역에서 널리 사용되는 민트는 베트남 민트(Polygonum Mint)다. 민트는 청량감이 느껴지는 향이 특징으로 생으로 먹거나 요리 마지막에 넣는다. 조리할 때 넣으면 음식에 민트향이 너무 진하게 배므로 주의하도록 해야한다. 우리나라에서는 잎 모양이 둥글고 하얀 솜털이 덮여 있는 애플 민트를 주로 사용한다.

② 누옥 맘(nuoc mam)

베트남 음식의 맛을 내는 것은 누옥 맘(nuoc mam)이다. 멸치와 비슷한 '카컴(cacom)'이라는 생선을 소금과 설탕에 절여 항아리에 묵혀 두면 자연 발효되어, 붉고 투명한 액으로 변하는데 여기에 고춧가루와 라임즙을 적당히 넣어서 맛을 낸다. 우리나라의 액젓과 같은 것으로 냄새가 강해 처음 접하는 사람은 거부감이 느껴질 수도 있다. 누옥 맘은 밥이나 국수에 비벼 먹기도 하고 음식을 찍어 먹거나 싱거운 음식의 간을 맞추는 데 사용한다. 우리나라의 장이나 초장과 같은 용도로 쓰인다.

쌀국수의 유래

대표적인 베트남 음식으로 쌀국수 퍼(pho)와 라이스 페이퍼에 싸 먹는 쌈 요리 고이쿠온(goi cuon), 라이스 페이퍼 튀김인 차조(cha gio), 사탕수수에 새우살을 만 차오 톰(chao tom)을 들 수 있다.

베트남 쌀국수의 본거지는 하노이로 알려져 있으며 쌀국수가 토속 음식으로 자리잡게 된 것은 50년대 이후, 베트남이 사회주의와 민주주의로 분단될 때로 본다. 자유를 찾아 남쪽으로 내려온 하노이 주민들이 사이공에서 생계수단의 하나로 쌀국수를 만들어 팔기 시작했다는 것이다. 당시 베트남에서는 종교적인 영향으로 쇠고기는 피하고 닭과 돼지고기를 즐겨 먹었는데 프랑스군이 하노이를 점령하면서 쇠고기를 식용으로 사용하기 시작했다. 베트남 사람들이 프랑스군의 식사를 '포 오 푀(pot au feu;불처럼 뜨거운 그릇)'라고 불렀는데 프랑스군들이 이곳 주민들에게 처음으로 소의 살코기와 뼈의 요리법을 보급해 주었다. 프랑스군이 철수한 후 베트남인들은 그들이 남기고 간 쇠고기 요리법에 자신들의 민속 음식인 쌀국수를 함께 먹기 시작하면서 하노이 지역을 중심으로 쌀국수 요리가 발달하게 되었다.

3) 열대 과일의 천국 베트남

베트남은 열대성 과일은 물론이고 고산 지역에서 생산되는 온대성 과일도 있다. 그 종류와 맛이 아주 다양하고 가격도 적당한 편이다.

먼저 가장 일반적이고 일년 내내 생산되는 과일부터 알아보자. 가장 싸고 흔하게 볼 수 있는 과일은 바나나(주오이: Chuoi)이며 종류도 아주 다양하다. 크게 두 가지로 구분하면 길고 녹색인 바나나와 짧고 통통하며 노란색인 바나나 두 종류로 구분한다. 바나나는 식후에 디저트로 먹거나 굽거나 삶는 등 다양한 요리를 해서 먹는다. 파인애플이나 토마토도 많이 사용되나 과일보다는 야채로 주로 사용된다. 코코넛(즈어: Dua)은 더운 베트남에서 갈증 해소에 좋은 과일이다. 푸른색 껍질을 벗기면 흰 속이 나오는데 이를 냉장고 속에 보관했다가 시원하게 마시면 아주 좋다. 다 마신 코코넛 속 흰 젤리도 숟가락으로 파먹으면 맛있다. 깜(Cam)이라 불리는 푸른색 오렌지 역시 일년 내내 볼 수가 있다. 깜은 두 가지 종류가 있는데 속이 붉고 즙이 많은 것이 상급이다. 오렌지를 갈아서 얼음을 넣어먹는 깜밧(Cam bat)은 맛있는 음료수이다. 짠

(Chanh)이라고 불리는 레몬은 음식에 향료로도 많이 사용하고 음료수로도 많이 이용된다. 시원한 레몬쥬스는 갈증해소에, 뜨거운 레몬쥬스는 목 건강에 좋다.

(1) 쯤쯤(Chom Chom)

쯤쯤(Chom Chom)이라 불리는 이 과일의 모양은 특이하다. 마치 바다 성게와 비슷하게 생겼다. 껍질을 까면 하얀 속이 드러나는데 이를 먹는다. 쯤쯤과 비슷하지만 색깔은 노랗고 크기가 작은 냔(Nhan)이란 과일이 있다. 이 과일의 단맛은 어떤 과일도 따라올 수 없을 정도로 달다. 쯤쯤과 냔은 남부 메콩델타가 주산지이다. 이 두 과일과 비슷하면서 북부에서 생산되는 바이(Vai)란 과일이 있다. 독특하게 쏘는 맛으로 인해 많이는 먹지 못한다.

(2) 브으이(Buoi)

최근 들어서 수요와 생산량이 급증하는 브으이(Buoi)도 베트남의 특산품이다. 왕 귤이라 번역하는 브으이는 작은 수박 크기의 귤이다. 껍질 벗기는 것이 번거롭지만 속은 새콤달콤한 왕 오렌지가 숨어 있다. 베트남인들은 브으이에 소금을 발라먹는다. 그러면 새콤한 브으이가 덜 새콤해진다. 수박(Dua), 오이(Oi), 꼭(Coc), 먼(Man), 쓰와이싼(Xoai xanh)도 소금에 즐겨 찍어 먹는다. 소금에 보통 고춧가루가 첨가되어 있다. 신 과일은 소금이 덜 시게, 고춧가루가 맵게 해서 맛을 중화시키는 것이다. 수박같이 달콤한 것은 덜 달게 중화시킨다. 한국인이 이해하기 힘들지만 실제 삶의 지혜인 것이다.

(3) 쓰와이(Xoai)

쓰와이(Xoai)라 불리는 망고는 독특한 향기로 입에 넣으면 살살 녹아 내리는 과일이다. 씨가 큰 게 단점이다. 깎아서 먹기 힘들므로 그냥 잘라서 숟가락으로 퍼먹는 것이 좋다. 선인장 열매 탄롱(Thanh Long)은 그 매혹적인 색에 먼저 반한다. 붉은색 껍질을 벗기면 놀랍게도 흰색 바탕에 깨알같이 검은 씨가 박혀 있다. 보기만 해도 먹음직스러우나 직접 먹어 보면 실망. 왜냐면 달지도, 새콤하지도 아무런 맛을 느끼지 못하기 때문이다. 그러나 차게 해서 자주 먹다 보면 탄롱의 진맛을 느낄 수가 있다.

호박처럼 생긴 두두(Du Du: 파파야) 역시 처음 먹는 사람은 제 맛을 느낄 수가 없을 것이다. 소화에 좋고 구수한 맛이 두두의 진면목이다.

(4) 밋(Mit)

밋은 작은 수박 만한 크기이다. 속에 노란 밋이 촘촘히 박혀 있다. 향기가 자극적이며 먹을 때는 손 냄새를 맡지 않는 것이 좋다. 손가락에 꾸리한 똥냄새가 나기 때문이다. 밋은 냄새와 달리 쫄깃쫄깃하며 맛있다. 되도록 냉장고에 보관치 않는 게 좋다. 냉장고 전체가 밋냄새로 변해버리기 때문이다. 밋을 햇빛에 말리면 맛있는 스낵이 되기도 한다.

(5) 서우리엥(Sau Rieng)

밋과 모양은 비슷하나 껍질에 가시가 돋힌 것이 과일의 왕 서우리엥이다. 생크림 같기도 하고 물렁 고구마 먹는 것 같기도 하고 맛이 아주 독특하다. 하나를 사면 3명은 넉넉히 먹을 수 있는 양이다.

(6) 신또(Shin To)-과일혼합쥬스

다랏(Da Lat)은 베트남에서 유명한 고산 도시이다. 이 곳에서는 감과 딸기가 특산품이다. 다랏시장에서는 곶감과 딸기주를 쉽게 구할 수가 있다. 베트남은 중국으로부터는 사과와 배가 많이 수입된다. 포도도 많이 재배되며 사이공에는 외국산 과일들도 많이 수입되고 있다. 과일이 많이 생산되는 남부 지방에는 신또(Shin To)라는 과일혼합쥬스를 판매하기도 한다. 주로 제철인 대여섯 가지 과일들을 얼음과 함께 섞어 먹는다.

4) 베트남의 술과 차

최근 베트남산 맥주에는 새로운 브랜드가 많아졌다. 수출도 하고 있는 사이공 맥주 333, 프랑스와 합작으로 재생하고 있는 BGI, 하노이의 추크백, 체코와 합작한 후다 등이 있다. 이 밖에도 베트남에서 생산되는 쌀로 만든 독한 루아모이 소주도 있다.

베트남은 커피 원두의 생산국이다. 중부 고원의 부온마투우토와 바우롭에서 나오는 것은 특히 유명하다. 작은 알루미늄 필터로 거른 다음 연유와 섞어서 밀크 커피로 먹어도 좋다.

차는 일상 생활에서 빼놓을 수 없는 기호품이다. 남부에서는 얼음을 넣은 연하차가 각광을 받고 있다. 향이 진한 자스민차는 선물로도 좋다.

생활은 쉽지만 사업은 어렵다.

베트남이 최근 중국과 대만 등 동남아를 휩쓸고 있는 소위 한류(韓流)의 발원지라는 것은 이미 알려진 얘기다. 베트남에서 일어나고 잇는 '한국 신드롬'도 이제는 국내에서조차 모르는 사람이 없을 정도다.

이 '한국 신드롬'은 지난 해 말 지나친 한국 바람을 우려한 베트남 정부의 제한 조치로 한때 주춤했으나 최근 한국 드라마 열풍이 다시 불면서 살아나기 시작했다.

이에 편승, 국내에서는 설자리를 잃은 중소기업들간에 '베트남으로 가자'는 움직임이 일고 있다. 이 같은 움직임은 8월 22일부터 25일까지 베트남의 천득렁 국가 주석이 처음으로 한국을 방문해 동반자 관계를 선언함으로써 더욱 가열되고 있다.

그러나 현지에 진출해 있는 기업인들은 국내에서의 '베트남 열풍'에 대해 '기대 반, 우려 반'의 입장을 보이고 있다. 교민들은 하나같이 '베트남에서의 생활은 쉽지만 사업은 어렵다'고 말하고 '가장 중요한 것은 베트남과 베트남인에 대한 정확한 이해'라고 강조한다.

베트남에서 생활하면 가장 많이 듣는 게 "베트남에 와서 처음 1년은 베트남인들을 좋아하고 다음 1년은 그들을 증오하며 3년째가 되면 이해하게 된다."는 말이라 한다. 처음 베트남에 오면 우리와 외모가 같고 정서가 비슷한 베트남인들을 좋아하고 그들의 어려운 생활에 연민의 정을 느껴 많은 도움을 주고 싶어한다. 그러나 정성스러운 도움을 당연한 것처럼 받아들이는 그들에게서 증오감을 느끼게 되고 마지막에는 전쟁의 연속이었던 그들의 과거와 오랜 공산주의 사고 등을 이해하면 체념하게 된다는 말이다.

베트남 정부는 가끔 미국이나 한국 등 베트남전 참전 국가들에서 과거사 문제가 나오면 "과거는 과거일 뿐, 우리는 미래만 생각한다."고 말한다. 실제로 베트남에서 한국군의 베트남전 참전 문제로 불이익을 당하거나 이 얘기를 먼저 꺼내는 베트남인은 없다.

시내에 움직이는 자전거와 오토바이에는 백미러가 거의 없다. 운전사들조차 자동차의 백미러는 거의 보지 않는다. 그들은 손님을 환송할 때도 대부분 문에서 손님을 보내고 이내 머리를 돌린다.

하지만 미국과 프랑스, 중국 등 세계에서 내노라 하는 강대국들을 모두 이긴 국민이라는 자부심이 대단하다. 그들은 자신들이 지금 경제적으로 빈곤해 외국의 도움을 받고 있지만 곧 경제가 회복되면 다른 어느 나라 못지 않은 일등 국민으로 생활할 수 있다는 자신감을 항상 갖고 있다.

5) 베트남 음식점

(1) 면류: 포(Pho), 후띠에우(Hu Tieu), 만두

① Pho Hoa(포호아)

사이공에서 가장 유명한 포집으로 포보(Pho bo)가 맛있다. 한국의 곰탕같은 뜨끈한 육수에 쇠고기, 국수 면발 같은 퍼 면발이 들어 있다. 취향에 따라 숙주, 라우텀(Rau thom), 칠리소스 등을 첨가해서 먹을 수 있다. 그리고 우리나라와 미국에도 가맹점이 있어 베트남 음식의 세계화에 일익을 담당하고 있다.

② Hong Phat(홍팟)

후띠에우(Hu Tieu) 전문집이다. 후띠에우는 남부 전통 음식으로 구수한 돼지고기 국물에 돼지고기, 간, 새우 등이 들어 있다. 면은 퍼면과 달리 가늘고 쫄깃쫄깃하다.

(2) 해물(Hai san)집

① Song Ngu(쏭응으) Restaurant

중상급 해산물 전문 식당으로 새우, 게, 조개 요리가 맛있다. 특히 게요리인 꾸어랑메(Cua Rang Me)는 특수한 소스를 사용해서 맛이 일품이다. 짜요(Cha Gio: Spring roll)도 사이공에서 최고의 수준이므로 '사이공 짜요'를 먹어도 좋다. 해물볶음밥(Com Chien Hai San: 껌찌엔하이산)이 이 식당의 특산이다.

② Quan Com 94(관껌 94)

게 요리 전문점으로 껍질 없는 게 요리로 유명하다. 허물을 벗을 때 잡은 게를 밀가루 반죽을 입혀 튀긴 Deep fried soft shelled crap 일품이다. 그 외 게 Spring roll인 짜요꾸어(Cha Gio Cua), 당면에 게 살을 넣고 볶은 미엔꾸어싸오(Mien Cua Xao)도 맛있다. 95번지 식당도 게 요리를 하나 94번지 식당 더 맛있다.

(3) 닭(Ga), 오리(Vit)고기집

① Tu Son(뜨선)

닭 날개 튀김 전문집이다. 베트남 닭고기는 한국보다 연하고 부드러우며 맛 또한 좋다. 이 집 닭 날개 튀김은 바삭바삭하고 닭고기의 고소한 맛이 그대로 살아있다. 조개요리도 맛있으니 같이 먹으면 좋다.

② Chao Vit(짜오빗)

사이공 강이 둘러싸고 있는 탄다(Thanh Da)섬 주변에는 오리고기 음식점이 많다. 베트남인은 오리고기를 즐겨먹는데 죽으로 먹기도 하고 고기로도 먹는다. 영양식으로 좋으며 특히 나이 든 한국인이 좋아한다.

(4) 세오(Xeo)집 : 볶음전문점

① Luong Son(르응선)

쇠고기 불고기인 보뚱세오(Bo Tung Xeo)로 유명하다. 특별히 양념된 쇠고기를 숯불에 구워서 먹는다. 맥주와 함께 먹으면 좋은 저녁 식사가 될 것이다. 수프(Chao: 짜오)를 곁들여 먹으면 더욱 좋다.

② Banh Xeo(반세오)

반세오 전문집이다. 반세오는 중부지방 특산음식이다. 쌀가루 반죽에 녹두나물과 새우, 고기를 넣고 프라이팬에 튀긴 요리이다. 이를 반짱(Banh trang)에 야채와 함께 싸서 먹으면 맛있다.

(5) 염소(De)고기집

① 20 Lau De(러우예 20)

염소고기 전문집이다. 염소 불고기(De Nuong: 예느웅)를 먼저 먹은 후 주 메뉴인 염소탕(Lau De: 러우예)을 먹는다. 러우예는 고기, 두부, 야채, 면 등을 도가니에 넣

어 푹 끓여 먹는데 술안주로 최고의 요리다. 저녁이면 현지인이 많아 빈자리가 없을
정도이다.

(6) 껌빈전(Com Binh Dan) : 서민음식점

Minh Duc(민덕)

해물전문 껌빈전으로 음식이 깔끔하고 맛있다. 역시 여러 가지 음식이 진열되어
있으며 손으로 가리키면서 주문을 하면 된다. 깐주어까록(Canh chua ca loc)을 시키
면 시큼한 해물국을 맛볼 수 있다. 까록생선을 늑윽맘(Nuoc mam: 쏘스)에 찍어 먹
으면 별미이다. 가격은 껌빈전치고 조금 비싼 편이다.

세계의 요리와
유명 레스토랑

제6장

동양요리(V)
홍콩·싱가폴·몽골 요리

6.1. 홍 콩 ······ 동서양이 공존하는 향기로운 항구

1) 홍콩 식문화의 이해

'국제무역과 금융의 중심지', '세계 쇼핑의 메카', 다양한 비즈니스가 존재하는 홍콩(香港)은 국제적 명성에 걸 맞는 세계 각국의 다양한 요리를 맛볼 수 있는 곳이다. 다양한 음식축제가 쉴 사이 없이 개최되는 요리의 천국이라 하여도 과언이 아닌 홍콩은 아시아 각국의 요리와 서양요리들을 다양하게 맛볼 수 있지만 무엇보다도 갖가지 중국요리를 경험할 수 있는 도시이다. 간단한 요리에서부터 이국적인 전문요리까지 방문객들의 구미에 맞는 요리를 쉽게 찾을 수 있으며, 수 백년 된 전통중국요리가 있는가 하면, 현대인의 입맛에 맞춰 개발한 요리들도 있다. 그 중 동서양의 문화가 한껏 어우러진 아름다운 항구도시인 홍콩의 대표적인 요리는 아마도 딤섬(点心)이 중심이 되는 얌차(飮茶)일 것이다.

홍콩은 이른 아침부터 늦은 밤까지 언제, 어디서나 돈만 있으면 다양한 요리를 맛볼 수 있다. 고급 음식점에서 대중적인 가게까지 규모도 여러 가지이며, ○○지방요리라는 간판이 걸려있지 않으면 대부분이 광동요리(廣東料理) 전문음식점이다. 그 외에 북경루·북향루(北香樓)는 북경요리(北京料理), 조주성(潮州城)주루·조주주가(潮州酒家)는 조주요리(潮州料理), 대상해반점·상해채관(上海菜館)·일품향·노정흥(老正興), 그리고 숫자가 이름인 사오육채관(四五六菜館) 등은 상해요리(上海料理) 전문음식점이다. 그리고 소채관(素菜館), 소식중심(素食中心), 제청(齊廳)이라면 최근 홍콩인들에게 인기가 있는 정진요리(精進料理) 전문음식점이다. 홍콩 음식점의 대명사인 주점(酒店)의 70% 정도가 광동요리점이고, 20% 정도가 상해요리점, 나머지가 북경요리·사천요리·정진요리전문점이다. 그리고 간편식으로는 죽과 국수를 꼽을 수 있는데, 곳곳에 있는 '죽면전가(粥麵專家)'라는 간판이 있는 음식점은 죽과 국수를 전문으로 하는 음식점이다.

'죽면전가(粥麵專家)'나 '쾌찬점(快餐店)'이란 간판이 있는 집은 혼자가도 무방하지만 주루(酒樓)에는 3명 이상, 7~8명 정도가 가는 것이 좋다. 요리를 주문하면 한 접시에 약 4인분이 담겨져 나오는데 요사이는 커플(couple)용 셋트메뉴가 제공되기도 한다.

2) 홍콩의 대표적 음식—제2장 중국음식 참조

홍콩과 이웃한 중국 광동성에서 전해진 광동음식이 홍콩에서 가장 대중적인 음식이라 할 수 있으며, 그 외에 조주요리, 북경요리, 사천요리, 상해요리, 정진요리, 대만요리 등 중국 각 지방이 음식들도 유명하다. 그리고 중국의 간단한 향토요리가 있는가 하면 이국적인 요리, 또는 수 세기의 전통요리와 새롭게 선보이는 퓨전요리, 그리고 맵고 강렬한 맛의 요리들과 부드러운 맛의 요리들을 기호에 맞게 즐길 수 있다.

(1) 광동요리

신선함과 산뜻함을 최고로 치는 광동요리 재료는 매일 아침 광동지방에서 직접 배달해 오는데, 센 불에서 단시간 요리하여 천연의 맛을 내는 것이 특징이다. 그리고 홍콩인들은 광동식 스낵종류인 딤섬을 즐겨 먹는데, 손님들은 김이 모락모락 나는 대나무 찜기에 담긴 요리들을 골라 먹을 수 있다. 딤섬을 주문하면 보통 3개 내지 4개 정도가 접시 또는 대나무 찜통에 담겨져 나오는데 재료에 따라 가격이 다르다.

(2) 조주요리

광동성 동부지방의 해안지역에서 전해진 조주요리는 해산물을 주재료로 사용하여 톡 쏘는 맛의 소스가 요리의 풍미를 한층 돋구어 준다. 전통 조주요리는 대부분 많은 야채를 사용하여 산뜻하고 맛이 깔끔하다. 조주 요리사들은 야채를 잘 조각하는데, 그 중 당근이나 생강으로 정교하게 조작한 꽃, 용, 봉황새 등이 유명하다.

(3) 사천요리

중국요리 중에서도 가장 매운 요리에 속하는 사천요리는 맛이 진한 것이 특징이며, 페닐씨, 고추, 코리엔더 등의 다양한 향신료로 음식의 풍미를 낸다. 그러나 사천요리라고 다 매운 것은 아니고, 조리방법에 따라 훈제하거나 끓이는 요리법도 많이 사용한다. 이 방법은 후추 및 다른 향신료가 음식의 재료에 충분히 배일 정도로 시간이 많이 소요되나, 이 조리법에서 주는 맛과 향은 또한 최고이다.

주로 닭고기, 돼지고기, 민물생선, 조개를 주재료로 사용하며, 밥보다는 국수나 찐빵을 주로 먹는다.

(4) 북경요리

북경요리는 대부분 중국에서 최고로 치는 식재료를 사용하여 만든 중국 궁중요리에 그 뿌리를 두고 있다. 북경요리는 향이 강한 근채류와 고추, 생강, 부추 같은 야채를 요리에 주로 이용한다. 북경은 겨울이 다른 지방에 비하여 추우므로 음식도 몸을 덥게 할 수 있는 재료를 많이 사용하여 만드는 보양식이 많은 것이 특징이다. 대표적인 음식으로는 북경 통오리구이와 쉰양러우, 징기스칸 구이, 구어티에 등이 있다.

(5) 상해요리

상해는 양자강 어귀의 유명한 항구도시로 고유의 전통요리를 갖고 있지는 않지만 인근 지방들의 향토요리들을 개량하여 상해요리로 개발하였다. 광동요리보다 양념이 진하고 달며, 기름기도 많으며, 절인 야채와 육류를 요리에 사용한다. 일찍부터 외국과 교섭하였기 때문에 중국에서 가장 먼저 외국의 요리법을 받아들인 지역이다. 상해는 바다와 인접하고 있으므로 풍부한 해산물을 사용한 요리가 발달하였는데, 그 중 새우와 게요리가 유명하다. 특히 가을부터 초겨울에 잡히는 털게로 만든 게장요리인 '상하이시에'는 많은 미식가들이 가장 애용하는 음식이다. 이 지역에서는 밥보다 만두, 빵, 국수를 선호하며, 특히 베어먹으면 뜨거운 스프가 입 속에 하나 가득 퍼지는 '시아오 롱 빠오'가 유명하다.

(6) 정진요리

최근에 인기를 끄는 건강음식 중 대표적인 요리가 바로 정진요리이다. 이 정진요리는 옛날 佛家(불가)에서 유래된 음식으로 주로 야채를 사용한다. 특히, 두부의 재료인 콩을 채식요리의 주재료로 사용하며, 콩을 이용해서 맛이나 모양으로 볼 때 거의 구분이 안가는 훈제오리, 바비큐 돼지고기, 닭고기, 패주요리 등을 만든다. 중국사람들이 좋아하는 온갖 종류의 버섯 역시 채식주의 요리를 다채롭게 해주는 데 빠질 수 없는 재료가 된다.

(7) 죽(粥)

홍콩에서 아침식사 대신 중국식 죽을 먹어 보는 것도 색다른 경험일 것이다. 죽이라고 해서 우리가 흔히 아플 때 먹는 흰쌀죽이 아니라, 정통 중국식 죽은 새나 소의 갈비뼈 등을 이용하여 진한 육수를 뽑아 내고, 그 육수에 쌀을 넣어 쑤어낸다. 홍콩사람들에게 가장 인기 있는 죽은 피탕죽인데, 피탕이라 하면 오리알을 진흙 속에 넣어 삭힌 음식이다.

(8) 딤섬(点心)

딤섬의 종류는 대개 20~30종류인데, 가게에 따라서 메뉴가 다소 다르며 가격도 차이가 있다. 딤섬은 크게 2가지로 나눌 수 있는데, 단 종류의 티엔디엔과 달지 않은 시엔디엔으로 나뉘어진다. 이 중 시엔디엔이 우리가 흔히 말하는 만두 종류인 교자(餃子)이다.

(9) 국수(麵)

홍콩사람들은 국수를 좋아하여 밖에서뿐만 아니라 각 가정에서도 하루하루의 식탁에 빈번하게 등장하고 있다. 국수만 파는 전문점이 있는데, 국수를 좋아하는 사람이 있다면 건조시킨 것이어서 가볍기도 하고 부피도 적으므로 선물로 사가지고 가는 것도 좋다.

국수는 크게 나누어 황색과 흰색이 있는데, 황색은 간수가 들어간 소위 중화면이고, 흰색인 것은 밀가루로 만든 우동과 쌀가루로 만든 것이 있다. 국수를 만든 재료와 모양에 따라 이름이 다른데, 황색이면서 꾸불꾸불하고 약간 굵은 것은 추미엔(粗麵), 황색이면서 곧고 가는 것은 시미엔(細麵), 흰색이면서 폭이 넓고 납작한 것은 허펀(河粉), 회면서 곧고 가는 것은 미펀(米粉)이다.

만한전석(滿漢全席)

세계 3대요리로 손꼽히는 중국요리의 최고봉이라고 말할 수 있는 것이 만한전석(滿漢全席 ; 만한추엔시)은 만주족과 한족의 음식문화가 혼합되어 이루어진 중국요리의 정수이다. 이 요리의 역사적 시초가 되는 청조(淸朝)는 북방의 만주족이 북경에 들어와서 세운 왕조이나, 시대가 지남에 따라 만주족의 독자적인 문화는 희박해지고 한족의 문화에 동화되었다. 중국 최고의 미식가로 손꼽히는 제6대 건융황제는 각지를 순회하면서 각 지방의 요리를 감상했을 뿐만 아니라 최고의 요리사들을 북경으로 데리고 왔다. 그 가운데 양주(楊州)의 요리사가 만주족이 좋아하는 사슴과 곰 등의 야생짐승의 고기와 어패류, 야채의 산해진미(山海珍味)를 이용하여 만들어낸 것이 "滿漢全席 (만한추엔시)"이다.

상어 지느러미, 제비집은 물론 곰의 발바닥, 낙타의 혹, 원숭이의 뇌 등 중국 전 지역에서 모아온 진귀한 재료로 만든 100종 이상(많을 때는 182종, 적은 경우라도 64종)이나 되는 요리를 이틀에 걸려서 먹는다고 하니 과히 중국인의 미식추구에 대한 정열과 위대한 위장에 감탄하지 않을 수 없다. 청조 멸망(1912년) 뒤 사치스럽기 한이 없는 이 만한전석(滿漢全席)은 급속하게 쇠퇴해버렸고, 전문 요리사의 계승도 끊어졌으나, 그후 홍콩이나 대만에서 재현하게 되어 이 환상의 요리도 다시 등장하게 되었다. 지금은 본토인 중국에서도 왕성하게 연구되고 있으나 정통 만한전석(滿漢全席)을 만들 수 있는 요리사는 손으로 꼽을 수 있을 정도밖에 없다. 눈부시게 휘황찬란한 왕조 분위기에 쌓인 한 탁자의 식사가 6백만원 이상 호가하고 있다니 놀라움을 지나 경이스럽기까지 하다.

3) 홍콩의 술

홍콩에서 유명한 술은 대부분 중국계통의 술로 약초와 꽃 그리고 쌀이나 기장 등의 곡류로 빚은 술들이 주종이다. 인삼이나 뱀과 같이 한약재로 사용되거나 약재들을 곡주에 담가 만드는 강장주도 다양하다. 황주(黃酒)라는 뜻의 '씨힝'이란 술은 따뜻하게 데워 마시며, 쌉쌀한 맛은 백포도주와 비슷한데 어떤 종류의 중국요리와도 잘 어울린다. 기장으로 빚어 알코올 도수가 70도가 넘는 독한 고량주와 마오타이주는 요리와 함께 마시는 것이 좋다.

4) 홍콩에서의 식사

유명 음식점을 갈 때는 예약이 필요한데, 이 때도 특별히 먹고 싶은 음식이 있다면 미리 동행하는 인원수와 함께 주문하는 것이 좋다. 자리에 안내되면 우선 마실 것을 주문 받게되는데, 술이나 차(茶)의 종류를 주문한다. 그리고 누군가 찻잔에 차를 따라줄 때는 중국전통에 따라 감사와 공손함의 뜻으로 찻잔 옆을 두 번 가볍게 두드려 주는 것이 좋다. 종업원이 메뉴를 가져오면 요리를 주문하게 되는데, 사용되는 재료와 조리법에 따라 요리의 이름이 달라진다. 내용에 따라 세트메뉴가 더 이득일 수 있으므로 메뉴를 찬찬히 살펴보고 주문하면 된다. 주로 세트메뉴 속에 그 음식점의 명물요리가 2가지 이상 들어가 있으며, 가격도 하나씩 주문하는 것 보다 20~30% 저렴하다. 요리 이름을 모를 경우 다른 테이블의 손님이 식사하고 있는 음식이나 종업원이 운반하고 있는 요리를 지적하여 주문하여도 무방하나 세련된 테이블 매너는 아니다. 또는 지배인이나 종업원에게 먹고 싶은 요리 종류와 예산을 이야기하면 그것에 적당한 메뉴를 짜주기도 한다.

중국요리를 먹는데는 별로 까다로운 규칙이 없으므로 긴장을 풀고, 편안하게 그날의 요리를 즐기면 된다. 그리고 중국계통의 사람들은 만들어져 나오는 음식 자체에 의미를 두므로 그릇이나 격식은 그다지 따지지는 않는다. 그러나 여러 사람이 같이 식사를 한다면 가운데 놓여진 요리에서 자기가 먹고 싶은 양만큼 떠서 자기 앞에 놓여진 작은 접시에 덜어 먹는 것이 좋다. 이때 자기가 좋아하는 것(특히 새우나 전복,

해삼, 고기 등)만 골라서 덜어 먹는 것은 다른 사람의 즐거운 식사를 방해하는 것이므로 주의해야 한다.

만약 공식적인 좌석에 초대되어 간다면 다음 사항을 기억하는 것이 좋다. 둥근 테이블을 사이에 두고 정(正), 부(副) 주빈(主賓)이 마주 앉게 되며, 정(正)주빈의 오른쪽에 첫째 손님, 부(副)주빈의 오른쪽에 두 번째 손님, 정(正)주빈의 왼쪽에 세 번째 손님, 부(副)주빈의 왼쪽에 네 번째 손님이 앉는 것이 일반적이다. 중국계통 사람들은 대화를 즐기므로 식사 중에 이야기를 나누는 것은 실례가 아니지만, 음식을 입에 넣고 이야기하는 것은 삼가는 것이 좋다. 그리고 이들은 다른 사람들을 접대하기 좋아하므로 권하는 대로 음식을 먹거나 술을 마시면 실수할 수 있으므로 주의하여야 한다.

식사가 끝나고 계산을 하고자 한다면 웨이터를 불러서 '마이딴(埋單)' 또는 'check'이라고 하거나, 손으로 펜을 쥐고 쓰는 행동을 하면 알아서 계산서를 가져 온다. 레스토랑에 따라서 개인 팁(tip)을 주여야 할 경우가 있는데, 계산서에 봉사료(service charge or tip)가 포함되어 있지 않다면 10%의 팁을 주는 것이 좋다.

5) 유명 레스토랑

(1) 香港仔(Aberden)의 레스토랑

에버딘이라고 하면 뭐니뭐니해도 수상레스토랑으로 유명한 곳으로 육지에서는 삼판선이라는 배를 타고 건너가게 된다. 해가 지면 화려한 중국식 라이딩으로 고객을 맞으러 온다. 에버딘에 떠 있는 유명 레스토랑은 젼바오하이시엔팡, 타이바이하이시엔팡, 하이지아오황꿍의 3곳으로, 이름으로도 알 수 있는 것처럼 해산물요리(seafood) 전문레스토랑이다.

(2) 사천요리 전문음식점(쟈닝찬차이관)

빅토리아 공원의 바로 가까이 加寧街(쟈닝지에)에 면해 있는 加寧川茶館(쟈닝차이관)은 약간 사치스런 식사를 할 때 알맞은 곳으로 맛과 종업원의 서비스가 인상적인 곳이다.

(3) 상해요리의 一品香茶館(이핀샹차이관)

홍콩사람들이 상해요리라면 반드시 이곳을 추천할 만큼 맛이 뛰어난 음식점으로 자신이 직접 음식을 선택하는 셀프서비스 방식이며, 특히 이 집의 상해국수는 굵고 쫄깃쫄깃하여 씹는 맛이 탁월하다.

(4) 아시아의 별미를 즐길 수 있는 곳 - 구룡반도

구룡반도는 수년간에 걸쳐 상업지역에서 주거지역으로, 그리고 오늘날에 이르러서는 아시아 각국의 요리는 물론 국제요리들을 즐길 수 있는 먹거리 구역으로 변형되어 각광을 받는 곳이다. 값싸고 맛있는 음식을 맘껏 즐길 수 있는 곳으로 다양한 동남아시아 요리, 광동요리, 조주요리 및 전통 중국음식들을 맛볼 수 있는 곳으로 유명하다.

(5) Sze Chueng Lau

구룡반도에 위치한 중국식 사천요리 전문음식점으로 약 260명을 수용할 수 있는 규모로 라조기, 탕수생선, 마파두부 등 다양한 음식이 있다.

(6) 북해어촌

구룡반도에 위치하며 약 360명을 수용할 수 있는 광동요리 전문점으로 딤섬 6종류와 중국식 빈대떡말이, 볶음국수 등 다양하다.

(7) 죽(粥) 전문음식점 창지(强記)

음식을 즐기는 홍콩인들 가운데에는 죽을 먹으러 멀리까지 가는 사람들도 있는데, 그러한 죽을 좋아하는 사람이 많이 모이는 가게가 신계에 있는 [强記(창지]이다. 메뉴로는 피딴러우피엔저우(피탕과 다진 고기죽), 지아오지아오치우(생선저민완자죽), 위피엔티엔지저우(생선과 개구리의 죽) 등이 있다.

(8) 세계에서 가장 큰 수상 레스토랑 '점보(JUMBO)'

중국 황실의 모양을 그대로 본을 따 만든 수상 레스토랑 점보는 세계에서 가장 큰 수상 레스토랑으로 유명하다. 3,200백만 홍콩달러를 들여 4년간에 걸쳐 만들어진 이 레스토랑은 특히 밤이 되면 수많은 전구와 불빛이 바다에 비추어져 더욱 아름다운 장관을 연출한다. 애버딘 타이푼 쉘터(Typhoon Shelter)와 버스터미널로부터 점보 레스토랑까지 삼판선이 운행되고 있으므로 레스토랑을 이용할 경우에는 이 무료 셔틀버스를 이용하면 된다(오후 5시 30분부터 9시 30분까지 20~25분 간격). 중앙의 점보 레스토랑을 중심으로 오른쪽에는 타이팍 레스토랑, 왼쪽에는 시플레이스 레스토랑이 연결되어 있으며 광동식 요리와 해산물을 주메뉴로 하고 있다. 또 레스토랑 안에서는 유료이지만 중국 황제복과 황후복을 입고 기념촬영을 할 수도 있다.

6.2. 싱가포르…관광의 천국, 음식의 천국, 남국의 낭만

1) 싱가포르 음식의 특징

관광 천국 싱가포르의 또 다른 모습은 음식 천국(天國)인데, 산해진미(山海珍味)의 요리에서부터 길모퉁이의 호커 센터에 이르기까지 다양하고 색다른 요리가 존재하는 곳이 바로 이곳 싱가포르이다. 동서양의 문화가 서로 충돌하고 융합해 가는 지리적인 조건을 갖춘 이 작은 섬나라는 요리 또한 동서양의 진미와 더불어 독특한 자신들만의 요리까지 없는 것이 없는 요리의 천국이 되어 버린 것이다. 오래 동안 서구의 문화 안에서 발전해온 동양의 요리는 서양의 요리와 주변의 요리가 조화를 이뤄 나름의 독특한 요리까지 다양하게 발전해 나올 수 있는 바탕을 마련했다. 싱가포르 사람들이 간직하고 있는 음식 문화를 보면 그들의 문화를 단편적이나마 알 수 있는 계기가 될 수 있는 것도 그 같은 이유라 하겠다.

2) 싱가포르의 대표적 음식

(1) 락사(Laksa)

말레이 음식에서 유래한 음식으로 조금 굵직한 쌀 국수나 쌀 버미첼리(스파게티보다 가는 국수)와 콩나물, 얇게 저민 어묵, 그리고 새우를 듬뿍 넣고 양념을 한 고기국물에 코코넛 밀크를 넣어서 만든다. 그 국물은 약간 걸쭉하면서 구수한 맛으로 한국 사람 입맛에 잘 맞는다. 이 지역을 여행하다 시장기를 느끼면 한 그릇 사먹어 보는 것도 좋은데 일반적으로 값도 저렴해 3~5달러면 맛을 볼 수 있다. 이를 파는 곳은 싱가포르의 음식센터(food center)나 음식 백화점 같이 여러 종류의 음식을 파는 곳에서 찾을 수 있다. 현지인들에게도 인기가 있는 음식이므로 쉽게 찾을 수 있는데, 그중 로파삿 페스티벌 마켓이 유명하다.

(2) 바쿠테(Bak Kut T-eh)

이 이름을 그대로 번역하면 '돼지 뼈 국'으로 돼지갈비를 푹 고아 국물을 낸 맑은 곰국이다. 아침식사나 밤참으로 인기 있는 음식으로 한국 사람들 입맛에도 잘 맞는다. 특히, 술 마시고 난 다음 날 아침에 해장국으로 이것을 먹으면 청진동 해장국 집에서 해장국을 먹을 때처럼 속이 개운하고 편해지는 것을 느낄 수 있다. 국물도 구수하고 고기도 연해 먹기도 편하며 빨간색이 감도는 칠리 소스나 소야소스를 더해 먹으면 그야 말로 감칠맛 나는 음식이 된다. 길거리의 호커음식점이나 작은 음식 백화점 같은 데서 쉽게 찾을 수 있는데 값은 3~5달러면 충분하다.

(3) 미 고랭(Mee Goreng)

인도식 튀김국수로 밀가루 국수와 삶은 감자 후라이드두부, 콩나물, 토마토, 완두콩, 달걀 등이 재료이다. 싱가포르에서는 인기 있는 요리의 한가지로 부담없이 먹을 수 있고 국수가 깔끔한 맛을 준다. 막 요리를 끝내고 접시에 듬뿍 담아주면 먹음직스럽다.

(4) 나시 레막(Nasi Lemak)

인기 있는 말레이음식으로 쌀을 코코넛 밀크와 함께 요리를 한 것으로 튀긴 생선과 오믈렛 슬라이스 그리고 오이 썬 것을 곁들여 칠리 파스타나이칸 빌리스와 함께 먹는다.

(5) 로작(Rojak)

인도네시아 스타일의 샐러드를 중국식으로 이름 붙인 것으로 얌 빈과 오이, 콩나물, 파인애플, 채소, 땅콩 갈아 놓은 것, 새우 파스타를 함께 먹는다. 약간 낯선 맛이지만 구수한 느낌이 든다.

해산물요리(seafood)

싱가포르에서 해산물 요리를 빼놓을 수 없으며 남국의 이점을 최대한 살린 해산물은 맛과 신선함에 있어 최고 수준이다. 풍성한 해산물은 탁자 위에 놓으면 벌써 입안에 군침이 돌아 나오는 것을 느낄 수 있다.

칠리 크렙(Chilli Crabs)

싱가포르에서 가장 인기 있는 게요리를 손꼽으라면 단연 '칠리 크렙'이다. 이곳에서 나는 게는 크기도 크기이지만 맛이 좋기로 유명하다. 단맛이 나는 싱싱한 게를 붉은 칠리와 마늘, 생강 등을 넣은 소스와 더불어 함께 볶으면 구수한 향과 더불어 감칠맛 나는 붉은 색의 칠리 게 요리가 완성된다. 물론 한국 사람들처럼 매운 것을 좋아하는 사람들은 칠리의 양을 좀 더 넣은 기호에 맞게 요리 할 수도 있다. 그 맛은 우선 한입 배어 물고 쭉 그 즙을 빨아먹고, 달착지근한 게의 속살을 빼어 먹으면 그 진미를 혀끝에서부터 즐길 수 있다. 이 양념에 게 대신 새우를 넣으면 칠리 새우 요리가 되는데 역시 맛이 일품이다. 물론 이 게 요리는 일류 음식점이나 길거리의 호커에서도 찾을 수 있는데 게의 신선도가 중요하므로 잘 보고 고르는 것이 중요하다. 싱가포르의 해산물은 동남아 각지에서 내놓으라 하는 특산물들이 모두 모인 것이다. 큰 게(crab)는 스리랑카와 인도네시아 산, 대만의 차가운 바다 밑에서 잡아 온 물고기, 태국에서 온 바다 가재들이 일류 레스토랑의 수조에서 살아 있는 채로 식도락가들의 선택을 기다리고 있다. 이들 해산물은 싱가포르의 독특한 요리법으로 조리하는데 중국 곡주로 비린내를 없애고, 살을 연하게 하며 칠리 핫 소스로 양념을 두르거나 기름에 튀기고 또는 후추와 블랙 소스로 맛을 내기도 한다. 또, 대부분의 레스토랑은 바비큐 시설을 해 놓아 숯불로 양념한 해산물을 구워 먹도록 해준다.

3) 싱가포르에서의 식사예절

싱가포르에서 '식사'라는 개념은 '단순히 음식을 먹는다'라는 행위를 지칭하기보다는 공동체의 확인과 공동의식이라고 할 수 있다. 첫째 싱가포르에서 식사를 할 때에는 손을 직접 음식물에 대는 것은 삼가는 것이 좋다. 일반적으로 인도, 말레이시아 그리고 해안가 중국인들의 경우 음식을 손가락으로 집어 식사를 하는 것이 음식의 맛을 좋게 느끼게 해 준다고 믿고 있으나 싱가포르에서는 식사도구를 사용하는 것이 일반적이다.

인도나 말레이시아 계통의 경우, 자신의 오른 손의 손끝을 이용해 식사를 하며 왼손은 절대 이용하지 않으므로, 식사 전에는 반드시 손을 씻는 것이 예의일 뿐 아니라 위생에도 좋은 것이다. 보통 인도나 말레이레스토랑에 가면 음식이 나오기 전과 식사가 끝난 뒤에 웨이터가 따뜻한 물 한 그릇을 가져온다. 또, 커리 전문점이나 "바나나 잎새"요리 점에서는 손 닦는 그릇과 비누까지 제공한다. 그리고 깨끗하게 닦은 손이라 할지라도 남의 그릇이나 공동으로 먹는 그릇은 절대로 손을 대면 안 된다. 왼손은 그릇을 붙잡는 데에 이용하는 것이 전부이다.

중국 음식은 주로 젓가락을 사용하지만 많은 가정에서 포크와 수저를 사용하는 것이 일반화되어 가고 있다. 그렇지만 정식으로 식사를 하는 경우에 젓가락의 끝을 쪽쪽 빨거나 핥아먹는 것은 무례한 행동으로 받아 들여 진다. 젓가락을 이용할 때는 젓가락과 입이 닿는 것을 최소화 시켜야 한다. 또 수저를 사용할 경우 음식을 너무 많이 담아 입에 넘칠 정도로 게걸스럽게 식사하는 것도 피해야 할 식사예법이다.

4) 싱가포르의 하이라이트

(1) 나이트사파리(Night Safari)

나이트사파리에서는 야간에 펼쳐지는 동물의 세계를 직접 눈으로 볼 수 있다. 어둠이 깔린 야생의 초원에서 푸른 눈빛을 발산하는 동물들을 바라본다는 것은 짜릿한 즐거움이 있다. 산양과 멧돼지, 표범과 호랑이 등 마치 아프리카 밀림 속을 거닌 듯한 느낌이다. 세계 최초이자 유일한 나이트 사파리의 독특한 분위기를 체험해본다. 큰길을 따라 3.5km의 트램을 타고 가이드의 설명을 들으며 진행하거나 지도를 들고 작은 팀을 구성해 직접 땅을 밟고 정글 사이로 난 2.8km 보도 관광코스를 따라 걸으면서 야행성 동물들을 가까이 느껴 볼 수 있다.

(2) 말레이 빌리지(Malay Village)

2.2헥타르의 넓은 대지에 갖가지 시설이 들어선 이곳은 관광객들은 물론 현지인들에게도 인기가 높은 명소이다. 150명에 달하는 2개조의 공연팀이 다양한 프로그램으로 방문객들을 즐겁게 해주고 있다. 게이랑 세라이 39번 가에 있는 말레이 빌리지는 말레이의 전통을 가장 적나라하게 그리고 손쉽게 관광할 수 있도록 가꿔놓은 문화의 장이다. (주요 볼거리 : 상가사나 홀, 말레이 웨딩쇼, 레스토랑 테맨궁, 플로팅 해산물식당, 사테이 패러다이스, 캄풍 숍, 문화박물관, 라젠다판타지, 문시압둘라극장)

(3) 레플즈호텔(Raffles Hotel)

레플즈호텔은 싱가포르의 상징적 의미를 담고 있는 역사를 담고 있다. 매혹적인 '동양의 전설'이란 찬사 속에 1887년에 처음 문을 연 이 호텔은 모두 104실의 스위트룸이 있어 전통과 품위를 나타내 주는데, 각 객실은 넓은 공간의 거실을 갖고 있고 침실, 탈의실, 욕조가 구비되어 있다. 14피트 높이의 몰드 천장과 천장 선풍기, 나무판바닥, 동양식 카페트 그리고 고풍스런 이미지와 분위기를 풍겨주는 소품들로 장식되어 있어 이 곳의 객실 손님은 옛 귀족의 생활양식을 그대로 느낄 수 있다. 1930년대에는 세계적인 유명작가와 저널리스트들이 즐겨 찾아오는 명소가 되었다. 레플즈호텔 박물관은 이 여행의 황금시대였던 1880년대부터 1930년대까지의 유물과 당시의 역사적인 사실들을 보존해 놓은 장소이다.

(4) 클락키(Clarke Quay)

싱가포르의 로맨틱한 분위기가 무르익는 저녁 시간이면 클락키의 매력이 더욱 빛이 난다. 흥겨운 이야기 마당이 벌어지고 삼삼오오 몰려든 연인과 친구가족들이 저마다 즐거운 시간으로 빨려 들어가기 때문이다. 갖가지 요리를 즐길 수 있고 다양한 선물과 물건을 구입할 수도 있고 분위기 좋은 선술집에서 마음 맞는 친구들과 이야기꽃을 피울 수도 있다. 또 클락키 어드벤처에서는 싱가포르의 어제와 오늘을 흥미롭게 꾸며 놓은 지하수로를 따라 가면 싱가포르의 변천사를 한 눈에 볼 수 있다. 싱가포르 강을 끼고 마치 작은 영화촬영 세트 마을을 연상케 하는 이곳의 절정기는 석양 무렵부터 한밤중까지 지속된다. 직장을 마친 회사원들과 학생들 그리고 해외 각지에서 방문한 사람들이 마치 인종 박물관을 연상케 하면서 색다른 낭만과 즐거움을 선사한다. 이 곳에서는 갖가지 레스토랑, 펍, 상가, 음식센터, 과일, 채소마켓, 가든과 도보거리, 테마라이드 등 다양한 즐길거리들이 있다.

(5) 포트케닝파크(Fort Canning Park)

포트케닝이 역사에 등장하기 시작한 것은 14세기부터이며 이곳은 말레이시아 왕국이 자리를 잡았던 언덕이었다. 레플즈경은 1822년에 이곳에 식물원을 세웠고 19세기 중반까지 영국 총독의 관저로 이용돼 이 언덕은 '거버먼트 힐'로 불렸다. 그러다가 1860년대에 이르러 식민정부는 이 언덕을 요새로 전환하면서 비스카운트조지 케닝요새로 명명해 이때로부터 100여 년이 지난 1970년대까지 케닝요새로 군 기지로서의 역할을 담당하게 된다. 그 동안 이곳은 영국군, 일본군, 다시 싱가포르 정부군에 이르기까지 군 요새로서의 중요한 위치를 점하고 있었다. 오늘날에는 케닝요새공원으로 변신을 거듭해 고요하면서 편안한 그린 오아시스로 찾는 이들에게 옛스러움과 자연 그리고 유적지로서 도시국가 싱가포르의 또 다른 멋을 전해주는 색다르고 독특한 장소로 알려져 오고 있다.

(6) 이미지 오브 싱가포르(Images of the Singapore)

싱가포르의 과거로부터 현재를 한눈에 볼 수 있는 싱가포르 관광의 백미인 장소이다. 각 주제별로 구역이 나뉘어 있는 이곳은 첨단기법과 애니메이션으로 생생한 느낌을 전해 준다. 각 구역의 내용을 살펴보면, '싱가포르의 개척자', '항복의 방', '싱가포르의 축제', '하나의 꿈, 하나의 싱가포르', '싱가포르의 역사'로 나뉘어 싱가포르의 어제와 오늘을 일목요연하게 보여 준다.

(7) 볼케노 랜드(VolcanoLand)

전설 같은 마야의 화산마을을 그대로 재현해 놓은 곳으로 고대 마야인들이 볼케노랜드라고 불렀던 이 전설의 도시는 프로스페로 산 화산폭발로 형성된 것을 실물과 흡사하게 인공으로 만들어 놓은 인공의 화산마을이다. 화산내부의 $352m^2$의 넓은 방과 $319m^2$의 동굴, 그리고 $109m^2$의 식음료장 그리고 $2247m^2$의 주제거리, $556m^2$의 외부테라스로 구성되어 있어 실제 탐험의 맛을 느껴 볼 수 있다.

5) 싱가포르의 유명 레스토랑

해가 뉘엿뉘엿 질 무렵 싱가포르의 거리에는 남국의 도시답게 편안한 휴식이 찾아온다. 그리고 따뜻한 전등불 아래로 선남선녀들이 아름다운 젊음을 이야기하기 위해 모여드는 도시 한 가운데에서 푸른 잔디 위로 고풍 어린 성당의 뾰족 지붕이 왠지 걸음을 이끈다. 이 곳은 본래 성당이 자리하던 곳으로 차임스(CHIJMES : Convent of the Holy Infant Jesus)로 불리고 있는데, 싱가포르 관광 진흥청에서 관광지로 개발하면서 독특하고 분위기 있는 명소로 등장하게 됐다. 위치는 브라스 바사 로드와 빅토리아 스트리트, 노스 브리지 로드로 연결되는 디귿 자 모양의 공간에 자리하고 있다.

차임스의 특징은 다양하고 독특한 레스토랑들이 밀집해 있어 어느 때나 자신의 취향에 맞는 음식을 맛볼 수 있고, 또 한가지씩 그 멋과 맛을 음미하면서 식당가 투어를 할 수 있다는 점이다. 이 곳의 레스토랑들은 유럽과 미주의 유명한 레스토랑

체인에서부터 자신들만의 고유한 음식솜씨로 단골 고객들을 끌어드리고 있는 곳이 많다. 왠지 이 곳에 들어서면 포근함과 평화로움이 느껴지는 분위기 때문에 싱가포르 청춘남녀들도 즐겨 찾는 명소가 되어 가고 있는 곳이기도 하다. 그래서, 마치 도시 속의 쉼터처럼 편안한 마음으로 오후의 한때를 즐기고 또는 연인끼리 모여 주말을 보내기에 적당한 장소이다.

(1) 레이 가든 레스토랑(Lei garden restaurant)

광동요리로 명성 있는 이 식당은 2개 층에 걸쳐 250석의 좌석을 확보하고 있고 90년대식의 모던하고 편안한 분위기를 연출한다. 11개의 프라이빗 룸이 마련되어 있는데 각 룸마다 프라이빗 발코니를 갖고 있어 경관이 좋으며 엘레강스한 느낌과 전망이 좋다.

(2) 스타 레스토랑과 카페(start restaurant & cafe)

미국의 샌프란시스코의 스타 레스토랑을 그대로 옮겨 놓은 듯한 분위기로 젊은 연인들에게 특히 인기가 있다. 현대적인 캘리포니아식 분위기와 전통적인 차임스의 분위기가 알맞게 조화를 이루고 있어 느낌이 좋은 곳이다.

(3) 그라파스(Grapp`s)

홍콩에서 80년에 시작해 캘리포니아-이태리 음식의 일가를 이룬 명가로 투스카니의 원조로 이를 국제적인 요리로 발전시켜 저력 있는 레스토랑으로 알려져 있는데 그 싱가포르 점이 바로 이 곳이다. 테라코타 타일과 기둥 그리고 홍콩 아티스트가 그린 벽화가 인상적이다. 옥내에 110석 옥외에 40석의 좌석이 마련되어 있다.

(4) 안젤로 카페바(Angelo Cafe-Bar)

차임스의 안젤로 카페 바는 엔젤스(아기 천사)의 형상으로 가득 메워져 있다. 조각, 그림, 테이블, 세팅, 메뉴에서 그 모양을 볼 수 있고 수작업으로 그린 천장화가 볼 만하다. 안젤로에서는 알 프레스코와 건강식을 제공하며 호주와 이탈리안 스타일의 요리를 내놓는데 동양과 서양을 조화시킨 독특한 메뉴를 제공한다.

(5) 노마드 몽골리안 카페(Nomads Mongollian Cafe)

몽골리안 바비큐 레스토랑으로 고객들이 자신이 원하는 요리를 요리사에게 이야기하면 그대로 만들어 준다. 레스토랑 가운데에 그릴이 놓여 있고 주변에 뷔페식으로 다양한 음식이 마련되어 있어 식성에 맞게 음식을 맛볼 수 있다. 레스토랑은 현대식 몽고풍으로 장식되어 있고 실내에 65석, 옥외에 45석의 좌석이 마련되어 있다.

(6) 바비 루비노(Bobby Rubino)

싱가포르에서 가장 최근에 문을 연 갈비 전문음식점으로 샐러드와 수프, 샌드위치, 스테이크 등의 메뉴도 제공된다. 미국 내에 18개의 체인점이 있는 이 곳은 차임스 점이 아시아에서 처음으로 생긴 체인점이다. 1960년대 아트 데코로 단장돼 있고 182명까지 수용이 가능하며, 송아지 등 갈비가 유명한 메뉴이다.

(7) 타수 스시(Tatsu Sushi)

깔끔하고 아담한 일식 레스토랑으로 신선한 생선으로 만든 초밥이 일품이다. 스시바에 13석, 8석의 별실, 5개의 테이블에 좌석이 마련되어 있어 작지만 알찬 모습을 하고 있다.

(8) 가이드북에 없는 뒷골목 명소

① 블루진저(Blue Ginger)

탄종파가르(Tanjong Pagar)거리의 페라나칸 식당. 유부에 싼 돼지고기 '노형', 카레소스로 맛을 낸 닭고기 '아얌 팡강', 그리고 딤섬을 닮은 '쿠에피티'를 추천할 만 하다. 냄새 고약하기로 소문난 과일 두리안 빙수도 맛본다.

② 맥스웰 푸드하우스(Maxwell food House)

차이나타운 끝으로 다양하고 저렴한 현지 음식을 즐길 수 있는 곳이다.

③ 치킨하우스(鷄之家)

아웃램로드(Outram road) 247 번지. 하이나치킨과 닭기름으로 만든 볶음밥이 매우 유명하며 현지인들이 즐겨 찾는 맛집이다.

④ 미스치버스 바(Mischivious Bar)

탄종파가르거리에 위치한 곳이며 필리핀 그룹의 음악과 생맥주를 즐길 수 있는 곳이다.

⑤ 림치관(Lim Chee Guan : 林志源)

차이나타운 깊숙이 숨은 '훈제 돼지고기' 파는 곳인데 술안주, 심심풀이로 정말 맛있다. 매우 작은 가게인데 손님이 홀러 넘친다. 귀국할 때 꼭 사들고 올 만한 품목 중에 하나이다. 203 New Bridge Road에 있어 찾기 쉽지 않다.

⑥ 포르토피노(Portofino)

클락키(Clarke Quay)에 있는 이탈리안 레스토랑으로 맛, 분위기가 수준급이며 가격은 저렴하다. 둘이라면 수프는 하나만 시켜야 될 정도이다.

⑦ 차임스(Chijmes)

래플스시티(Raffles city) 건너 스탬퍼드(Stamford) 거리와 노스브리지(North Bridge) 거리가 만나는 지점에 위치해 있으며 쇼핑부터 요리까지 모두 '우아하게' 즐길 수 있다.

⑧ 롱바(Long Bar)

싱가포르 최고급 호텔 래플스(Raffles)에 있는 술집으로 이곳에서 싱가포르슬링 한 잔 시켜놓고 분위기 내보는 것도 싱가폴에서 즐길 수 있는 하나의 멋이다.

그 외에도 특색 있는 레스토랑들이 길손들의 발길을 잡아끄는데 아침 식사나 스낵류를 제공하는 로웰스 컨트리 카페, 와인 전문점인 보네 산테, 아일리쉬 펍인 파더 프레나간스 아일리쉬 펍, 일본식 사케를 맛볼 수 있는 미겐 일 식당, 홈 스타일 카페테리 아인 카페, 앤 테테 아 테테 등도 차임스의 분위기를 독특하게 만들어 주고 있다.

여자가 즐거운 도시-싱가포르

하루는 섹시한 원피스를 입고 래플스호텔 롱바(Long Bar)를 찾아간다. 싱가폴슬링 한 잔, 이 빨간 칵테일이 처음 탄생한 이곳에서 생음악을 음미한다. 안주로 나온 땅콩 껍질은 반드시 바닥에 버린다. 롱바 전통이다. 여기가 싱가포르 최후의 호랑이가 잡혀 죽은 곳이라는 것도 생각하자. 이렇게 번화한 도시가 100년도 안된 과거에는 밀림이었다.

하루는 몸에 꽉 붙는 블루진과 샌들을 신고 차임스(Chijmes) 노천카페로 간다. 그 옛날 수녀원 학교가 앤티크와 화장품과 패션 상점과 레스토랑 가득한 낭만적인 공간으로 변했다. 그곳 중정(中庭)에 앉아 오늘을 계획한다. 쇼핑? 아니면 주롱새공원에서 플라멩고의 춤을 보며 점심을? 보타닉 가든은 어떨까. 몇 년 전 700만명째 싱가포르 방문객이 한국여자였다던데, 그 여자 이름을 붙인 난초가 있다면서?

그리고 그녀들은 그날 탄종 파가르 거리의 페라나칸(싱가포르식 요리) 식당 블루진저에서 '배터지게' 먹었다. 창문마다 목재 셔터가 쳐진 근대 중국 거리를 보존해 놓은 탄종 파가르거리를 몇 번이나 쏘다녔는지 모른다.

- 점심은 포장마차에서...

다음날 느지막이 일어난 그녀들, 차이나타운 끝 맥스웰 푸드하우스에서 군것질을 했다. 여기저기에서 밀려난 포장마차들이 한군데 모여 이룬 거대한 포장마차군(群)이다. 주머니 가벼운 사람들로 온통 바글바글하다. 그녀들은 그들과 함께 기름을 쏙 뺀 차가운 하이난(海南) 치킨 전문인 '티안티안(Tian Tian) 치킨'집에서 30분 동안 줄을 섰다.

저녁 무렵 dirks 동물원 '나이트 사파리(Night Safari)'에서 어린이처럼 놀아 본 뒤 뇌우(雷雨)를 맞으며 다시 롱바로 돌아와 싱가포르슬링을 홀짝였다. 가수들이 노래를 했다. "교육은 필요 없어, 사상 통제도 필요 없어…." 핑크 플로이드의 저항가 'Another brick in the wall'이다.

- 그래, 자유다 자유...

싱가포르관광청은 용감무쌍한 한국의 '그녀'들을 위해 따로 전용 가이드북을 만들었다. 조금은 특별하고 지독한 여행을 원하는 당신들에게 꼭 필요한 책이다. 이것저것 규제도 많아 싱가포르 사람들은 지루하다며 '싱가보어(SingaBore)'라 부르지만 패기만만한 한국 여성들에게는 즐길거리 천지다.

6.3. 몽골 ······ 초원의 주인 몽골!!!

1) 몽골의 식문화 이해

몽골이라는 말은 '용감한 자'를 뜻한다고 한다. 오랜 역사와 문화관계를 갖고 있는 한국과 몽골은 10년전에 수교가 이뤄져 교류가 활발해지고 있다.

중앙아시아 고원지대의 북쪽에 위치하고 있는 몽골의 면적은 156만 6,500평방미터로 세계에서 17번째로 큰 나라이며, 한반도 7배 크기의 국토 71%가 초원으로 이루어졌다. 그 험한 초원에서 그들은 농사를 지을 수가 없었고 1년에 3~4번 초원을 이동해야 하는 그들은 고기와 우유를 이용한 요리를 개발하고 발전시켰다.

몽골은 세계에서 육류를 가장 많이 먹는 국가 중 한 국가로써 부위마다 독특한 이름이 붙을 정도로 육류 음식이 발달하였다. 양을 보더라고 목은 "후주", 양목뼈는 "세르", 허벅지뼈는 "도드 처머그", 긴 네 개의 갈비뼈는 "언더르 하비락" 등 그 부위명이 매우 다양하다. 이 고기를 나누고 손질하는데는 엄격한 법도와 형식(남성만이 육류를 손질하고 요리함)이 있으며 사람들이 먹을 수 있는 부위가 각각 정해져 있다. 달(견갑골 부위)은 노인이나 지위가 매우 높은 사람, 아버지, 어머니가 먹을 수 있으며 오츠(엉덩이 부위)는 손님에게 먼저 주어진다. 특히 달은 노인과 어머니를 제외하고는 여성이 먹을 수 없는 부위이다. 이는 매우 강한 몽골의 가부장적 제도에 의한 것이다.

몽골에는 '말잔등에서 나라가 만들어진다.'라는 말이 있을 정도로 말을 귀중히 여긴다. 이는 척박한 자연을 지배하여 식음료 가공업을 발전시킨 그들의 정신을 느낄 수 있는 말이다. 가축과 우유만으로 넉넉하게 살아갈 수 있는 몽골인. 그들은 자연과 함께 살아가는 방법을 찾아내고 만들어낸 사람들이다.

농사를 지을 수 없기 때문에 양념이 발달하지 않았는데 소금간도 매우 약하게 하는 편이다. 이것도 건조한 기후의 영향이다.

하지만 이런 몽골에서도 자유경제시장 체제로의 전환을 통해 많은 변화가 이뤄졌다. 몽골의 수도인 울란바토르는 인구 약 80만명으로 몽골 전체 인구의 1/3을 차지하고 있으며 자본주의화로 계속해서 많은 사람들이 도시로 몰려들고 있다. 거리에서는 특이하게 돈을 받고 가죽을 손질하는 사람들이 많이 보이며, 구두닦이는 요즈음에 매우 증가하고 있다.

수도 울란바트로에 달레에치 식료품 시장을 보면 몽골의 변화를 실감할 수 있다. 예전에는 매우 귀했던 야채, 과일이 싼 가격으로 외국에서 수입되고 있으며 외국의 식료품들이 시장을 차지하고 있다. 시장 내부 한 켠에 보면 유제품을 팔던 흔적을 볼 수 있다. 시장 한 켠에는 벽화로 유제품을 만들던 그림이 그려져 있고 작은 간판에 우름이라 씌여 있지만 그 곳은 외국 식료품이 차지하고 있으며 우름이나 아일락 등은 시장 밖에서 판매가 이뤄지고 있다. 그리고 몽골에서 현재 가장 인기 있는 식품이 햄과 소시지인데 소비량은 계속 늘어나고 있다. 몽골인들이 추위를 견디기 위해 기름기 있는 육류를 좋아한다는 것을 이용해 기름기를 많이 함유하고 있는 햄이 유행하고 있다.

솔롱고스(solongos)

몽골사람들은 한국을 '솔롱고스(solongos)'라고 부른다. '무지개'라는 뜻이다. 또한 한국에서는 많은 사람들이 몽골을 몽고라고 부른다. 몽고라는 말은 몽매하고 후진성을 면치 못한 종족이라는 뜻으로 중국사람들이 몽골을 비하하기 위해 지어낸 말이라고 한다. 우리도 몽골을 '몽골'이라 불러 줘야 할 것이다.

2) 몽골의 대표 음식

(1) 우유를 이용한 음식

① 스티챠이

몽골의 대표적 차로써 우유에 차를 부어 만든 것이다. 몽골이 중국을 침략한 이유가 차 때문이라는 학설이 있을 정도로 그들은 차를 매우 많이 마신다. 이는 건조한 초원의 기후에서 수분을 보호하기 위한 하나의 방법이다. 몽골에서는 아침식사나 점심식사라는 말이 따로 없고 '차를 한잔 마시자'라는 말이 있을 정도이며 아침·점심 식사로 스티챠이를 주식으로 먹는다. 스티챠이가 끓으면 먼저 초원의 신에게 먼저 바치는 것을 보면 우리와 매우 흡사하다.

② 아롤

이것은 우유를 이용한 쉬민아르히 술을 만든 후 남는 찌꺼기를 이용해 만든 것이다. 아르히 만들고 남은 찌꺼기를 자루에 담아 두면 물이 나온는데 이 물로 세수를 하는데 이는 매우 효과적인 화장품 역할(보습제)을 한다. 물이 빠지면 물컹한 덩어리가 남는데 이를 반죽해 만든 것이 몽골의 중요한 음식 중 하나인 아롤이다. 이는 치즈의 일종이다.

③ 보브

이는 과자 종류인데 스티챠이에 넣어서 같이 먹는다. 하지만 이것도 우유를 가공해 만든 음식이다.

④ 샬토스

샬토스는 우유를 가열 응고시킨 후 식히면서 다시 응고를 시킨 것인데 서양의 버터와 같은 것으로써 빵에 발라먹는다.

⑤ 우름

우유를 가열했다가 하루 식힌 것인데 어린이들이 매우 좋아한다. 서양의 생크림과 같은 맛을 낸다.

⑥ 타락

요구르트 일종으로써 몽골의 일상식이다. 매일 만들어낼 정도로 매우 많이 먹는 음식이다.

⑦ 바슬락

서양 치즈의 일종인데 이 몽골 음식이 유럽에 전해져서 치즈가 되었다는 학설이 있다.

(2) 육류를 이용한 음식

① 보독

몽골의 대표적인 육류 음식으로써 이는 몽골인들이 경조사가 있을 때마다 먹던 몽골의 전통음식이다. 이는 염소를 통째 요리하는 전통음식인데 겉가죽은 놔둔 체 안에서 뼈들을 정리하는 것이 특이하다. 작은 뼈는 실을 이용해서 몸밖으로 꺼낸다. 마디마디 작은 뼈를 가려낸 후에는 내장을 꺼내는 데 이 때 내장이 터지면 고기전체에 쓴맛이 베이기 때문에 조심해야 한다. 그 다음으로 매우 어려운 손질이 필요한데 이는 다리뼈를 분리해 내는 일이다. 다리 가죽에 흠집이 나지 않도록 해야 하는데, 고도의 기술이 필요하다. 그래서 대부분 경험이 많은 노인들이 손질을 하게 된다. 그런 후 몸을 안과 밖을 뒤집어서 손질을 하는데 이때 한 방울의 피도 아끼기 위해 밑에 천을 깐다. 손질한 염소를 다시 뒤집어서 그 안에 2시간 가량 달궈진 돌들을 가득 채워 익힌다. 여기에서 맛의 비결이 있는데 이런 조리 방법으로 구운 맛과 삶은 맛을 포함한 맛이 난다. 돌을 넣은 후에 외부에서 사온 파, 소금을 이용해서 만든 국물을 부어 넣는데 말고기 가죽 안에서 익은 그 국물은 정말 진국이다. 그래서 보독을 '국물을 마시기 위한 요리'라고 부르기도 한다. 그리고 염소고기를 바로 조리기구로도 이용한 그들의 기술에 놀라움을 금치 못한다.

김이 밖으로 나가지 못하도록 염소의 구멍을 돌로 막음질까지 하면서 막은 후 겉을 불로 태워 털을 모두 없앤다. 돌을 넣은 지 40여분이 지나면 모두 익는다. 배를 갈라 그 안에 있던 돌을 사람들에게 나눠주는데 이는 염소의 생명력이 돌에 불어넣어져 돌을 만지면 건강해진다는 그들의 믿음 때문이다. 그리고는 국물은 먼저 마시고 고기를 먹게 된다.

② 초스(순대)

우리나라의 순대가 몽골에서 유래했다는 것은 많이 알려진 것이다. 바로 초스에서 순대가 유래한 것인데 이는 대장에 피와 다른 내장을 섞어 넣어서 삶아낸 것이다. 물에는 소금간을 약하게 하게 된다.

③ 보르츠

1년에 3~4회 이동을 하는 몽골인들은 오래 보관할 수 있는 음식이 필요했다. 그 중에 하나가 보르츠인데 이는 일종의 육포로써 초겨울에 고기를 잡아 말려 봄에서 가을까지 이용한 음식이다. 몽골이 오랜 전쟁에서도 견딜 수 있었던 이유를 보르츠 때문이라고 보는 학자들도 있다.

④ 고릴테홀(칼국수)

보르츠를 끓여서 육수를 만들고 밀가루를 반죽하여 국수를 만들어 넣은 고기국물 칼국수이다. 이는 우리나라의 칼국수와 매우 흡사하지만 양념을 전혀 하지 않는 특징이 있다.

⑤ 트르고이토이 오츠

오츠는 양의 볼기살을 말하는데 '트르고이토이 오츠'라 함은 '머리를 얹은 볼기살'이라는 말이다. 고기에 소금만을 양념해서 삶은 것인데 살아있는 형상으로 음식을 장식하고 마지막으로 머리를 얹는다. 이는 손님에게 양 한 마리를 모두 바친다는 존중의 의미를 갖고 있다. 요리가 되면 불의 신에게 먼저 고기를 바치고 두 번째는 개에게 고기를 준다. 그 다음으로 사람이 먹을 수 있는 것이다.

⑥ 샤브샤브

샤브샤브란 옛날 몽고병사들이 전쟁터에서 큰 가마솥을 걸고 얇게 썬 고기와 야채를 끓는 물에 살짝 데쳐 먹던 것이 유래된 요리로서 현대에 와서는 그 독특한 조리방법으로 익혀서 먹는 요리로서는 가장 천연상태에 가까운 맛과 영양을 지닌 고단백 저칼로리의 건강식품으로 각광받고 있다.

3) 몽골의 술

(1) 아일락

아일락은 우유를 이용해 만든 술이다. 우유를 짜서 큰 통에 넣고 막대기로 2,000~3,000번을 저어 만든 술인데 시큼한 맛이 나는 것이 특징이다. 알코올 도수는 약 3도로 약한 술이다. 아일락은 만들면 첫잔을 가장에게 먼저 바치게 된다. 말의 우유를 이용한 아일락은 마유주라 부른다. 말젖의 양은 매우 작은데다가 말이 민감하여 우유를 짤 때에는 새끼에게 우유를 주는 척 하다가 바로 우유를 짜는 기술을 갖고 있다.

(2) 쉬민아르히

아일락을 이용한 술로써 우리나라 소주를 만드는 방식과 유사하게 만드는데 바로 증류주이다. 알코올 도수는 약 40도로 우유에서 맑은 청주를 만들어 내는 몽골인의 능력에 감탄을 하게 된다.

인간을 위한 영혼이 깃든 고비사막

어떤 시인은 "사막은 단순한 지구의 육체가 아니라 지구의 정신과 영혼의 모습인 것 같다."고 말한다.

이 시인은 최근 중국 서안에서 비행기로 돈황을 가면서 막막한 고비사막을 내려다보며 "사막에는 인간을 위한 그 어떤 영혼이 깃들어 있는 것 같다."고 했다.

땅덩이가 우리 한반도의 7배나 되는 몽골. 이곳의 동남쪽에 있는 고비사막은 1만피트 이상의 높이로 치솟은 구르반사이칸 산맥을 끼고 중국과 몽골의 국경을 따라 대략 5,000킬로미터의 길이로, 몽골의 대평원을 감싸며 길게 뻗어있다. 면적은 약 5백 30만 헥타르로 몽골 땅덩이의 21%에 해당한다. 수도인 울란바토르에서 국내선 비행기로 3시간쯤 가면, 고비사막에 도착할 수 있는데 깜짝 놀랄 일은 활주로가 없는 평지에 그대로 비행기가 착륙한다는 것이다. 그런데도 비행기 바퀴는 맨 땅인 흙 속에 빠지지 않는다. 그곳이 바로 고비사막이라 불리는 땅이기 때문이다.

중앙아시아의 유일한 거대한 사막, 고비는 모래색이 아닌 자갈이 많은 다갈색의 대지이다. 모든 사막이 그렇듯이 고비사막의 생태계는 해가 지날수록 수없이 변해 많은 희귀 동물들의 서식지가 되고 있다고 한다. 고비사막을 끝없이 달리다 보면 모래언덕 옆으로 붉은 절벽이 치솟아 있고, 대평원의 방목지에서 떼를 지어 모여 있는 양떼들, 아르갈리라고 불리는 구부러진 큰 뿔을 지닌 야생 양도 많이 볼 수 있다.

유목민들에게 4달러를 주고 낙타 또는 야생마를 타고 달리는 것도, 고비사막 특유의 관광코스다. 고비사막은 또 옛날의 유적들 중 공룡의 알과 뼈의 화석들로 가득한 보물 금고이기도 해, 1920년 후반에 발견된 공룡화석 박물관도 자리하고 있다.

특히 밤이 되면 수많은 별들과 은하수가 밤하늘에 장관을 이뤄, 문명 이전의 또 다른 세계를 느낄 수 있다.

세계의 요리와
유명 레스토랑

제7장

서양요리(I)
프랑스요리

7.1. 프랑스 음식의 형성

1) 프랑스 음식의 변천

고대 로마 문화의 영향으로 로마 요리의 영향을 많이 받은 것이 프랑스 요리의 출발점이다. 현재의 프랑스는 옛날 골 족이 살던 곳으로 골 족의 입맛은 거칠었으며, 또 그 후에 골에 이동해온 프랑스 족은 그대로 골 인의 음식법을 이어받았다. 그러나 고대 로마 요리의 영향은 피할 수 없는 것이어서, 그 땅의 산물로 고대 로마문화의 기술을 빌어 만들어낸 것이 프랑스 요리의 출발점이었다. 전쟁과 역경, 기근이 계속된 중세에는 프랑스 요리의 원형이라고 할 만한 것은 수도원이나 승원의 요리로 승려의 손을 떠나 그 지방 특유의 요리로 발전하게 되었다.

미각이 발달된 인종이었다는 것과 항상 더운 지역이며 비교적 광대하고 비옥한 토지에서 생산되는 풍부한 재료와 해산물, 그리고 요리에서 없어서는 안 될 좋은 술이 많은 것과 경제적인 여유 등의 요인들이 겹쳐서 프랑스 요리가 세계 2대 요리로 발달하는 계기가 되었다.

16세기 이탈리아 카트린 메디치가 앙리 4세에게 출가하면서 이탈리아 요리사를 데리고 왔는데, 그로부터 다양한 이탈리아 요리가 유입(특히 메디치가의 다양한 향신료)되고, 프랑스 궁중 요리사들에게 전수되면서 프랑스 요리는 비약적인 발전을 하였다. 궁중 요리는 연회를 베풀기를 좋아했던 루이 14세에 이르러서 다양한 음식으로 17, 18세기에 이르러서는 프랑스 요리의 완성기를 맞이하였다.

19세기로 접어들면서 요리사들이 지금의 레스토랑 형식의 음식점을 대중에게 개방함으로써 프랑스 요리가 비약적으로 발전하는 계기가 되었다. 특히 19세기에는 프랑스의 디저트는 전세계적으로 유명하였다. 식후에 후식으로 과일을 이용하고, 다양한 과일을 이용한 케익 종류의 전식(前食)과 후식(後食)이 발달하고, 아이스크림의 출현 이후에는 아이스크림 종류가 발달하고, 안티쵸크 브로콜리 양배추 같은 채소를 많이 이용하였다. 요리는 우선 맛이 중요하고, 그와 더불어 프랑스 요리에서는 아름답다고 할 수 있을 정도로 잘 꾸며진 식탁 위의 예술 같은 요리의 장식(decoration)으로도 유명하다.

프랑스 요리의 근대화를 이룩한 사람은 프랑스 요리의 진정한 창시자라고도 할 수 있는 Antoine Carem(19세기 초)이다. 그는 그가 알고 있는 요리에 관한 다양한 지식과 경험을 토대로 다양한 맛의 요리들을 잘 조합하고, 복잡한 요리들을 간소화하여 <요리 안내 Le Guide Culinaire>, <16세기 프랑스 요리의 예술 L'art de la cuisine francaise au XIXe siecle>, <빠리의 요리사 Le cuisinier parisien>등을 출판하여 요리를 근대화시켰으며 그 후 P. 옥타비에 의하여 현대화되었고, F. 푸앙에 의하여 완성되었으며, A. 에스코피에의 출현으로 지금까지의 프랑스 요리가 체계적으로 정리되었다.

2) 프랑스 요리의 특징

프랑스는 지중해와 대서양과 접하고 있어서 기후가 온화하고 농산물, 수산물이 모두 풍부하여 요리의 재료가 다양한 편이다. 그러한 재료를 충분히 살리는 한편 합리적인 고도의 기술을 구사하여 섬세한 맛의 요리를 만들어 내는 것이 프랑스 요리의 특징이기도 하다.

프랑스 제일의 특산물인 포도주(wine)는 요리와 관계가 깊으며 산지에 따라 맛,

빛깔, 향기 등이 다르고 종류가 다양하다. 일반적으로 백포도주(white wine)는 해산물요리에, 적포도주(red wine)는 육류요리에 어울리며 요리의 맛을 돋구고 부드럽게 하기 위한 조리용으로도 사용된다.

세계적으로 유명한 프랑스 요리로는 달팽이요리(Escarigo), 특수한 조건에서 사육한 거위의 간으로 조리한 포아그라(Foie Gras), 흑갈색의 송로버섯(바닷가 솔밭 모래 속에서 나는 버섯)으로 만든 트리풀(truffle)요리, 생굴요리 등이 있다.

고급 요리는 조리 기술이나 재료의 종류도 특별하지만 격조 높은 요리의 내용만큼 그릇의 선택이나 식탁의 조화를 찾는 테이블 문화가 큰 비중을 지닌 것도 특징이다. 프랑스 테이블 문화의 전통은 금은 세공, 도자기, 섬유 예술을 크게 발전시킨 요체이기도 하다. 프랑스 요리가 유명한 것은 좋은 식재료를 사용하여 만든 요리의 모양과 맛에서 비롯되었다. 그리고 순서를 갖춘 격식 있는 식사 매너도 한 몫을 차지하고 있는 것도 사실이다. 저녁 식사 초대에 나오는 메뉴가 8~10코스가 되고 시간은 보통 3~4시간이 소요된다. 코스별 순서에 따라 차려지는 프랑스 정찬 요리는 코스만큼이나 요리의 가짓수가 다양하고, 그 어울림 또한 독특하여 지금의 프랑스요리가 있게 만든 원동력이다.

그러나 프랑스 요리의 특색이 맛이 좋다는 것에만 있는 것은 아니다. 천혜의 자연 조건들이 더욱 풍부하고 다양한 음식을 탄생하게 했으며, 무엇보다도 식생활을 중요시하고 즐기다 보니 더욱 발전할 수 있었던 요인이 있었던 것이 아닌가 싶다. 식생활이 계절, 지방에 따라 또 행사의 내용에 따라 아주 다양하다는 것이 프랑스 요리의 특징이라 할 수 있다.

7.2. 프랑스의 대표적 음식

1) 거위간요리(포아그라)

포아그라(foie gras)는 캐비아(철갑상어알), 트러플(서양 송로버섯)과 함께 서양의 3대 진미 중 하나로 꼽히는 최고급 요리 재료이다. 프랑스어로 포아(foie)는 '간', 그라(gras)는 '기름지다'는 뜻으로 포아그라는 기름진 간을 말하며, 주로 가금류인 거위의 간을 말한다.

포아그라 산지로는 프랑스 남서쪽의 가스코뉴 지방과 동쪽의 알자스 지방이 유명하다. 오래 전 알자스 지방에 이주한 유대인들이 거위와 오리를 사육하면서 자연스럽게 다양한 푸오 그라 요리를 만들게 되었고, 그 기술이 남서부로 전해지게 되었다. 헝가리·폴란드·체코·벨기에 등지에서도 생산되며, 프랑스산만으로는 수요를 맞출 수 없어 이들 나라에서 생산된 제품이 서구로 많이 수출되고 있다.

포아그라는 기름지면서 부드럽고, 씹힐 듯하면서도 씹히지 않고 입에서 녹아드는 독특한 육질이 일품으로, 테린(terrine)이나 파테로 만들어 먹기도 하고 날 것 그대로 구워 먹기도 한다.

포아그라는 장거리 여행에 견딜 수 있도록 간에 영양을 충분히 비축해 놓는 철새의 습성을 이용, 오리와 거위를 특수한 방법으로 사육하여 인위적으로 지방간을 만든 것으로, 거위 포아그라를 얻기 위해서는 3~4개월 정도 자란 거위에게 필요 이상의 사료를 강제로 먹인다. 약 3주 동안 매일 양을 늘려가면서 하루에 4~5번씩 깔때기를 거위 입에 대고 옥수수를 억지로 밀어 넣는다. 요즘은 사료량을 자동으로 계산하는 기계를 이용해 먹이기도 한다. 넘치는 영양분은 간에 집적되어 간이 정도 이상으로 비대해지는데, 간의 무게가 1kg이 넘는 것도 있다.

포아그라의 품질은 사료와 사육 방법에 따라 달라지는데, 사료의 내용물과 구체적 사육 방법은 각 사육 농가의 비밀이라고 한다. 옥수수를 찌거나 물에 불린 후 식물성 기름과 비타민류 등을 첨가하는 것으로도 알려져 있으며, 항생제나 인체에 나쁜 영향을 주는 물질을 사용하는 것은 물론 금지되어 있다.

프랑스에서 1년 동안 생산되는 거위간은 약 600~700톤으로, 오리간은 거위간의 10배 이상으로 추정된다. 오리간에 비해 거위간이 더 부드럽고 섬세한 맛을 지니고 있으며, 장기 보관도 가능하다. 보통 전채 요리로 제공되는데, 오리간은 날 것을 바로 숯불에 구워 소금과 후춧가루를 뿌리는 것이 가장 간단하면서도 전통적인 조리 방법이다. 팬에 구운 오리간과 트러플을 넣은 소스가 나오는 에스칼로프 드 포아 그라(escalopes de foie gras)는 주 요리(main dish)로 많이 먹는다.

전문 식품점에서는 포아 그라 날 것을 파테나 테린으로 조리하여 손님이 필요한 양 만큼씩 잘라서 판다. 유명 식품점이나 식당들이 병이나 통조림으로 가공해 자체 상표로 만들어 파는 것들도 있어서 쉽게 구할 수 있다. 포아그라 전채에는 보르도의 소테른(sauternes), 알자스의 게뷔르츠트라미너 슈페틀레제(Gewuztraminer Spatlese) 등 약간 단맛이 나는 화이트 와인류나 샴페인이 잘 어울린다.

2) 달팽이요리(에스카르고)

에스카르고(Escarigo)는 더운 전채요리 중 하나인데 식용 달팽이 에스카르고로 만든 요리로, 에스카르고는 포도잎을 잘 먹기 때문에 와인 산지에서 쉽게 볼 수 있다. 특히 부르고뉴와 샹파뉴 지방에서 나는 동면 직전의 에스카르고가 기름기가 많고 살이 통통하여 맛이 좋다. 기원전부터 양식되었던 에스카르고는 고대 로마 시대에는 미식가들이 즐겨 먹었다고 하며, 고대 중국에서도 천자(天子)가 먹는 것이라 하여 귀하게 여겼다. 에스카르고는 음식 재료로는 패류로 취급되므로, 중세 때 수도사들은 금육제를 지켜야 하는 엄한 가톨릭 계율로 인해 금요일이나 사순절에만 먹었다고 한다.

15세기에 프랑스의 한 법관이 빈민 구제를 위해 자신의 영지를 포도밭으로 만들어 주민들에게 포도를 재배토록 하였다. 그런데 달팽이들이 포도잎을 갉아먹자 농민들이 직접 달팽이를 잡게 되었으며 그러다 보니 달팽이의 식용이 보편화되기 시작하였다. 일반인들은 18·19세기경부터 먹었는데, 당시에는 약효가 있다하여 약국에서도 팔았다고 한다. 달팽이의 점막에서 분비되는 뮤신은 수분을 유지시켜주고, 혈관·내장 등에 활기를 찾아준다.

에스카르고의 종류에는 구로 블랑(크고 흰색)이라는 지름 4cm 정도의 부르고뉴산과 남서부와 남부에서 나는 프티 구리(작고 회색)가 있다.

에스카르고 요리 중 가장 잘 알려진 것은 부르고뉴식 구이(escargots la bourguignonne)로, 밑 손질하여 익힌 살을 껍데기 속에 채워 넣고 향신 버터를 가득 채워서 오븐에 넣어 굽는다. 향신 버터는 소금, 후춧가루, 다진 마늘, 에샬로트, 파슬리 등을 넣어 고루 섞어서 만들므로 맛이 더욱 좋다. 프랑스의 시장이나 식품점에서는 아예 버터까지 채운 것을 팔고 있어 집에서 굽기만 하면 된다. 구울 때는 전용 접시(escargotiere)에 담아서 굽는데, 도자기나 스테인리스 강 또는 구리로 만든 것으로, 대개 한 접시에 6개를 얹을 수 있다.

버터가 녹아서 보글보글 끓을 때 오븐에서 꺼내어 뜨거울 때 바로 먹는데, 에스카르고의 오돌오돌 씹히는 감촉과 마늘과 버터의 톡 쏘는 향기가 특이하다. 먹을 때는 왼손으로는 '에스카르고 체르'라는 집게로 껍데기를 잡고, 오른손으로는 작은 포크로 살을 찍어서 돌리듯이 빼서 먹는다. 접시나 껍데기에 남은 버터는 빵을 찍어서 먹으면 좋다. 에스카르고는 소라 맛과 비슷한데 부르고뉴의 샤블리(chalis)화이트 와인이 잘 어울린다.

프랑스에는 에스카르고 요리의 종류가 20가지도 넘는데 보르도 지방의 북쪽 샤랑트 지역에서는 주로 수프나 조림으로, 프로방스 지방에서는 옷을 입혀서 기름에 튀기거나 부야베스(bouillabaisse)에 넣어 먹는다. 에스카르고에 샤블리 화이트 와인을 넣어 익힌 다음 껍데기에 담아 구운 요리(escargots au chablis)와 화이트 와인을 넣고 조린 요리(escargots au vin blanc)도 있다.

3)오뇽 그라티네 수프

냄비 국수와 같은 뜨거운 음식으로 잘게 썬 양파를 기름에 볶은 다음 쇠고기를 넣고, 구운 빵 조각을 띄운 후 치즈를 얹어서 끓여 내는데 출출할 때 요기감으로 적당하다.

4)쇠고기 포도주 찜

가정에서 흔히 만들어 먹는 보편적인 부르고뉴식 쇠고기 요리로 쇠고기를 홍당무, 양파, 샐러리, 표고버섯, 향신료와 함께 포도주에 버무려 은근히 찌는데, 부르고뉴산 포도주와 함께 먹는다.

5)생굴(oyster) 요리

가을 바람이 불기 시작하면 시내의 모든 음식점에 생굴이 등장한다. 생굴은 약간 비싼 전채요리이지만 우리 입맛에도 잘 맞는다. 크기는 대, 중, 소가 있으며, 작은 것일수록 비싸다. 한 접시에 보통 여섯 개인데, 9~12개까지 나오기도 한다. 레몬을 굴 위에 짜서 포크로 찍어 먹으면 된다.

6)해물 모듬

브르타뉴의 바다에서 나는 해물이 얼음 위에 듬뿍 올라 있는 호화로운 전채요리 로 굴, 조개, 소라, 게, 새우 등에 빵과 버터가 곁들여 나온다. 1인분을 두 사람이 나 누어 먹으면 적당한 양이며, 먹는 방식은 생굴과 같다.

7) 프랑스 지역별 요리

(1) 일 드 프랑스

역사적으로 유서 깊은 지역인 일 드 프랑스는 파리의 중앙이며 파리를 둘러싸고 있는 지역을 포함한다. 파리 지역의 고유한 요리는 상실되었지만 국가적인 차원에서 다양한 요리의 전시회장이라 할 수 있다. 유명한 요리로는 potage crecy, Homard a l'americaine, tarte au flan 등이 있고, 베샤멜 소스, 생 토노르, 크렘 샹티이 등이 파 리에서 발명된 것이다.

(2) 리옹, 부르고뉴

일 드 프랑스와 함께 리옹은 프랑스 미식 이론의 중심지로 여겨진다. 리옹 근처에 있 는 보졸레, 부르고뉴의 포도주가 유명하다. 또 하나 이곳의 유명한 것으로, 음식의 중요 재료로 쓰이는 버섯을 빼놓을 수가 없다. 이 버섯은 볶거나 크림을 넣어 요리한다.

돼지고기의 명성 또한 빼놓을 수 없을 것이며, 소의 위막으로 아주 맛있는 요리를 만드는데, 그 이름은 타블리에 드 사푀르(tablier de sapeur)이며, 달단 소스, 베아른 소스를 끼얹어 철판에 구워 먹는다. 리옹의 수많은 후식 중 가장 유명한 것은 뷔뉴 (bugne)라는 튀김인데 아카시아와 야생 딸기의 꽃을 넣어 므랭그(meringue: 설탕과 계란 흰자로 만든 크림과자)로 만든 후식이다. 감자 요리로는 리오네 감자가 유명하 고 전통 요리로는 소시지(saucisson)가 있다.

(3) 노르망디

바다를 따라 쭉 위치해 있는 센 강의 하구인 르 아브르가 있으며, 이 지방 역시 요리의 기본 재료가 풍부한 곳으로 우유, 버터, 크림이 대량 생산된다. 농가의 양계, 오리가 유명하고, 새끼양, 암양의 살코기는 아주 부드럽고 돼지고기 역시 명성이 높다. 바다 생선으로 특히 맛있는 수프를 만들며 조개류와 갑각류는 다른 것과 비교할 수 없을 정도로 품질이 좋다. 브르타뉴와 마찬가지로 노르망디에서 인기 있는 음료수인 사과주는 수많은 요리의 기본 재료로 쓰이며, 여러 종류의 사과 주스로 만들어지는 그것은 크게 4종류로 구분된다.

-le cidre doux : 3도. 단맛이 강함, 후식과 잘 어울린다.

-le cidre brut : 4-5도. 고기와 잘 어울린다.

-le cidre sec et dem : 설탕을 넣지 않는다. 짠맛이 나는 모든 요리와 잘 어울린다.

-le cidre bouche : 일종의 거품이 이는 술로서 후식, 빵 종류와 잘 어울린다.

(4) 알자스

요리를 살펴보면 양배추 절임, 알자스산 돼지고기(훈제한 비계, 스트라스부르산 소시지 햄) 등이 유명하다. 또 다른 요리로는 간이 들어간 파이가 있는데, 이 요리는 콩타느(Contades) 원수의 전속 요리사인 장 피에르 클로즈가 발명한 요리이며 쇠고기를 간 후 여러 향신료와 간을 넣어 몰드에 채운 다음 익혀서 차게 먹는다. 개구리와 가제도 지방 특산물로 유명하고 송어, 연어도 품질이 우수하다.

알자스 전통 수프는 수프 아 비에르(soupe a biere), 고기 요리는 noisettes de Chevreil Saint-Hubert 등이 있고, 알자스 디저트는 아주 다양하지만 가장 유명한 쿠겔로프(kigelhoft)라는 왕관 모양의 빵인데 이것은 알자스 상징물 중 하나다.

(5) 브르타뉴

바다에서 나는 생산물이 풍부하여 멸치에서부터 가자미, 대구, 도미, 가오리, 참치 등이 쿠르 부용(court bouillon : 포도주와 후추로 만든 소스를 친 생선 요리)으로, 튀김으로 또는 철판에 굽거나 그라탱(gratin : 빵가루를 입혀 구운 요리) 등이 있다. 해산물로는 갑각류가 매우 유명하고 그 외에도 굴, 섭조개, 대합, 성게 등이 있다.

새끼양이 특히 많고, 그중 프레살레(pre-sale: 해변에서 기른 양고기)가 유명한데, 이는 조수가 밀려들 때 바닷물로 뒤덮인 목장에서 풀을 뜯는 양을 일컫는 말이다. 브르타뉴의 또 다른 전문 음식들로는 낭트 지방의 유명한 버터와 소금으로 간한 돼지고기 요리가 있다. 과일에서는 플루 가스텔(plou gastel)의 딸기를 빼놓을 수 없으며, 이는 리쾨르 술의 기본 재료로 사용된다. 브르타뉴의 위쪽 지방의 갈레트(galette: 빵 과자), 브르타뉴 서쪽 지방의 크레프는 메밀 가루, 황밀로 만들며 설탕 혹은 소금을 치고 속에는 초콜릿 등을 넣어서 굽는다.

(6) 랑그독

랑그독 지방처럼 올리브유가 요리의 기본 재료로 쓰이고 과일, 채소, 생선, 갑각류, 암양, 새끼 염소 등이 특히 중요하게 쓰이는 곳은 없을 것이다. 바지리크 피스투 수프를 만들기 위해서는 마늘 외에도 바지리크(꿀물과 박하 비슷한 식물)가 필요하다.

(7) 코르동 블뢰-치즈와 햄을 끼운 송아지고기요리

프랑스 식당 메뉴에서 자주 눈에 띄는 이 요리는 먼저 이름의 유래부터 알 필요가 있다. 16세기 말 프랑스의 왕 앙리 3세가 특별한 업적을 남긴 사람들을 위해 생에스프리(saint esprit:프랑스어로 '성령'이라는 뜻)라는 훈장을 제정했는데, 이후 이 상은 몇몇 요리사들에게도 수여되었다. 그중 한 요리사가 훈장받은 것을 기념하기 위해 송아지고기를 이용한 요리를 만들었으며, 훈장의 대명사처럼 쓰이던 'cordon bleu(프랑스어로 '푸른 띠'라는 뜻으로, 훈장의 띠가 푸른색이었음)'가 이 요리의 이름이 되었다.

송아지고기를 어른 손바닥만한 크기로 0.3~0.5cm 두께로 썰어 아래위에 치즈와 햄을 겹으로 포개고, 밀가루를 묻힌 다음 달걀 푼 것에 담갔다가 다시 튀김가루를 입혀 기름 팬에 지지는 것이 일반적인 조리법이다.

외국산 치즈도 많이 쓰이며, 햄도 날것과 익힌 것 등 레스토랑마다 들어가는 재료가 다를 수 있다. 치즈와 햄 외에도 버섯 등을 추가로 넣는 곳도 많다. 곁들여 나오는 레몬 조각은 즙을 내서 위에 뿌려 먹으면 맛이 더욱 좋다. 일반적으로 익힌 주머니콩이나 계절 야채가 같이 서브된다. 와인은 무겁지 않은 레드 와인도 괜찮고, 리슬링 화이트 와인도 나쁘지 않다.

(8) 파테와 테린-프랑스 전채 요리

프랑스의 전채 요리 가운데 카스텔라처럼 넓적이 썰어놓은 것을 가끔 볼 수 있다. 식품점에서도 통째로 또는 잘라서 무게를 달아 파는 이 음식은 파테라 부르는데, 어느 것은 테린(terrine)이라 부르기도 한다.

가금육이나 돼지의 간, 생선, 게살 등에 파트라는 밀가루 반죽을 입혀 오븐에 구워 낸 것을 파테라 부르고, 테린은 파트 없이 우묵한 그릇에 담아 형태를 만든 것을 말한다. 그러나 이제는 밀가루 반죽 없이 만들어도 파테라 하고, 밀가루 반죽을 입혀 만들어도 테린이라 하며 혼용해 쓰고 있다. 윗부분을 젤리로 덮은 것도 있는데, 이는 젤라틴을 육수에 녹인 다음 양념을 해서 파테나 테린 위해 뿌린 후 냉장고에 넣어 차갑게 굳힌 것이다.

파테나 테린은 전통적으로 프랑스 메뉴에서 빠지지 않는 요리였으며, 요즘도 정통 프랑스 식당에서는 적어도 한두 가지 정도는 메뉴에 넣고 있다.

(9) 지방의 특산요리

프랑스의 지방은 기후만큼이나 요리에서도 차이가 많은데, 북프랑스는 음식을 만들 때 생크림이나 우유, 버터 등의 유제품을 많이 사용하는 것이 특징이다. 특히 서북쪽에 위치한 노르망디(Normandie) 지방은 바닷가에 인접한 초원지역으로 바다와 가까워 해산물이 풍부하고 넓은 초원 곳곳에는 목장이 있어 유제품이 발달된 곳이다. 반면에 남프랑스에서는 매콤한 고추나 토마토 등을 많이 사용한다.

① 또마뜨 파르씨 (tomates farcies)

프랑스 동남부 지방인 프로방스(Provence)의 전통요리로 토마토의 윗 부분을 잘라 속을 파내고 돼지고기와 양파를 다져 채운 후, 오븐에 구운 것으로 맛과 함께 시각적인 효과도 뛰어나다.

② 물르 마리니에르 (moules marinires)

홍합을 백포도주에 찐 것으로 노르망디 지방의 전통음식으로 홍합을 국물 없이 바짝 졸여서 알맹이만 소스에 찍어먹는다.

③ 까비요 알-라 크렘 (cabillaud la cr me)

노르망디지방의 전통요리로 대구를 삶아내어 가시를 발라낸 다음, 생크림 소스를 얹어 먹는데, 부드러운 맛과 뛰어난 풍미로 각광을 받고 있는 대구찜 요리이다.

④ 슈크루트 (choucroute)

서양에서 배추를 구하기 힘들었던 1970년대 초반까지 이 슈크루트(choucrout)가 프랑스와 독일에 거주하는 우리 교포들에게 김치 대용물이 되기도 했다. 양배추를 소금에 절여 시큼한 맛이 나게 발효시킨 슈크루트에 고춧가루와 마늘, 돼지고기를 넣고 끓이면 그런 대로 근사한 김치 찌개가 됐던 것이다.

만드는 방법이 우리의 김치 담그는 것과 비슷한 슈크루트의 역사는 중세까지 거슬러 올라간다. 양배추를 장기 보관하는 방법이 알려지면서 농민들은 겨울에도 비타민을 섭취할 수 있게 되었으며, 이후 장거리 항로에 오르는 선원들에게도 빠질 수 없는 양식이 되었다.

발칸 지방에도 소금에 절인 야채를 먹는 오랜 전통이 있으나, 유럽 제일의 슈크루트 산지는 프랑스의 알자스 지방이다. 큰 것은 개당 5kg이 넘는 양배추를 얇게 채쳐 소금에 절인 뒤 커다란 나무통이나 도기에 넣은 다음 분량과 온도에 따라 몇 주 동안 발효시킨다. 씹히는 맛이 살아 있으며, 신맛이 적당하고 색깔이 밝을수록 좋은 품질로 친다.

슈크루트는 김치처럼 그대로 먹기도 하지만, 소금에 절인 훈제 돼지고기와 화이트 와인을 함께 넣고 맛이 잘 어울리도록 2~3시간 끓이는 것이 일반적인 조리법이다. 알자스식 슈크루트는 우선 낮은 냄비에 거위 기름을 녹여 잘게 썬 양파를 넣고 볶다가 물에 씻은 슈크루트를 넣고 고루 섞은 뒤 베이컨 덩어리와 두송 열매, 통후추, 정향 등을 넣고 알자스산 화이트 와인을 부은 다음 약한 불에서 2~3시간 끓인다. 얇게 썬 베이컨과 따로 삶은 소시지와 감자 등을 그 위에 얹어서 함께 먹는데, 드라이한 리스링 와인이나 맥주가 잘 어울린다.

⑤ 까술레 (cassoulet)

거위, 오리, 돼지고기 혹은 양고기와 흰콩을 넣어 만든 스튜요리의 일종으로 도기 그릇에 준비해서 먹는 남부 툴루즈(Toulouse) 지방의 전통음식이다.

⑥ 부야베스 (bouillabaisse)

부야베스는 프랑스 지중해 연안의 생선 수프로서, 아구·장어·오징어·돔 등 예전부터 그 지역 바닷가에서 쉽게 잡을 수 있던 고기들을 재료로 만든 요리이다. 특히 항구도시 마르세유(Marseille) 지방의 명물 요리로, 우리나라의 신선로, 태국의 도미찌개와 더불어 세계의 3대 찌개라 불리는 음식이다.

부야베스는 프랑스어로 '끓이다.'는 뜻의 'bouillir'와 '떨어져 내린' 것을 뜻하는 'baisse'가 합쳐진 말이다. 옛 어부들은 고기를 잡은 뒤 좋은 것은 내다 팔고, 상품 가치가 없는 것은 토마토·양파·마늘·페넬(fennel)·감자 등 흔히 구할 수 있는 재료들을 섞어 수프를 만들어 먹었다. 그래서인지 지금도 지중해에서 흔히 잡히는 생선으로 부야베스를 만들고 있다.

들어가는 재료나 조리 방법은 지역마다 조금씩 다르지만 강한 향을 내는 페넬과 마늘은 어느 지역이나 빠지지 않고 들어간다. 마르세유의 부야베스에는 적어도 대여섯 가지의 생선을 넣는 대신 조개류는 들어가지 않으며, 기름도 버터류는 넣지 않고 올리브 오일을 사용한다. 야채를 올리브 오일로 데치다가 살이 잘 풀어지지 않는 순서대로 생선을 넣고 끓인 다음 식탁에 낼 때는 수프와 생선을 따로 담아내며, 이때 마늘과 고추를 넣은 매콤한 소스와 마늘 페이스트 등을 양념으로 함께 내서 맛을 돋운다.

약간은 고급화하여 사프란 같은 향신료와 가재류를 넣기도 하는데, 같은 프랑스 지중해 연안이라도 지방마다 또는 음식점마다 맛이 상당히 다르다. 대서양 연안의 브르타뉴 지방에는 우리의 경상도식 추어탕처럼 아예 뼈까지 함께 푹 고아 나오고 살덩어리는 얼마 없는 부야베스도 있다. 그러나 정통 부야베스는 역시 지중해에서 잡히는 생선으로 만들어진 마르세유식 부야베스라 할 수 있다.

⑦ 뵈프 부르고뇽 (boeuf bourguignon)

부르고뉴 지방의 전통음식으로 약간 질긴 부르고뇽 고기를 먹기 좋게 잘라 당근, 양파 등의 야채를 넣고 푹 익힌 요리이다.

⑧ 앙트르꼬뜨 보르들레즈 (entrec te bordelaise)

보르도(Bordeaux)식 음식으로, 갈비뼈 사이의 쇠고기 요리인데 맛이 뛰어나다.

⑨ 라따뚜이으 (ratatouille)

프랑스 남쪽지방의 전통음식으로 호박, 가지, 양파, 피망 등 여러 가지 채소를 식물성 기름에 볶다가 토마토를 썰어 넣어 토마토 특유의 풍미가 느껴진다. 또한 채소를 볶다가 사이사이에 계란을 깨뜨려 넣거나 물을 첨가해 걸쭉하게 하기도 한다.

⑩ 크레프 오 프뤼 드 메르 (cr pes aux fruits de mer)

프랑스의 서쪽 부르타뉴 Bretagne 지방의 전통음식으로 우유와 계란, 밀가루 등을 섞어 종이처럼 얇게 부친 후 각종 해물을 싸서 먹는다. 갖가지 잼을 발라먹거나 초콜렛, 시럽 등을 발라먹기도 한다. 원래 롤(roll) 모양으로 만들어 먹지만 4등분으로 접어서 먹기도 한다. 접대할 때는 크레프를 놓고, 안에 넣어 먹을 재료를 따로 담아 내어 손님들이 직접 돌돌 말거나 접어서 먹는다. 이 때 나이프와 포크를 사용하거나, 그냥 손으로 집어먹기도 한다.

⑪ 퐁 뒤 (fondue)

마늘과 버찌술을 첨가한 백포도주에 치즈를 녹여(불어로 fondre는 "녹인다"의 뜻인데 여기서 음식이름 유래) 빵 혹은 감자를 찍어 먹는데 이때 감자는 한입에 넣을 수 있게 크기가 작은 것을 사용하며 빵도 감자크기 만하게 자른다. 눈이 많은 알프스 사보와(Savoie) 지방의 전통음식이다. 치즈를 녹이는 용기며 빵과 감자를 녹인 치즈에 찍어 먹기 위한 긴 퐁뒤용 집게도 흥미롭게 생겨 맛과 분위기를 고조시키는 데 한 몫을 한다.

⑫ 라뺑 오-시드르 (lapin au cidre)

사과주를 넣은 토끼고기 요리로, 사과가 많이 나는 노르망디지방의 음식이다.

⑬ 라뺑 오-프뤼노 (lapin aux pruneaux)

말린 자두를 넣은 토끼고기 요리로 북부지방의 전통음식이다.

8) 프랑스의 대중요리

(1) 꼬꼬뱅(coq au vin)

300여 년이나 내려오는 전통으로 일요일에 닭고기를 먹는 관습이 있다. 백년 전쟁 후에 가난에 찌들었던 프랑스가 어느 정도 경제재건에 성공했을 때, 당시 앙리 4세가 민정시찰을 나갔다가 백성들이 못 먹는 사실을 알게되었다. 그 후 모든 프랑스 백성들이 일요일만큼은 닭고기를 먹을 수 있게 하라고 명하였다.

꼬꼬뱅은 프랑스 농가의 마당에서 키우던 닭을 잡아서 그 마을에서 생산되는 와인을 넣어 졸인 소박한 음식이다. 프랑스어로 코크(챕)는 '수탉'을 뜻하나 실제는 암탉, 수탉 가리지 않고 영계를 일컫는 말로 쓰인다. 보졸레나 부리고 뉴 레드 와인, 양파·마늘·토마토·햄·버섯·셀러리·월계수잎 등을 넣고 끓인 것으로 원래 고급 음식은 아니다. 그러나 최상급의 브레스 닭(Volaille de Bresse)으로 만든다면 그 값이 몇 곱절 비싸질 수 있다.

브레스 닭은 리용의 북동쪽에 있는 브레스 지방에서 생산되는 세계 최고급의 닭으로, 프랑스뿐 아니라 유럽 전역에서 그 명성이 자자하다. 브레스에서는 전통적으로 밀, 흑밀 등을 재배하였으나 17세기에 옥수수가 들어오고 나서는 이를 사료로 하여 가금류, 특히 닭의 사육이 널리 보급되었다. 브레스 닭은 다리가 푸르며 다리에는 생산자 서명이 있는데 이는 요리가 끝나서 손님에게 서브될 때도 그대로 붙여 손님이 확인하도록 하는 레스토랑도 있다고 한다.

브레스 닭

프랑스 정부는 포도주를 비롯해 여러 식품을 AOC로 분류하여 품질을 엄격히 관리하는데, 가금류 중에서는 유일하게 브레스 닭이 AOC 품목에 속한다.

AOC 품질 관리에 따르면 양계장(양계 농원)의 면적과 모이의 종류까지 지정되어 있는데, 브레스 닭 한 마리당 최소한 10㎡의 초원이 확보되어야 하며, 양계장은 특별 면허를 받아야 운영할 수 있다. 대부분 낙농을 겸하는 농가들이어서 옥수수를 우유에 적셔 사료를 만들며, 닭은 주로 들판에 풀어놓고 키운다. 한 달 남짓 닭장에서 자란 병아리를 들판에 내놓아 영계(poulet)용은 9주, 암탉 성계(poularde)용은 11주, 거세된 수탉인 샤퐁(chapon)은 23주정도 더 자라게 한 다음, 닭장에 다시 가두어 몸에 맛있는 피하 지방층이 발달케 하여 상품화한다. 닭털을 뽑은 다음 우유 목욕까지 시킨다 하니 최상급 샤퐁의 마리 당 가격이 미화 100~200달러라는 것이 이해가 됨직도 하다. 그러나 브레스 닭은 머리를 자르지 않고 상품으로 포장되어 보기에는 별로 예쁘지 않다. 부드러운 맛과 피하 지방이 만들어내는 독특한 향기로 정평이 나 있는 브레스 닭은 발가락이 검푸른 빛을 띠는 것이 또한 특징인데, 붉은 벼슬, 흰 깃털, 푸른 발이 프랑스 국기의 청·백·홍 삼색을 닮아 상표도 국기와 비슷하다(수탉은 프랑스인의 마스코트이자 국가를 상징하는 동물임).

(2) 쿠스쿠스(Cuscuz)

쿠스쿠스는 아프리카의 모로코에서 건너온 요리이다. 서물이라는 조와 비슷하게 생긴 노란 색의 곡식을 이용한다. 쿠스쿠스 요리는 독특한 모양의 쿠스쿠제라는 이중 냄비를 사용한다. 아래칸은 보통 냄비와 같은 모양으로 고기와 야채로 만든 스튜나 수프 등을 끓인다. 위칸은 구멍이 송송 뚫려 있는데 여기에 쿠스쿠스를 담고 뚜껑을 덮는다. 그러면 아래 칸에 담긴 음식이 끓으면서 생기는 증기가 구멍을 통해 위에 올라가서 곡물이 쪄진다. 이 냄비는 과거 유럽에서는 볼 수 없는 독특한 형태의 조리 기구였다.

(3) 크레이프(Crepes)

밀가루 반죽을 둥그런 모양으로 종잇장처럼 얇게 철판에 구운 후 그 위에다 내용물을 넣고 껍질을 몇 번 접고는, 때로는 그 위에다 계피가루나 설탕 등도 뿌려서 먹는다. 치즈, 생크림, 과일, 햄이나 해산물, 버섯 등 그 내용물은 다양하다. 에피타이저부터 디저트에 이르기까지 모두 크레이프만으로 해결할 수 있을 정도이다.

(4) 포토푀(pot-au-feu)

프랑스 가정에서 가장 흔하게 만드는 요리이며 특히 겨울철이면 주말 저녁 메뉴로 자주 오르는, 우리나라 곰국 같은 것이 바로 포토푀(pot-au-feu)이다.

포토푀를 직역하면 '불에 올린 냄비'라는 뜻으로, 두껍고 깊이가 있는 큰 냄비에 쇠고기와 야채를 덩어리 째 넣고, 부케 가르니(향초 다발)를 넣은 뒤 물을 찰랑찰랑할 정도로 붓고 센 불에 올려놓은 다음, 위에 떠오르는 기름을 몇 번에 걸쳐 말끔히 걷어낸 뒤 불을 아주 약하게 줄여서 서서히 끓이면 된다.

먹을 때는 국물과 건지를 두 접시에 각각 따로 담아낸다. 먼저 국물을 접시에 담는데, 이 국물을 부이용이라고 한다. 여러 가지 포타주의 기본 스톡으로 쓰이는 부이용은 고기와 야채를 한데 넣어 오랜 시간 끓이므로 거의 호박색에 가까우며, 맛이 구수하고 향이 좋다. 국물을 먹을 때는 얇게 썬 빵을 따로 먹거나 수프에 띄워서 먹는다. 고기는 잘 익어서 뭉그러질 정도이며, 고기를 묶은 끈을 조심스럽게 들어내 뼈를 발라 납작하게 썰어 담고, 야채도 모두 건져서 고기 옆에 함께 담아낸다.

자극적인 맛의 머스터드, 피클, 호스래디시 등을 곁들이면 좀더 색다른 맛을 즐길 수 있다. 포토푀는 국물도 건지도 맛있게 만드는 것이 중요한데, 쇠고기 사태를 쓰면 국물은 맛있으나 고기가 푸석푸석해지므로 갈비와 어깨 부위를 많이 쓰며, 사골을 넣기도 한다.

국물에 넣은 야채로는 당근, 순무, 셀러리, 양파, 리크, 부케 가르니가 주로 쓰인다. 양배추나 감자를 넣기도 하는데, 국물에 독특한 맛이 배어 나오고 색이 탁해지므로 이것을 싫어하는 사람들은 따로 삶아 나중에 먹을 때 함께 낸다.

9) 프랑스의 빵

프랑스에서는 단순한 빵에서도 또 다른 먹는 즐거움을 찾을 수 있다. 유럽의 많은 나라 중 빵이 가장 맛있고 다양한 곳이 바로 프랑스이기 때문이다. 품질이 좋은 밀가루가 많이 생산되고 빵 전문 기술자도 많으며, 항상 바로 구워낸 빵들만을 팔기 때문에 맛이 더욱 좋다.

프랑스 사람들은 식사 때마다 바로 구운 빵을 먹는 것을 원칙으로 삼고 있다. 그래서 주택가마다 빵집들이 여러 곳 있고, 이들 빵집에서는 하루에 세 번 이상 빵을 구워낸다. 대개는 단골 빵집을 정해 놓고 원하는 굽는 정도를 특별히 부탁하기도 한다. 예로 바게트는 잘 구워져서 겉은 바삭바삭하고 안은 보드라운 것을 선호하고, 크루아상(croissant)은 좋은 버터를 넣고 반죽을 잘하여 켜가 많이 나고 잘 부풀은 것을 즐긴다.

프랑스 사람들의 전형적인 아침 식사는 카페오레·바게트·버터 3가지로, 카페오레는 더운 우유와 커피를 섞어 큼직한 사발에 담아서 마신다. 바게트는 소금간을 하여 구워 약간 짭짤한 것을 간이 없는 무염 버터를 발라서 먹어야 제 맛이 난다. 그런데 요즘은 바게트보다 버터가 많이 들어간 크루아상과 배꼽이 붙은 컵 케이크 모양의 브리오슈(brioche)도 많이 먹는다.

다양한 빵, 잼, 햄과 소시지, 달걀, 유제품이 제공되는 호텔 아침 식사보다는 거리의 바에서 간단히 크루아상이나 바게트를 카페오레에 적셔 먹는 것이 여행자에게는 더욱 정취가 있을 수 있다.

프랑스 빵 하면 가장 먼저 막대 모양의 긴 바게트를 떠올리는데, 이 빵의 크기와 모양은 아주 다양한 편이다. 보통 굵기의 바게트, 아주 긴 파리장(parisianne), 중간 크기의 바다르(batard), 커다란 두리브로(deux livres), 둥근 것은 부르(boule), 양송이 모양은 샹피뇽(bhampignongs) 등 이름도 제각각이다.

크루아상은 프랑스어로 '초생달'을 뜻하는데, 생김새가 바로 초생달을 닮았기 때문이다. 버터로 만든 켜 반죽을 삼각형으로 썬 다음 말아서 구부려 구운 것이다. 초생달 모양의 빵은 5세기경부터 그리스도 종교 의식에 등장하지만 민간에 퍼진 것은 약 300년 전으로 추정되며, 다음과 같은 일화가 전해진다.

오스만 터키 제국의 군대가 1683년 헝가리의 부다페스트를 공략하기 위하여 한밤중에 지하 통로를 파고 있었는데, 이른 새벽에 일어난 빵 기술자들이 이상한 소리를 듣고 시장에게 급히 알림으로써 헝가리는 터키 군대를 물리칠 수 있었다. 그래서 시장은 이들의 공로를 치하하여 터키 제국의 국기에 그려져 있는 초생달 모양을 따서 빵을 만드는 것을 특별히 허락하였다. 당시는 나라에서 정해준 모양의 빵만 만들어야 했다고 한다. 이 빵에 버터를 넣은 것은 훗날 프랑스의 빵 기술자들이 연구하여 만들어낸 것이라 한다.

10) 프랑스의 치즈-곰팡이로 덮인 프랑스 치즈

프랑스에는 400개에 가까운 치즈 종류가 있는데, 만드는 방법과 재료에 따라 프레시 치즈, 가열 치즈, 소프트 치즈, 하드 치즈, 푸른곰팡이 치즈, 염소 젖 치즈 등으로 나눌 수 있다. 그중 프랑스를 대표하는 별미 치즈 몇 가지를 알아보자.

카망베르(caminbert)는 노르망디 지방에서 생우유로 만드는 소프트 치즈의 일종으로 겉은 흰 곰팡이로 덮여 있고, 속은 부드러운 크림 상태로 옅은 미색을 띤다.

시장에 바로 나온 카망베르의 겉은 얇고 약간의 탄력이 있으며, 먹을 수 있는 하얀 막으로 덮여 있는데, 이는 치즈 숙성 시 표면에 인위적으로 첨가한 일종의 곰팡이가 약 3주 동안 활성화된 것이다. 이 하얀 막은 시간이 지남에 따라 녹아들 듯 없어지며 갈색으로 변하고, 중심 부분도 맛이 달라지므로 너무 늦지 않게 먹어야 한다.

브리(brie)라는 소프트 치즈도 만드는 방법이 카망베르와 비슷한데, 브리 산지로는 모 지방과 믈룅 지방이 유명하다. 18세기말에 브리 지방에서 혁명을 피해 카망베르로 건너온 신부에 의해 브리식 치즈 만드는 법이 전해져, 마리 아렐이라는 여인이 처음으로 카망베르를 만들었다고 하며, 19세기말부터는 특유의 얇은 원형 나무 상자에 넣어 판매되고 있다.

양젖으로 만드는 푸른곰팡이가 잔뜩 핀 로크포르(roquefort)는 처음 대하는 사람들에게는 먹을 수 있는지조차 의심스러울 수 있으나, 짭짤한 맛과 푸른곰팡이의 독특한 풍미로 자주 먹다 보면 중독을 호소할 정도로 빠져든 사람도 많다.

로크포르의 원산지는 프랑스 남서쪽에 있는 로크로르 쉬르 술종으로, 이곳은 석회석 지역이라서 천연 동굴이 많다. 동굴 안이 서늘하고 습기가 적당해 로크포르 곰팡이가 잘 자라는데, 사람들은 이를 이용해 오늘날의 로크포르 치즈를 만들기 시작하였다. 양젖을 짠 후 곧바로 곰팡이를 조금 넣는데, 치즈가 형태를 갖추고 굳어지기 시작하면 공기도 통하고 곰팡이도 자랄 수 있도록 못으로 구멍을 많이 낸다. 나무판에 올려놓고 한 달 정도 숙성시켜 곰팡이가 충분히 퍼지게 한 후, 주석 포일을 얇게 씌워 석 달 내지 1년간 서늘한 창고에 보관하는데, 처음에는 우유빛을 띠지만 오래 숙성될수록 옅은 카키색으로 변한다. 곰팡이가 핀 부분 역시 시간이 지남에 따라 점점 넓어지고 색깔은 파스텔 톤을 띠게 되며, 오래 숙성시킨 치즈일수록 곰삭은 맛이 나며 뒷맛의 여운이 길다.

프랑스는 와인과 마찬가지로 치즈에도 아펠라시옹 도리진 콩트롤레(Appellationd' Origine Controlee:AOC) 품질 관리를 하는데, 수많은 치즈 중 약 30종만이 AOC 인가를 받고 있으며, 앞에서 소개한 카망베르·브리·로크포르는 모두 이에 속한다.

완전히 숙성되어 출시된 치즈는 지푸라기를 깐 목판 위에 보관하고 서브하여 풍미를 지속시키며, 카망베르나 브리같이 부드러운 하얀 막이 있는 소프트 치즈에는 부르고뉴나 생테밀리옹(St. emilion) 등의 레드 와인을, 로크포르에는 소테른이나 뮈스카(muscat) 등의 약간 단맛이 있는 화이트 와인을 많이 마신다.

7.3. 프랑스의 유명 술

1) 프랑스의 포도주

(1) 지방별 와인의 프로필

① 보르도(Bordeaux)

세계가 인정하는 프랑스 최고의 적포도주 산지이다. 그 가운데에서도 Emilion, Haunt-Medoc, Pomerol 등의 지역이 유명하다. 백포도주로는 Sauterne의 것이 유명하다.

② 보졸레(Beaujolais)

보르도나 부르고뉴에 비해 적당한 가격으로 맛을 즐길 수 있는데 상큼하고 뒷맛이 가벼워 요즘 사람의 입맛에 잘 맞는다. 약간 차게 해서 마시는게 더욱 좋다.

③ 부르고뉴(Bourgogone)

보르도의 부드러운 맛에 비해 강한 맛이 나는 적포도주가 특색으로 Romanee-Conti, Beune, Chambertin이 유명한 산지이다. Chablis, Meursault, Montarchet는 신맛이 나며, 고급 백포도주로 유명하다.

보졸레 축제

프랑스의 포도주 명산지 보졸레의 와인 축제는 세계인이 참가하는 국제적인 행사의 하나로 유명하다. 해마다 출하되는 보졸레 와인을 위해 세계 각국의 애주가, 관광객, 무역 관계자 등이 참가하는 이 축제는 1986년부터 한국인들도 참가하고 있다. 매년 9월 수확된 포도를 발효시킨 와인이 출하되는 11월 셋째 주 목요일 단 하루를 위한 행사로서, 프랑스 내 20여 개 전문 회사가 모이고, 독일, 이태리, 스페인 등에서 온 대형 수송용 트레일러로 이 작은 도시는 붐비게 된다. 원래 보졸레 와인은 로베르 드로셍의 주관으로 시작한 1959년의 축제로부터 알려졌다. 일반적인 12~16도에 비해 낮은 9~10도의 도수를 지닌 보졸레 와인은 레드와인이 주종이며, 매년 2만 1천 곳의 포도 재배지에서 1백 30만 헥타리터의 포도를 생산, 60%를 내수용으로 쓰며 나머지는 수출하는데, 약 7천만 병의 보졸레 와인이 세계인의 미각을 만족시키고 있다.

---

③ 코트 드 프로방스(Cotes de Provence)

이 지방의 포도주 가운데 고급품은 적지만 적포도주나 로제와인이 제조되고 있다.

④ 코트뒤론(Cote durhone)

암적색의 알콜 도수가 높은 포도주가 생산되고 있다.

⑤ 발드르와르(val de Loire)

낭트 부근에서 생산되는데, 어패류에 잘 어울리는 신맛이 나는 백무스카데(Muscadet)와 로제와인 앙주(Anjou)가 유명하다.

(2) 프랑스 와인의 등급

① 원산지 통제 명칭 와인

(A.O.C. = Appellation d'Origine Controlee 아벨라시옹 도리진 꽁트롤레)

A.O.C는 직역하면 "원산지 통제 명칭"이라는 의미인데 각 주요 생산 지역별로 와인의 생산지역, 포도품종, 양조방법, 최저 알코올 함유량, 포도재배방법, 숙성 조건, 단위 면적 당 최대수확량 등을 엄격히 관리하여 기준에 맞는 와인에만 그 지역 명칭을 붙일 수 있도록 규정한 제도로 프랑스 와인 등급 중 최상 등급이다.

와인 라벨에 A.O.C.가 표시될 경우 가운데 'origine'의 자리에 원산지 명칭이 삽입된다. 예를 들어 보르도 지역이라면, 'Appellation Bordeaux Controlee'라고 표기하게 된다. 지역 이름이 좀더 세분화되어 구체적으로 표시될수록 독특한 지역적 특성을 지닌 고급와인으로 분류된다.

② 상등품 지정 와인

(V.D.Q.S. = Vins Delitimites de Qualite Superieure 뱅 델리미떼 드 쿠알리 떼 쉬 뻬리에)

'우수한 품질의 와인'이라는 뜻으로 A.O.C보다 한 등급아래이며 (추후에 A. O. C. 등급으로 승격될 수도 있다) 1949년에 제정되었다. A. O. C 보다 까다롭지 않지만 V.D.Q.S.등급을 지정 받기 위해 생산지역, 포도품종, 알코올 함유량, 제조방법 등의 기준을 통과해야 한다.

③ 지방주(Vins de pays)

'지역 와인'이라는 뜻으로 엄격한 제도적 규제 없이 포도생산지역과 포도 품종 정도만 제한을 받는 등급으로 프랑스 각 지역에서 생산되는 와인이다.

④ 테이블 와인(Vins de table)

프랑스 와인의 40%이상이 해당되는 이 등급의 와인은 프랑스라는 이름 말고는 아무런 지역 표시가 없는 일반적인 프랑스식 테이블 와인이다. 맛을 향상시키기 위해 여러 종류의 와인을 혼합하기도 한다.

(3) 레스토랑에서 와인을 고르는 법

대중적인 레스토랑에서는 Carafe 또는 Pichet라고 불리는 하우스와인(Vin de maison)을 주문하면 충분하다. 또 어패류 요리 중심의 식사에는 백포도주, 고기

(meat) 중심일 때는 적포도주가 어울린다. 중급의 레스토랑에서는 와인 산지에 따라 다양한 와인을 갖추고 있기 때문에 프로필 항목을 참고로 하면서 가격을 고려하여 고르는 것이 좋을 것이다.

고급 레스토랑에서는 두터운 와인 목록이 준비되어 있다. 생선에는 백포도주, 또 고기에는 적포도주, 디저트에는 단맛의 백포도주가 나오는 일반적인 코스가 있으므로 각기 다른 와인을 들게 되지만, 적은 수의 사람이라면 무리이다. 선택하는데 자신이 없으면 '소멜리어'라고 하는 와인을 취급하는 사람에게 자신이 좋아하는 요리에 적합한 와인을 선택해 주도록 부탁해 본다.

프랑스 국제 포도주 및 주류 전시회 'VINEXPO'

1981년 보르도 상공 회의소의 주관으로 개최된 'VINEXPO'는 이제 전세계 주류업계들이 2년에 한번 한 자리에 모여 그들의 노하우와 신기술 등을 선보이는 국제 비즈니스의 장이 되었다. 1981년 526여 개의 출품업체가 참가하여(이중 해외 업체는 96개), 49개국 11,000여 명의 방문객을 맞이했던 'VINEXPO'는 15년이 지난 오늘 38개국 2,062개 업체가 참가하며, 122개국 45,843여 명이 전시장을 찾는 세계 최고의 주류 전시회로 성장하였다.

(4) 와인 구입

서민적으로 와인을 사려면 파리의 Nicolas 와인 쇼핑 체인으로 간다. 파리에는 360곳이나 있으며 서민적이라고 해도 이곳의 와인은 한국의 백화점보다 고급 와인을 취급한다. 수준 있는 와인 쇼핑을 하려면 Madeleine 광장 26번지의 Fauchon이나 21번지 La Cave d'Hediard로 가보자. 4대 샤토는 물론 보르도의 '환상의 명주'라 불리는 Romanee Conti등 최고급 와인이 진열되어 있다.

고급 와인을 싸게 사려면 팡테옹 근처의 Jean-Baptiste Besse씨의 가게로 가는 것이 좋다. 16세기부터 있었다는 지하 1~3층으로 된 저장소에는 19세기 와인도 충분히 있다. 이 가게에서 전시하는 상품은 부르고뉴의 최고급 와인 Le Montrachet 76년산으로 가격은 단 400프랑이다.

가볍고 상큼한 향이 좋은 보졸레의 적포도주를 좋아하는 사람은 Georges Duboef 씨의 가게를 권한다. 이전에는 파리인들에게 보졸레 전문점으로서만 인정받았지만, 요즘에는 보르도 등의 다른 지방의 고급 와인으로서도 인정받고 있다.

2) 샴페인(Champagne)

프랑스의 샹파뉴(Champagne)지방에서 생산되는 천연 발포성포도주(sparkling wine)로 축배용으로 흔히 애용하는 술이다. 샴페인의 특징은 흔쾌하고 탄산이 포화상태에 있는 까닭에 독특한 풍미를 준다. 샴페인을 만드는 포도의 종류는 검은 포도인 피노(pino)와 무늬에(meunier) 및 흰 포도인 샤르도네(chardonnay)의 세 가지로 한정되어 있다. 보통은 검은 포도로부터 만들어지는데, 흰포도로 만든 소량의 샴페인은 백중백(blances des blances)이라고 불리우며 핑크색 샴페인은 붉은 포도주를 약간 첨가해서 만든다.

샴페인을 만드는데는 발효 중의 흰 포도주에 당분을 첨가하여 병에 담아 밀봉해서 발효를 계속 시킨다. 병을 거꾸로 두어서 생긴 앙금을 침전시키고 나서 주둥이의 부분을 얼게 하여 안의 탄산가스가 달아나지 않도록 얼음을 재빨리 빼어 새로이 코르크 병마개를 철사로 고정시킨다.

선물로는 와인뿐만 아니라 삼폐인도 좋다. De Venoge회사의 'Cuvee des Princes'라는 샴페인은 120~140프랑이다. Perriev-Jouet 회사의 유명한 'Belle Epoque'는 160~180프랑으로 고급 와인 상점에서 살 수 있다.

3) 브랜디(Brandy)

(1) 브랜디의 성분과 맛

술 중에서도 가장 고귀한 술은 역시 브랜디일 것이다. 향기로운 냄새와 그 맛의 품위를 자랑하는 브랜디(brandy)는 불어로는 오드비(eau-de-vie) 혹은 브랑드 빙(brandevin), 독어로는 브란트바인(Brantwein)또는 바인 브란트(Weinbrand)라고 부르고 있다. 원래 브랜디는 과실의 발효액을 증류하여 알코올 도수가 강하게 제조된 술의 총칭이나 포도를 원료로 한 것이 단연 압도적으로 지칭되고 있다. 포도로부터 포도주(Wine)를 만들어 낸 것은 이미 기원전으로 더듬어 올라갈 수 있으나, 그것을 증류하여 스피리트(spirit)를 얻게 된 것은 13세기에 들어와서부터 라고 한다.

따라서 브랜디의 창조자는 스페인 태생인 의사(鍊金術師) 아르노·드비르느브 (Arnaud de Villeneuve; 1235~1312)로서 포도주를 증류하여 빈·브를레(Vin Brule) 라고 하는 증류주를 만들어 「불사의 영주(靈酒)」란 이름을 붙여 의약품으로 판매하고 있었다. 그 후 이 빈·브를레는 약국이나 연금술사에 의해서 만들어져 왔지만 포도주로서의 평가를 얻을 수 있었을 뿐이며 15세기 말엽에 프랑스의 알사스 지방에 보급되면서, 1506년에는 콜마르(Colmar)로서 이 술에 관한 단속의 규칙이 제정되었다.

그 후 1935년 캐프(Capus)에 의해 원산지명칭 통제라는 법률이 만들어져 꼬냑 (cognac)의 생산 지역이 한정되고, 꼬냑 지방에서 생산되는 브랜디만을 꼬냑 (Cognac)이라 칭하고 그 외의 지방에서 생산되는 브랜디는 단순히 브랜디라고만 칭하여 오늘날의 꼬냑이 세계적으로 유명한 것이다.

7.4. 식단의 구성과 식사 예절

1) 식단 구성

메뉴는 전채요리(appetizer)에서 디저트(dessert)까지 재료, 빛깔, 맛 등에 변화를 주면서 전체의 균형을 잡아 주며 그 제공 순서는 다음과 같다.

전채요리(appetizer) → 수프(soup) → 생선요리(seafood) → 앙트레 요리(Entree ; main dish) → 로스트 요리(roast) → 야채 요리(Vegetable)→ 디저트(dessert) → 음료(beverage)

2) 식사예절

요리 한 가지를 먹더라도 상대를 배려하면서 보조를 맞추어 먹어야 한다. 빨리 먹는 습관에 익숙해진 우리나라 사람들이 가장 많이 저지르는 실수는 자주 먹던 음식이 아니면 거부감을 가지고 먹어 보려는 시도조차 하지 않는 것이다. 다른 나라의 음식을 대할 때는 이런 음식을 어떻게 먹을까, 어떤 문화적, 자연적 배경에서 생겨난 것인지를 생각하며 먹는 습관이 필요하다.

일단 차려진(setting) 식탁은 이리저리 움직이지 말아야 하는데, 음식을 서빙(serving)할 때 웨이터가 상당히 불편하기 때문이다. 포크와 나이프는 바깥쪽부터 안쪽으로 순서대로 사용하는 것이고, 수프 스푼이나 샐러드 포크는 하나만 사용하면 된다. 빵은 수프가 나온 후에 먹는 것이 정통 유럽식이다. 정식의 기본 구성은 전채요리, 수프, 생선 요리, 앙트레, 로스트, 샐러드, 디저트, 음료의 8단계가 있는데, 요즘에는 로스트요리가 대개 생략된다. 간단하게 먹고자 할 때 수프, 일품요리(A La Carte)커피 등 약식(semi full course)으로 주문해도 된다.

재료부터 음식을 만드는 과정이 길고 복잡한 프랑스 요리를 제대로 즐기려면 예약은 필수이다. 그래야 주방장은 재료를 철저히 준비할 수 있고, 여유를 가지고 요리를 만들 수 있기 때문이다. 여러 명이 갑자기 와서 요리를 주문하면 빨리 나오기 어렵고 제대로 된 소스 맛도 내기 힘들다. 특히 정식 풀-코스로 먹고자 할 때에는 미리 예약해 두는 것이 좋다.

보통 정식 코스로 음식이 나왔을 경우, 전채 요리를 먹고 수프, 빵 등을 더 달라고 해서 배를 채우면 본 요리(main dish)가 나왔을 때는 제대로 즐기지 못하는 경우가 많다. 전채요리, 빵, 수프 등이 나왔을 때에는 입맛을 돋구는 정도로 즐기도록 하고, 본 요리가 나왔을 때 제대로 먹는다는 자세를 가져야 한다. 식사를 할 때 천천히 대화하면서 먹어야 한다는 에티켓 때문에 뜨거운 요리가 나왔어도 천천히 먹는 경우가 있는데, 뜨거운 음식은 빨리 먹는 편이 좋고, 반대로 차가운 음식이 나왔을 때에는 천천히 먹는 게 맛을 제대로 느낄 수 있는 방법이다.

음식을 먹을 때 나이프와 포크 부딪치는 소리나 접시에 스푼이 긁히는 소리, 떠먹으며 후루룩거리는 소리 등은 모두 에티켓에 어긋난다. 이런 소음을 내지 않는 것은 물론이요, 다른 테이블에 방해가 될 정도로 크게 웃거나 떠드는 것도 금물이다. 대화를 할 때에는 자신이 앉은 테이블 내에서만 들릴 수 있는 정도로 이야기하며, 입안에 음식이 있는 때에는 말하는 것을 삼가는 것이 좋다. 그리고 격식 있는 레스토랑에 초대받았을 때에는 옷차림에 신경을 써서 정장을 입는 것이 좋다.

7.5. 프랑스의 유명 레스토랑

1) 비스트로

가장 서민적인 파리의 모습과 분위기에 파묻힐 수 있는 곳이다. 파리 사람들은 흔히 트로케라는 속어로 부르고 있다. 대개는 포도주만 마시지만 출출해지면 안주를 먹기도 한다. 이를 카스 크루트(casse-croute)라고 하는데, 삶은 달걀이나 소시지, 햄, 치즈 등이다. 값은 20~30프랑 정도이고 영업 시간도 오후에 쉬는 시간이 없으므로 언제든지 와서 부담 없이 먹을 수 있다.

2) 브라스리

비스트로보다 대중적인 가게로 비어홀이라는 뜻이지만 한국의 대폿집에 더 가깝다. 주로 맥주를 취급하는데, 안주는 카스 크루트 뿐만 아니라 간단한 요리도 내놓는다. 맥주를 마시면서 먹고 싶은 것을 한두 접시 주문하여 부담 없이 먹을 수 있다.

3) 제대로 된 정통 프랑스 음식의 진수를 즐길려면

일품요리로 구성된 정찬(full cource)과 우아한 와인을 곁들여 400프랑 이상 하는 정통 프랑스식 레스토랑을 가고 싶으면, 프랑스말로 된 가이드 'Gault Millau'나 'Michelin'을 보고 별표가 3개된 레스토랑을 찾아가면 어김없다. '고미요'는 새로운 스타일의 프랑스 요리 같은 혁신적인 요리 중심이라면, '미슐랭'은 전통적인 프랑스 요리 중심이다. '고미요'와 '미슐랭' 모두 매년 개정판을 내는데, 맛이 떨어지거나 서비스가 나빠지면 등급이 내려가도록 되어 있으므로 신뢰할 만 하다. 이 책들은 현재 '교보문고'에서도 구할 수 있으므로 참고로 하여도 좋을 것이다.

4) 살롱 드 테

멋쟁이 여성들이 끝없이 이야기를 주고받으며 한때를 즐기는 가게이다. 다방과 제과점을 합친 일종의 찻집이다. 가게의 분위기도 카페보다 훨씬 우아하며, 음식값은 25~40프랑 정도다.

5) 파리 '그랑 드 카푸신'의 사토 브리앙

그 유명한 오페라 좌(座)를 마주보면서 우회전하면 '사토 브리앙'이라는 스테이크가 전문인 가게가 있다. 사토 브리앙은 본래 프랑스의 백작 이름이다. 대단한 미식가였던 그가 개발한 음식이다. 고기의 두께가 워낙 두툼해서 여간한 기술이 아니고는 속속들이 익지 않는다. 그것이 사토 브리앙의 노하우이다. 사토 브리앙은 겨자를 발라먹는 스테이크이다.

6) 까페 르 뒤마고

카페의 대명사격인 곳으로 랭보, 베를렌, 가난한 문학지망생 헤밍웨이, 사르트르와 보부아르 등이 단골이었다. 당연히 이 카페 최고의 인테리어는 보이지 않는 그들의 손때와 에피소드들이다. 보부아르나 헤밍웨이가 앉던 자리엔 생전에 그들이 그 자리에 앉아 뭔가를 읽거나 쓰던 사진도 볼 수 있다. 콘티넨탈(continental, 80프랑) 스타일로 카페오레에 크루아상을 적셔 먹으며 한가로이 잡지를 뒤적이며 시간을 보낼 수가 있다. 오렌지 주스를 곁들인 카페오레와 크루아상, 바게트가 있는 콘티넨탈 스타일은 가벼운 브런치 메뉴로 좋다.

7) '생 미셸 레스토랑'의 달팽이 요리

생 미셸 레스토랑은 비록 가난한 대학생과 문인들을 상대하는 대학가의 식당이지만, 요리 자체는 신실하고 맛이 일품이다. 살은 부드럽고 짭짤하면서 매끄러운 것이 입안에서 살살 미끄러진다.

8) 300년 이상의 전통을 자랑하는, 그러나 부담 없이 들릴 수 있는 레스토랑

- Le Mouton Blanc

전통을 자랑하는 이름 있는 레스토랑이면서도 믿을 수 없을 만큼 값이 싼 곳이다. 150프랑만 있으면 완벽한 디너를 먹을 수 있는데, 추천할 만한 메뉴로서 전채요리는 Terrine Maison(이 가게의 특제 테린), 본요리는 Rogout de Mouton aux haricots blancs et aux navets이다. 샐러드는 달콤한 Baba au Rhom이 맛있다. 전통과 가정 적인 편안한 분위기를 함께 갖추고 있는 이 레스토랑은 지금도 파리에서는 귀중한 존재이다.

9) 어패류 요리가 유명한 레스토랑 - La Coquile

이 가게에서 가장 자신 있게 내놓는 요리는 Coquille Saint-Jacques au natural (가리비 조개의 자연구이)이며, 다음으로는 L'escaple de loup 'Escoffier(에스코피에 풍 농어의 얇은 고기조각)라고 하는 명물요리로 둘 다 프랑스 요리의 정수라고 할만 한 일품요리다. 와인으로는 부르고뉴의 명주 Meursault(백포도주)가 좋은데 쌉쌀한 신맛이 어패류 요리와 잘 어울린다. 이 곳에서 정찬(full-cource)으로 먹으면 와인 포 함하여 300~400프랑으로 맛에 있어서 이보다 비싼 일류 레스토랑에 뒤지지 않는다.

10) 어쨌든 맛있는 프랑스 요리를 맛보고자 한다면 …'Jamin'

파리에 있는 별 3개짜리 레스토랑 가운데서는 가장 맛있다는 소문이 난 집으로 상 당히 붐빈다. 예약은 적어도 2개월 전에 해놓아야 하며 차분한 분위기의 자그마한 식당이지만 맛에 있어서는 평가가 좋다.

11) 크레이프 전문점 프티 조슬랭

입맛이 없을 때 크레프 집 프티 조슬랭에서 간단히 점심 세트 메뉴(50프랑)를 즐기는 것도 좋다. 브리타뉴 전통 음식인 크레프를 식사부터 디저트까지 다양하게 즐길 수 있는 것이다. 식사용 크레프는 특히 갈레트(Gallette)라 불리는데 거무스름한 밤색 밀가루를 사용해 더 고소하고 맛이 좋으며 시드로(기포가 든 사과주스 맛 음료)가 곁들여진다. 식사용 갈레트에 치즈, 장봉 햄은 물론 시금치, 달걀, 토마토 등 다양하게 크레프의 속재료를 즐길 수 있다.

세계의 요리와
유명 레스토랑

제8장

서양요리(II)
이탈리아요리

8.1. 이탈리아 음식의 개요와 역사

"이탈리아 요리라는 것은 없으며 있다면 베네치아요리, 에밀리아 요리, 토스카나 요리 등 각 지방 고유의 요리이다." 이것은 어느 유명한 이탈리아 요리사의 이야기이다. 이탈리아라는 나라는 약 100년 전에 통일된 나라이며, 그 때까지는 도시를 중심으로 발달한 몇 개의 나라가 저마다 독자적인 문화, 따라서 고유의 요리 문화를 가지고 있다는 것을 의미한다. 그러나 이탈리아 요리를 전체적으로 볼 때 몇 가지 특징을 발견하게 되는데, 그 중 하나가 파스타요리이다. 지방에 따라 파스타 종류와 만드는 방법에 차이가 있으나 이탈리아인에게 사랑받고 있는 요리가 파스타인 것은 틀림없다.

로마 제국시대 이후 음식으로 유명한 이탈리아는 비옥한 토양에서 과일, 야채, 향료, 식물과 양념이 풍부하게 생산되고, 바다에서는 질 좋은 어류들이 공급된다. 이 같은 자연의 풍요로움이 이탈리아의 요리를 유명하게 만들었고, 지역적 변화와 대조를 이루며 폭넓게 나타나게 되었다.

프랑스 요리의 맛이 소스에 있다면 이탈리아 요리의 맛은 신선한 육류와 해물 그 자체에 담겨 있다. 또 하나의 특징은 샐러드유를 많이 쓰며, 대표적인 것으로 면류

(파스타)가 있고, 그 밖의 요리들은 프랑스 요리와 별로 다를 바 없다. 이탈리아에서 면류는 수프 대신에 먹는 것이 특징이며 스파게티 나폴리탄을 가장 많이 먹는다. 스파게티의 가장 간단한 식사 방법은 삶은 스파게티를 접시에 담아 토마토 퓌레나 소스를 끼얹고 그 위에 치즈를 곁들여 먹는 것이다.

파스타요리는 코스로서는 '미네스트'라고 불리는 스프류에 속하는 요리이며, 보통 파스타 요리와 고기 또는 생성요리를 세트로 하여 먹는 것이 평균적인 이탈리아인들의 식사 형태이다. 스프류가 들어가는 요리에 '리조토'라고 불리는 쌀요리가 있는데, 주로 베네토, 롬바르디아 등 북쪽 지방에 보급되어 있다.

스프류에 속하는 요리를 이탈리아어로는 '프리모 피아트(제1요리)'라 부르며, 고기나 생선요리를 '세컨드 피아트(제2요리)'라고 불러, 프리모와 세컨드를 세트할 때 비로소 제대로 된 정찬(正餐)이라 할 수 있다. 그 외에 식사 전 요리(전채요리), 빵, 포도주, 야채, 과일, 치즈, 커피 등의 상차림으로 이른바 이탈리아인들은 대식가라는 평을 듣고 있다. 이탈리아인들의 식사에 대한 기본적인 생각은 맛있고 풍성한 식사를 즐기며, 그 음식들이 잘 소화되어 건강을 유지하도록 하는 올바른 식습관은 오랜 민족의 지혜가 활용되기 때문인 것 같다. 즉, 식사 전에는 가볍게 식욕촉진 음료를 마셔 위액을 분비시키거나, 고기를 먹을 때는 야채를 곁들여 먹는 것은 건강을 유지하는 한 가지 방법이다. 그리고 무엇보다도 가족이나 친한 친구들과 떠들썩하게 담소하면서 식사를 즐긴다.

이탈리아 사람들은 황새치에서 오징어에 이르기까지 모든 생선을 잡아서 생선 튀김이나 토마토 소스를 곁들인 생선 요리에 다양하게 사용한다. 오늘날 지중해의 오염으로 조개류의 소비가 다소 줄어들기는 했으나 여전히 수많은 전통 음식에 기본 재료로 사용된다. 특히 인기 있는 작은 대합조개는 어느 지역에서나 수프와 소스에 사용되며, 로마에서는 봉골레, 베네치아에서는 카페로졸리, 제노바에서는 아르셀레, 피렌체에서는 텔린 등 여러 이름으로 불린다.

이탈리아 요리는 미식가(美食家)들 사이에서 '모든 유럽·라틴계 요리의 어머니'라고 전해지고 있는데, 실제로 이탈리아 요리는 서부 유럽 요리의 상당 부분에 영향을 미쳤다. 1533년에 캐터린 디 메세시가 황태자와 결혼하기 위해 프랑스로 여행했을 당시, 플로렌틴 궁전에서처럼 세련되고 전문화된 요리가 그 당시 유럽에는 없었다. 플로렌틴은 무척 오랫동안 그들의 요리 지식에 대한 이탈리아 나머지 지방을 이끌어 나가는 선두 주자였다. 그들은 매우 독특했으며, 귀족뿐만 아니라 상인과 중간 계층에서도 음식을 즐겼다.

이탈리아는 1861년까지 통일된 국가가 아니었기 때문에 이탈리아 요리는 지역성이 강하다. 따라서 이탈리아 요리의 전반적인 이해를 하기 위해서는 지역별 요리를 이해하는 선행 작업이 필요하다. 이런 지역적 차이는 다양하고 폭넓은 지방색을 가지고 있는 세계적인 요리를 창조할 수 있었다.

8.2. 이탈리아의 대표적 요리

1) 피 자

미국에 가면 햄버거 가게가 즐비하듯이, 이탈리아의 어느 곳을 가더라도 피자를 파는 가게 '피제리아(Pizzeria)'를 쉽게 찾을 수 있다. 물론 미국을 시작으로 차례차례 전 세계의 외식시장을 파고들어 이제는 어느 나라를 가도 쉽게 피자를 먹을 수 있지만 그래도 그 본 고장은 이탈리아다.

이탈리아의 나폴리에는 모레툼(moretum)이라는 빵이 있었는데, 이것은 납작한 밀가루 반죽을 화덕에 구워낸 것으로 올리브와 식초에 담근 생양파와 곁들여 먹는 음식이었다고 한다. 피자는 이 모레툼의 형태에서 응용된 것으로 1700년 대 말부터 다른 빵들과 구별되기 시작하였다. 피자가 오늘날의 형태를 갖추게 된 것은 미국에서 토마토가 건너오고 나서 한참이 지난 1700년대로 초기의 피자는 토마토 소스 피자가 중심이었으며 그 이외의 다른 형태들에는 마늘과 올리브, 모짜렐라치즈, 소금과 올리브에 절인 멸치를 넣은 피자인 치치니엘리, 커다란 만두형태를 한 피자 아리브레토(pizza alibretto)라는 것이 있었다고 한다.

1830년경에 전문 피자점이 등장했으며 나폴리에서 처음으로 등장한 전문 피자점은 포르토알바(port'Alba)라는 이름으로 벽돌로 만든 화덕에 나무로 불을 지펴서 피자를 구웠는데, 시간이 지나면서 이 피자집은 예술가, 유명한 작가들이 자주 애용하게 되었다. 19세기초에 가장 대중적이었던 피자는 올리브 피자, 라르도 피자, 수냐 피자, 치즈 피자, 토마토 소스 피자, 페스콜리니 피자와 8일 피자라는 것이 있었다. 그 중 8일 피자는 먹기 1주일 전에 요리한 것으로 매우 크고 오래 보관할 수 있어서 붙여진 이름인데, 다른 한편으로는 가격이 비싼 이유로 8일 후에 돈을 지불한다고 해서 붙여진 이름이라는 추측도 있다.

이탈리아에서 피자는 밀가루 반죽을 넓게 펴고 이를 둥근 막대기나 손바닥으로 눌러서 둥글게 펴며 그 위에 생각나는 대로 재료들을 올려놓고 올리브기름을 바른 다음, 이를 화덕에서 요리하는 음식으로 올리브유와 마늘 이외에도 오리간 향신료와 소금을 첨가하고 가루로 된 치즈, 바실리코 또는 작게 자른 해산물, 모짜렐라 치즈 등이 첨가되기도 하지만 가장 중요한 재료는 토마토이다.

마르가리타 피자의 유래

1889년 여름 움베르토 1세와 그의 왕비인 마르가리타가 나폴리의 몬테왕궁에 머물고 있었다. 이 당시에 왕비인 마르가리타는 전에 먹어본 적은 없었지만 작가들과 예술가들을 통해 피자에 대해 알고 있었기 때문에 당시에 가장 유명한 피자 전문 요리사로 피자 전문점을 운영하고 있는 '피에트로 일 피자이우올로'를 왕궁으로 초대했다. 요리사는 부인 로사의 도움으로 화덕을 사용하여 당시의 가장 전통적인 피자들을 만들어 왕비에게 제공했다. 그 중의 하나는 수냐 피자로서 돼지기름, 치즈, 토마토를 넣어서 요리했으며 다른 것은 애국심을 표현해 이탈리아의 3색기를 상징하여 모짜렐라(흰색), 토마토(붉은색), 바질(녹색)을 넣고 요리하여 왕비를 기쁘게 했다. 이 피자가 요즘 피자전문점에서 흔히 볼 수 있는 마르가리타 피자이다.

(1) 맛 좋은 피자를 만드는 방법

이탈리아 피자의 공통된 특성을 들자면 우리가 즐겨 먹고 있는 두터운 빵에 고기며 햄 등 여러 가지 토핑(topping)이 올려진 피자(pan pizza)와는 많이 다르다. 미국식 피자가 패스트푸드 열풍을 타고 우리에게 먼저 들어와 대중화됐기 때문에 우리에게는 빵이 아주 얇고 그 위에 얹어진 토핑 또한 적은 정통 이탈리아 피자는 오히려 낯설다. 피자 굽는 방법 또한 정통 이탈리아 피자는 다르다. 벌통 모양의 뜨거운 돌

화덕에 나무로 불을 지펴 15분 가량 구워내는데, 이탈리아 본 고장에서만 맛볼 수 있는 바삭바삭하고 독특한 피자 맛의 비결은 바로 이 돌 화덕에서 나온다고 할 수 있다. 그냥 벽돌로 만든 화덕보다는 특히 베수비오 화산의 돌로 만든 화덕이 아주 좋다고 하는데, 이유는 피자를 굽는데 필요한 가장 좋은 온도를 유지하기에 적합하기 때문이다. 마지막으로 피자 위에 얹는 초록색의 식물 잎인 바질은 쌉싸름하고 향긋한 것이 이탈리아 피자에서만 느낄 수 있는 아주 색다른 맛을 내준다.

이탈리아에서는 피자를 잘 만드는 장인들을 '불에 의한 예술인'이라고 칭송한다. 이 불에 의한 예술인들이 말하는 맛좋은 피자를 만드는 비결은 우선 잘 반죽된 밀가루와 무엇보다도 중요한 것은 화덕이다. 이 때 화덕의 적정온도는 300도 가량인데 어떤 장작을 연료로 쓰느냐가 피자의 맛을 평가하는데 중요하다.

2) 파스타(pasta)

파스타는 밀가루를 물로 반죽한 것을 의미하지만 파스타를 원료로 해서 만들어진 제품의 총칭으로도 쓰여진다. 파스타의 기원에 대해서는 여러 가지 설들이 있는데, 가장 타당성 있는 것은 마르코 폴로가 중국에서 수세기 전부터 식품으로 사용되던 국수를 가지고 와서 당시 이탈리아의 빵 문화에 영향을 미쳤다는 주장이다. 이탈리아에 파스타가 소개된 시기는 대략 11세기로 추정되는데 그 이후 파스타는 베네치아, 피렌체, 제노바의 무역활동에서 중요한 상품으로 거래되었다고 한다. 그러나 파스타 제조에 대한 역사는 오늘날까지 분명하지 않으며 그리스 신화에 나오는 불칸(vulcan)이라는 신이 파스타 만드는 기계를 발명했다는 전설도 있다.

파스타는 크게 생 파스타와 건조 파스타로 나뉘는데 중국인들이 즐겨 먹었던 생 파스타는 밀가루와 물, 또는 계란만을 혼합해서 만든다. 기원에 있어서 생 파스타는 분명하지 않은 반면 건조 파스타는 사막을 오랫동안 여행하는 아랍인들의 유목 생활에 기원을 두고 있어서 아랍문화의 영향권에 있던 시칠리아 섬에서 발전하기 시작하여 제노바의 상인들에 의해 점차 이탈리아 북부까지 확산되었다고 한다. 건조 파스타 만드는 공정이 발전한 곳은 나폴리로 13세기 말경부터 국수류의 식품이 기계적으로 생산되기 시작하였다. 나폴리는 건조한 기후와 소맥재배를 하고 있던 당시의 여

건 때문에 일찍부터 파스타를 많이 생산할 수 있었던 것이다. 하지만 15세기까지도 나폴리 이외의 지역에서는 파스타가 일반화되지 못했고 파스타는 일반적인 빵에 비해 비싸고 고급스러운 음식이었다.

파스타가 대중들의 식생활에서 중요한 위치를 차지하게 된 것은 17세기초로 중심지는 역시 나폴리였다. 이 시기에 파스타 압축기가 발명되어 파스타의 대량생산이 가능해졌으며 양배추와 고기로 만든 전통 소스를 대신해서 파스타를 치즈로 양념하기 시작했다. 1800년대 말에는 이탈리아인들의 파스타에 대한 선호도가 급속하게 확산되어 나폴리에서는 파스타를 길거리의 가두 판매점에서도 구입할 수 있었다고 한다. 또한 1830년경에 미국대륙으로부터 토마토가 수입되면서 파스타의 소스에 큰 발전을 보게 되었으며 점차 다양한 양념과 조리법이 파스타에 도입되어 오늘날의 형태를 갖추게 된 것이다.

(1) 이탈리아의 주식 파스타

우리에게는 잘 알려진 스파게티는 수백 가지나 되는 파스타의 한 종류에 불과하다. 이탈리아에선 밀가루 반죽으로 만든 면류를 총칭해 '파스타'라고 한다. 그러므로 국수 모양의 스파게티나, 짧은 원통형의 마카로니 외에도 달팽이나 용수철, 꽃 모양, 또 물만두처럼 속이 들어가 있는 것 등 모양과 맛이 다양하다. 색깔 또한 우리가 잘 알고 있는 하얗거나 노르스름한 빛깔 외에 녹색이나 붉은 빛을 띠는 것 등 다양하다. 이것은 계란, 시금치즙, 혹은 비트(붉은 색의 무 같은 식물)즙이나 토마토즙 등 밀가루를 반죽할 때 무엇을 넣었느냐에 따라 달라진다. 파스타는 우리의 밥과 같은 이탈리아의 주식이므로 이탈리아에서는 파스타를 맛있게 만들 줄 알아야 신부감으로 환영을 받는다고 한다. 그만큼 이탈리아 여성들에게 파스타 만드는 법은 우리가 밥을 잘 짓느냐는 문제와 같이 기본적인 생활이다.

(2) 소스에 따른 파스타

파스타는 면도 면이지만 어떤 소스를 이용하느냐에 따라 그 이름이 달라지는데, 그 소스의 종류는 지방마다 천차만별이다. 그러니 토마토 소스의 나폴리식, 버터를 이용한 소스인 볼로냐식, 모시조개를 이용한 봉골레식, 마늘과 고추에다 올리브유만을 쓴 아리오 등과 같이 일일이 말하자면 끝이 없다. 그런데 크게 뭉뚱그려 보면 북부의 파스타 요리는 버터를 많이 사용하는데 비해, 남쪽으로 갈수록 버터는 거의 사용하지 않고 올리브유를 많이 쓴다는 특징이 있다.

면의 모양에 따라서 쓰는 소스가 다르지만 딱 정해진 건 아니다, 엔젤 헤어나 스파게티, 베르미첼리 등 길고 가는 면은 가볍고 묽은 소스, 페투치니, 링귀니 등 길고 굵은 면은 진한 소스, 파르팔레, 마카로니 등의 짧고 모양 있는 면은 천키어 (chunkier) 소스를 쓴다.

① 볼로네즈(bolognase)

다진 고기를 토마토 퓨레와 조리한 소스로 만드는 파스타로 미트소스 스파게티를 가리킨다. 이태리 볼로냐 지방에서 처음 만들어졌기 때문에 이름을 볼로네라고 한다.

② 봉고레 (vongole)

봉고레는 이태리말로 '조개'로 이 단어가 들어간 요리들은 일반적으로 조개가 들어가 있다.

③ 알프레도 (alfredo)

버터, 크림, 파마산 치즈로 만든 크림 소스

④ 카르보나라 (carbonara)

크림, 베이컨, 달걀, 파마산 치즈를 섞어서 만든 크림 소스로 식으면 느끼하기 때문에 뜨거울 때 빨리 먹는게 좋다.

⑤ 페스토 (pesto)

바질, 마늘, 올리브유, 파인너트, 파마산 치즈로 만든 소스.

⑥ 프루티 디 마레 (al frutti di mare)

프루티 디 마레는 "fruit of sea", 즉 해산물이다.

⑦ 프리마베라 (primavera)

당근, 브로클리, 버섯, 붉은 피망 등의 야채로 만든 크림 같은 소스로 프리마베라 는 이태리어로 '봄'이라는 뜻이다.

(3) 스파게티로 친숙한 롱 파스타

'듀럼 세몰리나'와 물로 만든 가늘고 긴 건조 파스타를 '롱 파스타'라고 총칭하고 있다. 우리나라에서는 원주형태의 가늘고 긴 파스타를 총칭해서 스파게티라고 부르 고 있으나, 이탈리아에서는 직경 1.6~1.9㎜가 되는 것만 스파게티라고 부르고 있다. 그보다 가는 것은 '스파게티니', '페데리니', '바미셸리', '카페리니' 등 크기에 따라 다 른 이름으로 부르고 있다. 롱 파스타에는 스파게티 같이 둥근 기둥형태의 것 이외에, 단면이 원형인 스파게티를 눌러 으깬 것 같은 형태의 '링귀니', 직경 2.2㎜ 정도로 중 심에 가는 구멍을 뚫은 '부카티니', 폭이 넓은 '리짜렐레' 등 다양한 종류가 있고, 길 이는 대개 26㎝이다. 파스타의 종류는 소스에 따라 선택하는 것이 맛있게 먹는 포인 트이다. 두꺼운 것은 '미트 소스' 등의 풍부한 맛의 소스와, 중간 두께의 것은 어패류 나 '크림 소스', 얇은 파스타는 농도가 옅은 크림 소스나 수프가 잘 맞는다. 롱 파스 타의 대표적인 것으로서 직경 1.6~1.9㎜의 것이 일반적이다. 정백(精白)된 '듀럼 세 몰리나'만으로 만들어 낸 것인 외에도 시금치나 빨간 고추를 얼려 넣은 것 등이 있 다. '듀럼' 소맥의 전립분(全粒粉)으로 만들은 것 등이 있다.

봉고레 스파케티

조개를 이용한 봉고레 스파게티가 빼놓을 수 없는 나폴리 특선중의 하나이다. 봉고레 스파게티 는 담백한 조개에다 백포도주와 마늘, 양파를 더하여 소스를 만들어서 스파게티와 곁들여 먹는다.

① 링귀니

링귀니는 「작은 혀」라는 의미로 단면이 눌려진 원형으로 어패류의 짙은 소스, 바 질 소스와 잘 어울린다.

② 부가티니

직경이 2.2㎜ 정도의 크기로 중심에 가는 구멍이 뚫려 있으며, 그보다 두꺼운 직경 2.5㎜의 것은 '펠시아테리니'라고 불린다.

③ 릿챠렛레

폭 1.5cm정도의 광폭의 파스타로 가장자리가 주름 모양으로 되어있어 소스가 묻기 쉽게 되어 있으며, 짙은맛의 소스와 어울린다.

(4) 여러 가지 모양이 재미있는 쇼트 파스타

롱 파스타에 비하여 '마카로니'로 대표되는 작은 건조 파스타는 '쇼트 파스타'라고 총칭되고 있다. 원료는 롱 파스타와 같은 '듀럼 세몰리나', '마카로니'는 중심에 구멍이 있는 관형의 파스타로서 우리나라에서 제일 친숙한 파스타이다. 쇼트 파스타는 구조가 소스가 묻기 쉽도록 고안되어 여러 가지 모양이 있다. 이름을 붙이는 방법도 나비·조개·실뭉치 등 친근한 것에 비유되어 있어 유머러스하게 즐기는 파스타이다. 커다란 것은 짙은 소스에, 작은 것은 샐러드나, 수프의 건더기 등으로 이용한다.

① 팔 파레

나비 모양으로 4각으로 잘라서 파스타의 중심을 꼭 붙인 형태가 귀여운데 어떤 소스와도 잘 어울린다.

② 펜네

펜촉의 의미로 튜브 모양의 파스타를 비스듬히 잘라서, 농도가 있는 소스가 안으로 들어가 맛을 더해준다.

③ 카페레티

작은 모자라는 의미로 사진의 것은 시금치나 토마토 등의 야채를 얼려서 넣은 것으로 샐러드 등에 이용한다.

④ 올레키에테

귓 볼이란 의미로 둥근 생지(生地)의 중심을 움푹 들어가게 한 것이다. 토마토 소스에 버무리거나 샐러드, 수프 등에 넣어 먹는다.

⑤ 리가토니

마카로니의 표면에 마디를 넣어 소스가 묻기 쉽게 한 것으로 생지가 두껍기 때문에 미트소스 등 짙은 소스에 쓰인다.

⑥ 푸실리

스피랄레, 에리케 등으로도 불리는 나선 모양의 파스타로 나선의 구조에 소스가 묻으며 농도가 있는 소스와 잘 어울린다.

⑦ 피페티

구부러진 튜브 상태의 파스타로 '르마케', '키페리'라고도 불리고, 콩스프나 생토마토와 어우러져 사용된다.

⑧ 콘키리에

소라 모양의 파스타로 1㎝ 정도의 것에서 4~5㎝까지 크기가 다양하다. 브리콜리 등의 야채와 함께 쓰면 좋다.

⑨ 로텔레

로텔레는 자동차 바퀴라는 의미로 공간 부분이 많아서 작게 자른 야채나 고기와 잘 버무려진다. 끓이거나 수프에 이용된다.

⑩ 라비올리

물만두 모양의 라비올리는 만두소를 취향에 따라 여러 가지 재료로 달리 하여 먹을 수 있고 모양도 색다르게 빚어 내 먹을 수 있다. 라비올리의 소는 음식을 만들고 남은 갖가지 고기와 야채를 사용할 수도 있다. 쇠고기, 돼지고기, 양고기, 시금치, 토마토, 당근 등 어떤 것이든 잘게 다져서 물기가 없어지도록 가볍게 볶은 후 간을 맞춰 밀가루 반죽에 싸면 되는 것이다.

(5) 파스타 먹는 방법

숟가락을 같이 주는 이유는 긴 면발을 감기 쉽게 하기 위해서다. 일단 포크로 면발 약간을 끼워 올린 후, 포크 머리부분을 숟가락에 대고 감으면 동그랗게 잘 말린다. 잘 말리느냐는 소스와 관계가 있으며, 토마토소스보다는 크림소스가 끈적끈적하기 때문에 비교적 잘 말린다. 포크만 나왔을 경우도 있다. 이럴 때는 적당한 양을 포크로 찍은 후 접시 가장자리에서 돌려가면서 돌돌 말아서 먹으면 된다. 이탈리아 사람들은 포크를 돌릴 때 시계반대방향으로 돌리면 불행이 찾아온다고 믿기 때문에 시계방향으로만 돌린다. 치즈가루는 해물이 들어간 파스타에는 뿌리지 않는 게 좋다. 치즈 향 때문에 해 물맛과 향이 가려지기 때문이다. 해물 외의 다른 재료를 쓴 파스타에는 뿌리면 깊은 맛을 느낄 수 있다.

맛있는 소스가 남았다면 같이 나오는 마늘빵으로 소스를 빵 위에 얹어먹거나, 빵으로 접시를 닦는 것처럼 소스를 묻혀서 먹으면 된다. 서양에서는 빵으로 접시에 있는 소스를 깨끗이 닦아가며 먹는 것을 요리사에 대한 최고의 찬사로 여긴다.

3) 치즈

치즈는 오랫동안 이탈리아 음식에서 중요한 원료가 되었다. 로마 제국 시대에는 적어도 13종류의 치즈가 생산되었고 오늘날에도 세계적으로 알려진 100여 가지의 치즈가 생산된다. 가장 많이 알려진 치즈는 연한 푸른색의 고르곤졸라, 맛이 순한 벨파에이주와 요리에 많이 쓰이는 고마 치즈인 딱딱한 페코리노가 있다.

(1) 고르곤졸라

이탈리아산 푸른곰팡이 치즈이다. 원추형으로 지방 함량은 50%이다. 속은 부드럽고 크림 모양으로 여러 가지 요리에 소스 등으로 이용된다.

(2) 리코다

비숙성 연질 치즈이다. 원료는 우유나 양유의 훼이인데, 현재는 이것에 전유를 섞어 넣은 것이다. 지방 함량은 20~30% 이고 전유의 혼합률에 따라 다르다. 맛은 부드럽다. 이 치즈는 훼이를 거를 때 담는 바구니 모양으로 팔린다. 공 모양으로 건조시킨 것은 갈아서 쓴다.

(3) 모짜렐라

이탈리아산 연질 치즈로, 치대어서 만든다. 지방 함량은 40~50%로 현재는 우유로 만드는 수가 많지만 본래는 물소의 젖으로 색다른 맛을 냈다. 소형의 구형으로 물통 속에 담가 수분을 유지한다. 남부 지방이 원산지이며 칼이나 기구를 이용하는 대신 손을 이용해 잘라 낸 것에서 유래되었다.

(4) 벨 파아제

이탈리아산 연질 치즈로, 지방 함량은 45~50%이고 중형의 원반형이다. 상표가 든 알루미늄 호일에 싸여 있는데 속은 결이 고운 크림 모양이고 맛이 부드럽다.

(5) 부리노

소형의 호리병 모양으로 속에 남는 소량의 지방으로 만들어진 것에 버터가 중심에 들어가며 카체트는 부리노와 아주 흡사 하지만 버터가 들어 있지 않다.

(6) 페코리노

이탈리아산 양유 치즈의 총칭으로, 가온, 압착하여 만드는 경질 치즈이다. 지방 함량은 약 38%이며, 대형의 원주형, 낟알 모양으로 부서지기 쉽다. 맛은 자극성이 있다. 보통 강판에 갈아서 쓴다.

(7)파르마 치즈

이탈리아산 경질 치즈로 가온하고 압착하여 만든다. 대형의 원주형이며 지방 함량은 32%이다. 숙성기간은 2~3년 이상인데 낟알 모양으로 분쇄한다. 풍미는 강하다.

(8)프로볼로네

이탈리아산 경질 플라스틱 커들 치즈로, 지방 함량은 44~47%이다. 크기나 모양은 다양하다. 껍질은 황금색이고 숙성 기간 중에 매달아 두었던 가느다란 끈의 자국이 있다. 속은 매끄럽고 크림 빛을 띤 백색이다. 숙성시키지 않은 돌체 프로볼로네는 맛이 부드럽고 숙성시킨 피칸테 프로볼로네는 맛이 강하다.

(9) 치즈 퐁뒤

치즈가 주원료인 이탈리아 음식도 많다. 그 중 명물로는 '치즈 퐁뒤'가 있다. '퐁뒤'는 스위스의 전통 요리가 아닌가라는 생각으로 끓는 올리브 기름 속에 꼬챙이에 낀 고기나 야채를 넣어 익혀 먹는 고기 퐁뒤를 떠올리는 사람도 있을 것이다. 하지만, 꼬챙이에다 낀 빵조각을 끓는 치즈 속에 적셔 꺼내 먹는 치즈 퐁뒤 또한 별미이다. 우리가 돼지족발이나 편육을 먹을 때 새우젓을 곁들이듯이 본고장 사람들이 치즈 퐁뒤를 먹을 때는 꼭 화이트 와인을 함께 마신다.

(10) 치즈 디저트 코스

유럽인들은 정말로 다양한 치즈를 즐겨 먹는다. 1년 365일보다 많은 가지수의 치즈가 있다니 하루에 한가지씩 다른 종류를 먹는다고 하더라도 1년 동안은 같은 치즈를 한번도 먹을 수 없다는 얘기가 된다. 오죽하면 유럽을 가리켜 '치즈산, 버터 바다'라는 말을 하겠는가. 프랑스에서도 그렇지만 이탈리아의 만찬에도 치즈만을 위한 순서가 있다.

그런데 이 치즈가 나오는 순서가 본식사(main dish)가 끝난 후 디저트용으로 먹는다는 점이 우리와는 다르다. 물론 이 치즈 디저트 순서가 끝나면 아이스크림이나 과일, 차 등으로 이어지기도 한다. 이렇게 서양 정찬에서 치즈 코스를 중요하게 만든 원조는 이탈리아라고 할 수 있다.

4) 지방색이 풍부한 이탈리아 요리

남북으로 뻗은 장화형의 반도로 알려진 이탈리아. 남부와 북부 지방에서는 기후와 풍토, 사람들의 기질도 다른 것으로 전해진다. 풍토가 다르면 요리도 다른 것이 당연한 일이다. 각지에서 그 토지의 산물을 사용한 요리가 생겨, 그것으로 지방 요리의 전통을 오랜 기간, 중요하게 지켜 내려오고 있는 것이 이탈리아 요리의 특징이라 할 수 있다. 일반적으로 북쪽 지방은 버터와 쌀, 남쪽 지방은 올리브유와 파스타를 이용한 요리가 많다고 한다.

(1) 피에몬테 지방

토리노를 중심으로 하는 프랑스 국경의 산이 많은 지방으로 송로(검은버섯)를 이용한 요리들과 「바니아 가우다」가 대표적이다

피에몬테 지방 서쪽에 위치한 아오스타 계곡은 마터호른과 몽블랑을 끼고 자연 속에서 살아가는 이 지방의 요리는 야성적인 맛이 더 강하고, 영양이 많다. 특히 진기한 것은 영양과 산양의 건조육과 돼지피와 라드와 감자로 만든 검은 푸딩이다.

(2) 리그리아 지방

페스토 제노베제로 알려진 항구도시, 제노비아가 있는 지방으로 "바질(Basil)"과 섬세한 향의 올리브유의 산지이고, 해산물도 풍부한 곳이다.

(3) 에밀리아 로마냐 주의 요리

이탈리아에서도 미식의 도시로 유명한 지방으로 파르메잔 치즈, 파르마의 생햄을 비롯해 맛있는 음식이 가득하다. 고기, 소시지를 넣은 반지형의 파스타 토르텔리니, 코토레타 알라 볼로네제도와 잠포네가 유명하다.

(4) 롬바르디아 지방

밀라노를 중심으로 하는 지방으로 사프란의 리죠토와 쇠고기 커틀릿은 밀라노의 대표적인 요리이다.

(5) 토스카나 지방

대표적인 도시는 피렌체이고 바다와 산에서 나는 재료들이 풍부하고, 강낭콩과 쇠고기의 찜 요리가 많은 곳이다.

(7) 라쯔이오 지방

수도 로마를 중심으로 하는 지방으로 아티쵸크, 브로콜리가 특산물이고, 육류로는 새끼양, 내장을 사용한 요리가 많이 알려져 있다.

(8) 시칠리아 지방

이탈리아 최남부의 섬으로 가지, 참치, 잣 등의 소재를 사용한 요리가 풍부하다.

(9) 캄파냐 지방

나폴리, 카프리 섬으로 알려진 남부 이탈리아의 대표적 지방으로 피자, 파스타류, 토마토를 사용한 요리는 전 세계적으로 퍼져있다.

5) 야채와 허브

이태리 요리에서는 야채가 중요하게 쓰이는데 '안티파스토'나 '콘토르노'에는 찜, 찜구이, 후라이 등의 야채 요리가 중요한 위치를 차지하고 있으며 '쭈끼니'와 '아스파라거스', 가지, 강낭콩 등은 다양한 요리에 사용되고 있다. 토마토와 홍피망 같은 선명한 색채도 이탈리아 요리에는 없어서는 안 되는 것들이다. 향이 좋은 '바질(Basil)'과 '세이지(Seige)' 등의 "허브(Herb)"를 야채와 육류, 생선과 잘 조화시키는 것도 이탈리아 요리의 특징이다.

우리에게는 생소한 야채류나 허브, 향신료가 많지만 알고 보면 우리가 무심코 먹는 과자류나 서양 음식에 흔히 사용되는 것들이므로, 잘 알고 사용하면 이탈리아 요리는 물론 서양 요리를 훨씬 풍부한 맛으로 즐길 수 있다.

8.3. 이탈리아의 특산 와인

이탈리아 북부에서 남부까지 각 지방마다 독특한 특산 포도주가 있는데,

① 북쪽에서는 베로나를 중심으로 '소아베'는 백포도주로 알코올 도수가 2도 정도이며, 맛이나 향기로 볼 때 생선요리와 가장 잘 어울린다.

② 토스카나산의 '켄티라'는 이탈리아를 대표하는 적포도주로 '비스테카 피오렌티나'라고 하는 피렌체식 쇠고기 스테이크(beef steak)와 잘 어울린다. 다른 적포도주에 비해 떫은 맛이 강한데, 이는 제조과정에서 포도 껍질을 숙성시키는 기간이 길어 타닌질이 녹아 있기 때문이다.

③ 라치오 지방의 '에스토 에스토 에스토'는 라틴어로 '여기에 있다'라는 뜻이다. 이 포도주의 유래는 옛날 포도주를 좋아하던 어느 부대의 부대장이 여행할 때 부하들에게 미리 포도주를 조사시켜 맛이 뛰어난 집에 '에스토'라는 표를 하게 하였는데 이 지방의 포도주 맛이 뛰어나서 '에스토 에스토 에스토'라는 이름을 붙였다고 한다.

④ 나폴리에는 '라크리마 크리스티' 즉, '그리스도의 눈물'이라 불리는 포도주는 백포도주와 적포도주가 있는데 우리 입에는 적포도주가 맞다.

⑤ 시칠리아의 포도주는 기후나 지형이 포도 생산에 알맞아 알코올 도수가 높은 양질의 포도주가 많다.

⑥ '코르보'라는 백포도주는 쌀쌀한 맛이 나며, 지방질이 많은 생선요리와 잘 어울린다.

⑦ 사르디니아엔 '에르나차'라고 불리 우는 알코올 도수가 16~18도의 포도주가 있는데 생선요리나 디저트 먹을 때 적합하다.

이탈리아의 속담에 '포도주는 좋은 피를 만든다'라는 말이 있는데 그 뜻은 두 가지

로 '포도주는 신체를 튼튼하게 한다'는 뜻과 '포도주는 사람을 기분 좋게 만든다'는 뜻이다. 이 속담이 가르치듯이 이탈리아인에게 있어서 포도주는 우리나라 사람들의 술과는 다른 의미를 지닌다. 우리나라 사람들에게 술은 취하기 위한 음료이지만, 이탈리아인에게 있어서는 파스타나 생선, 고기 등과 마찬가지로 사람의 '피와 살'을 만드는데 필수적인 음식이다.

1) 이탈리아 와인의 등급에 의한 분류

이탈리아 정부는 와인산업의 발전을 위해 1963년에 프랑스의 AOC(원산지통제명칭)법을 모방한 DOC법을 제정하여 와인 생산의 품질관리 체계를 확립했다.

(1) D.O.C.G (Denominazione di Origine Controllate e Garantita : 데노미나지오네 디 오리지네 꼰트롤라타 에 가란티따)

D.O.C.G등급은 이태리 최고의 포도재배 지역에서 나오는 고급 품질의 와인에만 부여되는 최상등급으로 엄격한 테스트를 거쳐 상품으로 나온다. 병목에 분홍색 띠가 둘러져 있고 정부의 승인 표시가 되어 있다. 라벨에는 원산지, 용량, 생산자와 병입자, 병입장소, 알코올 농도를 표시하도록 규정되어 있다. 이 등급에는 바롤로, 바바레스꼬, 끼안띠 클라시코, 부르넬로 디 몬테플치아노 등의 세계적으로 유명한 포도원에서 생산된 와인들이 속한다.

(2) D.O.C(Denomanazione di Origine Tipica)

프랑스의 A.O.C와 유사한 와인 등급으로 포도 재배지역, 포도품종, 와인제조방법, 수확량 등을 규제하고 있다. 이탈리아 전체 와인 중 약 10~12%만이 여기에 분류되어 있다.

(3) I.G.T(Indicazione Geogrfica Tipica)

1992년에 도입된 와인등급으로 프랑스의 뱅 드 뻬이와 비슷하다.

(4) Vino da Tavola(비노 다 따볼라)

프랑스의 뱅 드 따블과 같은 등급으로 이태리 전역에서 생산되는 테이블 와인이다.

8.4. 이탈리아 전통 식사와 식사 예절

이탈리아 사람들의 전통적인 식사는 하루에 다섯 끼로 아침 -> 스푼티노(Spuntino) -> 점심 -> 메란다(Merenda) -> 저녁으로 이루어 진다.

1) 아침식사

이탈리아 사람들의 아침식사는 정말로 간단하다. 대부분 커피 한 잔으로만 아침을 해결하고, 아이들도 커피와 우유로 된 '라테(Latte)'와 '비스킷'으로 때우는 게 일반적이다. 출근 전에 바(Bar)에 들러 이런 간단한 아침을 사먹는 직장인들이 많다. 이 때문에 바는 아침 일찍부터 북적인다. 바는 우리 식의 술집이 아니라 이탈리아에선 간단한 음식류와 음료를 파는 카페 정도로 알아두면 좋겠다. 바에서 아침식사를 하는 사람들은 '카페오레'나 우유가 전혀 들어 있지 않은 아주 진한 커피인 '에스프레소'만을 마시는 경우가 많다. 이때 간혹 빵을 먹는 사람이 있다 해도, 끼니가 될 만한 식빵 종류가 아니라 아주 작은 케이크 한 조각 정도가 고작이다.

2) 스푼티노

아침식사가 이렇게 부실하니 오후 2시경에나 먹게 되는 점심식사까지 견디기가 어렵다. 그래서 아이들은 학교 가는 길에 간식용 빵을 사 가지고 가서 쉬는 시간에 스푼티노로 먹는다. 또한 어른들도 오전 11시를 전후해서 다시 바에 나와 간단히 빵과 커피로 스푼티노를 해결한다.

3) 점심식사

대개 오전 일이나 학교가 끝나는 시간은 오후 1시경으로, 많은 사람들은 집으로 돌아가 온 가족이 모여 함께 점심을 먹는다. 물론 대도시의 샐러리맨들이야 그냥 직장 근처에서 점심을 해결하게 되지만, 자영업자거나 중소도시 사람들은 보통 집에서 자동차로 15분 정도가 소요되는 곳에 직장이 있어 집에서의 점심식사가 일반적이다. 또한 라틴계 특유의 관습인 시에스타, 즉 낮잠 자는 시간까지 겸할 수 있는 3시간 가량의 점심시간을 즐긴다는 점도 특이하다. 일반적으로 상점들은 오후 1시경에 문을 닫고 오후 4시를 전후해서 다시 문을 연다. 상점에서 일하는 사람들도 시에스타를 즐기는 이탈리아 사람들이니까...

4) 메란다

4시를 전후해서 다시 오후의 업무가 시작되기 때문에 거리는 잠에서 깨어나 활기를 띠기 시작한다. 5시경이 되면 오후의 간식시간인 메란다를 갖는데, 젊은이들은 가까운 피자집에서 피자를 사먹는 모습을 많이 볼 수 있고, 가정에서는 집에서 구운 케이크와 홍차나 커피를 곁들이곤 한다.

5) 저녁식사

오후의 일과는 대개 7시 30분을 전후해서 끝나고, 저녁식사 시간은 대개 8시 30분에서 9시쯤 시작된다. 이탈리아 사람들은 점심식사도 그렇지만 특히 저녁식사는 특별한 이유가 없는 한 온 가족이 반드시 함께 해야한다고 알고 있다. 이 시간은 단순히 음식을 먹는 때가 아니라 가족의 유대와 가정 교육이 이루어는 중요한 시간이기 때문이다.

시대가 바뀌면서 요즘 이탈리아에서도 다섯 끼를 다 챙겨먹는 모습은 점차 사라지고 있다. 하지만 대부분의 이탈리아 사람들은 여전히 하루 한 두 끼만은 온 가족이 모여 식사하는 전통을 소중히 이어오고 있다. 이것이야말로 두터운 사랑과 친목이 넘치는 작은 가족국가를 유지하는 가장 좋은 방법이라는 것을 잘 알고서 자랑스럽게 받아들이고 있는 것이다.

6) 식단의 구성과 식사 순서

전채요리인 안티파스토(antipasto), 첫째 접시인 프리모 피아토(primo piatto), 둘째 접시인 세칸도 피아토(secondo piatto), 콘토르노, 포르마조(치즈), 디저트에 해당하는 돌체(dolce), 음료의 순서로 이루어지는데, 안티파스토와 첫째 접시인 프리모 피아토 사이에 스프류인 '주파에 미네스트로네(zuppa e minestrone)'가 제공되기도 한다.

이탈리아의 커피

커피를 무척 즐기는 이탈리아인들은 거품이 이는 농후한 커피를 최고로 치며, 여러 가지 다양한 커피를 즐긴다. 이탈리아의 커피는 지역마다 차이가 있으며, 강하고 자극적인 '에스프레소'와 '카푸치노'는 전 세계적으로 유명한 커피이다. 짙은 커피를 원할 때는 '카페 스트레토', 옅은 것을 원할 때는 '카페 알토', 아케리카 커피는 '카페 아메리카노'이다. 그러나 이탈리아 사람들은 좀 더 순한 '룬고 커피'와 '마치아토 커피(우유를 섞은 에스프레소)', 차가운 커피 시럽인 '프레도 커피'를 즐긴다.

① Antipasto : 간단한 해물이나 야채와 소스로 이루어진 전채요리
② Primo piatto : 첫째 접시에 해당하는 요리로 주로 파스타나 리조토를 먹게 된다.
③ Secondo piatto : 두 번째 접시는 육류나 어패류를 먹으며 이와 함께 샐러드나 감자 등의 요리를 곁들여 먹기도 한다.
④ Contorno
콘토르노는 세컨드 피아토에 곁들이는 야채 요리로 우리 식으로는 반찬이라고 해도 좋을 듯 하지만 곁들이는 것만이 아닌 중요한 메뉴이고, 샐러드, 구이, 찜 등 소재의 맛을 살린 조리법이 맛의 비결이므로 신선한 재료를 쓰는 것이 좋다.

⑤ Formaggio : 치즈류

⑥ Dolce : 과일이나 케이크 등 디저트류

⑦ Zuppa e minestrone : 스프 요리로 작은 종류의 파스타가 들어가기도 한다.

표 서양 정찬(正餐; full course)과 이탈리아 정찬(正餐)의 비교

구분	코스 이름	서양 요리	코스 이름	이탈리아 요리
제1코스	전채(appetizer)	찬 전채, 더운 전채	안티파스토	주로 냉채, 샐러드류
제2코스	스프(soup)	크림스프, 맑은 스프	프리모 피아토	파스타, 리조토
제3코스	해산물(sea food)	생선, 조개류	세컨드 피아토	고기, 생선, 버섯요리
제4코스	주요리(Entree ')	육류, 가금류	콘토르노	야채요리
제5코스	샐러드(salad)	야채	포로마조	치즈
제6코스	후식(dessert)	케익, 쵸코렛 등	돌체	과일, 과자
제7코스	음료(beverage)	커피, 홍차	음료	커피, 홍차, 식후 술

위의 순서대로 요리를 선택하면 별 문제는 없지만 다 시켜 먹을 필요는 없다. 그러나 파스타 만으로 끝내고 싶다고 하여 첫째 접시에서 식사를 마치는 것은 예의가 아니다. 이탈리아인들 중에서도 생선이나 고기요리(세컨드 피아토), 콘토르노 만으로 식사를 끝내는 사람들도 있다. 또 파스타를 먹고 2번째 접시에 전채요리를 시켜도 별 문제는 없다.

메뉴에 다음과 같은 말이 쓰여있다면

•La chef consiglia : 요리사가 권하는 요리
•Piatti tipici : 전통적인 향토음식
•Piatti de giorni : 오늘의 특별 요리
•Piatti espressi : 빨리 되는 요리라는 뜻이다.

8) 이탈리아의 테이블 매너

이탈리아 요리의 테이블 매너는 우리가 알고 있는 서양 요리의 그것과 큰 차이점은 없지만 우리에게는 오히려 덜 부담스럽게 느껴지고 있다. 우리나라의 피자, 스파

게티로 먼저 소개되어 '이탈리아 요리'하면 캐주얼한 느낌이 먼저 들지만 우아하게 스파게티를 즐길 수 있는 방법 정도는 알고 있는 것이 좋겠고 매너가 몸에 베면 더 편해지는 것이 사실이다.

① 스파게티를 먹을 때 포크만 나왔다면 접시 한쪽 옆에서 한입에 먹을 만큼의 스파게티를 포크로 찍어 돌돌 말아서 먹는다. 하지만 포크와 스푼이 함께 나오는 경우가 더 많은데, 이때 스푼은 포크로 파스타를 잘 말 수 있도록 돕기 위한 것이다. 왼손에는 스푼을 오른손에는 포크를 들고 한입에 먹을 수 있는 분량을 떠서 스푼 안쪽에 포크의 끝을 대고 면을 돌돌 말아서 포크에 감긴 것을 먹는다. 이탈리아에서는 포크를 시계 방향으로 돌려서 먹어야 행운이 찾아 온다고 믿는다니 우리도 굳이 시계 반대 방향으로 포크를 돌릴 필요는 없는 것 같고 실제로 해보면 시계 방향으로 감는 것이 편하다.

② 이탈리안 레스토랑에 가보면 식탁 위에 올리브유와 소금, 발사믹 식초 등이 놓여 있는 경우가 많은데 올리브유에 발사믹 식초를 떨어뜨려 빵을 찍어 먹거나 샐러드 등의 요리에 더 첨가하기도 한다. 올리브유 병의 입구는 문 쪽을 향하게 놓는다.

③ 파스타나 피자 등을 먹을 때 파마산 치즈가루를 뿌려 주는데 해물이 들어간 경우에는 뿌리지 않는 것이 좋다. 치즈의 향 때문에 해물 자체의 맛과 향을 제대로 즐기기 어렵기 때문이다. 하지만 다른 재료를 쓴 파스타에는 파마산 치즈가루가 아주 잘 어울린다.

8.5. 이탈리아의 레스토랑 종류와 유명 레스토랑

이탈리아의 레스토랑은 옛날에는 품격, 서비스에 따라서 몇 가지 이름으로 불리었는데, 최고의 레스토랑인 '리스토랑테', '오스테리아', '타베르나', '트라토리아', '타블라 카르다'의 차례로 되어 있었다.

'리스토랑테'는 아티파스토에서 파스타, 생선, 고기 등의 메인에서 곁들이는 야채요리, 각종 치즈, 디저트 외에 식전 음료, 식후 음료에 이르기까지 정찬을 먹기에 알맞은 모든 코스를 준비한 최고급 레스토랑이다.

'오스테리아'와 '타베르나'는 일반 손님 외에 여행자가 머무는 숙소의 식당을 겸하고 있는 경우가 많으며, '리스토랑테'에 비하여 코스가 적은 것이 특징이다. 오스테리아가 타베르나 보다 격이 높았던 것 같으나, 분명히 구분되지는 않는 듯 하다.

'트라토리아'와 '타블라 카르다'는 서민들이 이용하는 간이식당으로써 비싼 음식이나 포도주보다는 그 지방의 저렴한 향토음식이나 잔술(한 컵씩 파는 술)을 주로 판매하는 레스토랑이다. 경영도 가족끼리 맡고 있는 경우가 많으며, 그날그날 살 수 있는 식재료로 날마다 메뉴를 바꾸는 것이 특징이다. 가격은 최고급 레스토랑 '리스토랑테'에 비하여 1/4 또는 1/5 정도이다.

그러나 레스토랑의 이러한 구분은 2차 세계대전 이후에 급속도로 변하였다. '트라토리아'에서 출발하여 아직도 '프라토리아'의 명칭을 가지고 있는 곳이 있는가하면, '트리토리아' 이하의 간이식당에서도 당당히 '리스토랑테'의 명칭을 붙여서 영업하는 곳도 있다. 따라서 이탈리아 여행에서 자신의 취향에 맞는 레스토랑을 고르려면 전문 안내서 외에 여성 전문잡지, 요리 잡지, 여행 잡지를 참조하는 것이 좋다. 가장 신뢰할 수 있는 안내서는 이탈리아판 '미슐랭'과 이탈리아 투어링 클럽이 발행하고 있는 '이탈리아'이다.

(1) 바(Bars)

바는 하루에도 몇 번씩 커피를 마시는 이탈리아인들이 애용하는 장소로 이들은 커피나 술을 빨리 마시고 나간다. 천천히 앉아서 이야기를 나누면서 차나 커피를 마시는 곳은 '살라다테(Sala da The)'와 '카페(Caffe)'이다

(2) 피짜리아

피자를 전문으로 파는 집을 의미하며 두 가지 종류의 가게가 있다. '알탈리오(Al taglio)'나 '루스티카'라고 부른 가게에서는 만들어 놓은 피지를 서서 먹으며 오전부터 영업한다. 직접 불을 피워 만든 피자를 식탁에 앉아서 제대로 된 서비스를 받으면서 식사하는 음식점이 본격적인 피짜리아인데 밤에만 영업한다.

(3) 카페테리아(Cafeteria)

피자, 크로켓, 각종 파스타, 닭, 쇠고기, 로스트, 샐러드 등 간단한 요리를 먹을 수 있는 음식점이다. '타볼라칼다(Tavola calda)'와 '로스티체리아'는 카페테리아와 비슷한 음식점인데 고객이 원하면 포장(take-out)도 해 준다.

(4) 로마의 '오스테리아 데르 오르소(Hosteria d'Orso)'

'오스테리아 데르 오르소'는 테베르강을 끼고 바티칸 궁전과 마주보고 있는 로마에서도 비교적 혼잡한 서민촌의 한 모퉁이에 위치하고 있다. 바티칸의 추기경을 비롯한 내외 귀빈이 쉴새 없이 이용하는 최고급 레스토랑인데 이름만으로 '오스테리아'라고 판단하면 실수할 수 있다.

(5) 알프스 산중 '쿠르마요'의 스파케티 봉골레

스파게티에 껍질째 삶은 모시조개를 수북히 얹어주는 스파게티 봉골레는 모시조개 껍질을 까서 먹는다. 짭조름하면서 맛이 좋은데 포크로 스파게티를 돌돌돌 감아서 한입 가득 넣어보면 그 놀라운 맛을 알게 된다.

(6) 유럽 미식가들이 동경하는 곳 '카발로 비안코'

이탈리아 최고의 역사를 가진 리스토란테는 'Caballo bianco'이다. 작은 골목에 들어서면 눈앞에는 눈 덮인 산과 새빨간 제라늄으로 장식된 레스토랑이 나타난다. 옛민가를 개조했다는 점포 안은 중후하고 가라앉은 분위기이다. 향토요리를 토대로 주방장이 그 독창성을 살려서 만들어낸 음식들이다. 산이 깊어서 재료가 생각만큼 많지 않다는 것이 주방장의 애로점이나 낮과 밤에 따라 요리가 바뀔 수 있으며 메뉴도 추상적 표현이 많다.

(7) Charleston

시칠리아에서는 고급점이라도 북·중부 이탈리아의 반값으로 즐길 수 있다. 새우

스파게티와 시칠리아 명물인 디저트 카사타까지 먹을 수 있다. 이곳은 팔레르모에서도 일류에 속하는 곳으로 바카라 유리 그릇에 냅킨을 쓴다.

(8) Madonna

리알토 다리의 서쪽 해안의 골목으로 들어간 곳으로 간판이 있으므로 쉽게 찾는다. 베네치아풍 송아지간 요리나 어패류의 전채, 스파게티 등이 좋다. 생선 수프가 맛있으며, 전반적으로 맛에 비하여 가격은 싼 편이다.

(9) 밀라노에 가면 'Savini'

갈레리아 안에 있는 밀라노를 대표하는 리스토란테로 스칼라 극장에 가까운 탓인지 이곳을 찾는 유명인사들의 발길이 끊이지 않는다. 밀라노풍 리조토와 송아지 카틀렛이 유명하다.

(10) Casa Fontana

포 평원에서 가져온 나무를 이용한 요리인 리조토가 맛있는 집으로 특히, 권하고 싶은 요리는 타르투포를 넣은 리조트이다.

(11) 브랜디 피자점

100년 전통의 마르게리타 피자 전문점으로 은은한 향의 잣나무를 태워서 그 열기로 피자를 익히는 것이 특징이고 모든 과정에서 수공을 고집한다. 우리 돈으로 3,500원 정도의 저렴한 가격이지만 그 맛이 일품이다.

세계의 요리와
유명 레스토랑

제9장

서양요리(III)
독일·스위스·오스트리아 요리

제9장

독일 · 스위스 · 오스트리아 요리

9.1. 독일 … 소시지, 맥주와 축구의 나라

1) 음식 문화의 형성 배경과 특징

독일인들의 근면성과 검소함, 그리고 환경을 보호하는데 앞장서는 국민성은 그들의 일상생활 속에서 찾을 수가 있다. 독일인에게 햄과 소시지는 우리의 김치와 같은, 그래서 그들의 식탁에 빠지지 않는 대표적인 음식이다. 따라서 독일에는 소시지와 햄의 종류가 굉장히 많은데, 크기, 모양, 만드는 재료, 먹는 방법에 이르기까지 소시지의 세계는 다양하다. 독일인들은 소시지의 맛은 만드는 사람에 따라 그 맛이 다르다고 하는데, 공식적으로 집계된 숫자가 1,500여종 이상이라니 그 다양함에 외국인들은 놀란다고 한다.

따끈따끈한 소시지와 푹 삶은 감자 요리로 대표되어지는 독일음식은 자연의 맛을 중시하는 소박하고 서민적인 요리로서 독일의 운치와 독일인의 정서를 느낄 수 있다. 햄이나 소시지는 끈기를 내기 위해서 다른 고기를 넣지 않으며, 착색제나 화학조미료도 쓰지 않아 자연 그대로의 풍미를 지니고 있다. 그러므로 지나치게 잡다한 것을 넣지 않고 주재료의 맛을 살린 요리를 좋아한다. 또한 깊은 삼림에서 수렵생활을 보냈던 독일사람들인 만큼 육류요리를 즐긴다.

독일인의 식습관 발달 과정은 지역과 사회 계층에 따라 크게 차이가 나기 때문에 일반적이고 전형적인 음식문화를 설명한다는 것은 쉬운 일이 아니다. 게다가 독일인 들은 특히 이웃 국가들의 식습관을 모방하면서 자신들의 것을 정립했다고 보여지기 때문에 독일인의 식습관과 문화의 변천 과정을 이웃 유럽 국가들의 그 것과 분리해 서 다루는 것은 힘이 드는 일이다. 독일에서는 하루에 한 번만 따뜻한 음식을 먹는 것이 독특한데 주로 점심식사 때 수프를 비롯한 고기, 감자, 야채 등으로 이루어진 따뜻한 음식을 먹는다. 독일인의 음식 문화는 이탈리아, 프랑스에 비해 그리 발달되 어 있지 못한 편으로 고기와 빵, 소시지를 주로 먹는다. 독일의 전통 요리로는 1,500 가지 정도의 소시지와 햄, 뮌헨 지방의 돼지 족발 요리(Schweinehaxe)와 여러 가지 수프가 있다. 물이 안 좋은 탓인지 맥주를 많이 마시고, 아침에는 커피, 저녁에는 맥 주 아니면 차를 주로 마신다.

독일 음식을 대표하는 몇 가지는 돼지고기, 소시지, 사우어크라우트(Sauer- kraut; 양배추를 절인 백김치 스타일의 음식), 흑맥주와 화이트 와인 등이다. 소시지를 나이 프로 썰어가면서 한 입 한 입 먹다보면 독일산 흑맥주 한 잔이 무척이나 그리워진 다. 시큼 털털한 사우어크라우트 맛까지 만끽할 수 있다면 독일에서 레스토랑에 가 더라도 전혀 두렵지가 않을 것이다.

2) 독일의 대표적 음식

(1) 햄과 소시지

햄과 소시지에 관해서는 독일인은 천재적인 솜씨를 가지고 있다. 햄과 소시지의 종류는 1,500여종이나 되며, 독일에서 일반적으로 소시지라면 굵게 삶은 소시지 보 크부루스트(Bockwurst)나 쇠고기 소시지인 린드부루스트(Rindwurst), 케찹과 카레 가루를 구운 소시지에 발라서 먹는 커리부루스트(Currywurst) 등이 있다. 여행 중 몇 종류 정도는 맛볼 수 있을 것이다. 레스토랑보다는 포장마차(Imbiss)에서 가볍게 여러 종류를 맛보는 것이 좋다. 독일에는 '우리 마을의 자랑거리 소시지'를 내세우는 도시나 마을도 많다. 예를 들면 뮌헨의 달콤한 겨자를 발라먹는 바이스부루스트(Weisswurst)나 뉘른베르크의 새끼손가락 크기의 뉴런버거부루스트(Nurnberger-wurst) 등이다. 따라서 집안 대대로 전수되어지는 비법으로 만든 소시지를 파는 가게가 많다. 일반적으로 먹을 수 있는 햄 게코흐트슁켄(Gekochtschinken)은 크고 맛이 있다. 검은 숲 지방 특산의 생고기를 그대로 훈제한 슈바르츠발더슁켄(Schwarzwalder Schinken)은 약간 신맛이 나서 맥주 안주로는 아주 적합하다. 소금에 삶은 돼지고기와 같은 프라거슁켄(Pragerschinken)도 맛있는 햄의 하나이다.

부르스트(소시지) - 종류가 다양한 독일 소시지

독일인들은 아침 식사와 저녁 시사 때 대개 빵을 먹는데, 이때 부르스트(Wurst)를 곁들이는 경우가 많다. 점심때도 감자 튀김이나 샐러드에 구운 부르스트를 먹거나 야채와 부르스트를 함께 넣어 삶은 요리를 먹는 등 다양한 부르스트 요리를 즐겨 찾는다.

그만큼 독일인들에게는 소시지가 식생활에 깊이 뿌리박혀 여러 가지 민속과도 관계가 있다. 집안에는 집신이 살고 있다고 믿던 시대에는 신에게 공양할 때 아무리 가난해도 쿠키와 햄, 부르스트는 빼놓지 않았다고 한다. 이처럼 부르스트는 토속 신앙의 성격을 지닌 음식으로 우리나라에서 술을 담글 때 여성이 가까이 오는 것을 금기로 여겼듯이, 서양에서도 부르스트를 만들 때는 낯선 사람이나 생리 중인 여성이 가까이 오지 못하게 하는 관습이 있었다. 또한 부르스트가 풍요를 부르고 은총을 가져오는 음식이며, 신과 인간을 이어주는 음식으로 여겨지기도 했다.

부르스트는 고기와 지방을 갈아서 소금, 향신료 등을 섞어 소나 돼지의 장에 채워서 훈연시킨 것이 많다. 지방에 따라 여러 종류가 있는데, 바이에른의 바이스부르스트(Weisswurst)처럼 훈연하지 않고 짧게 가열 처리하여 당일 소모하는 것도 있다.

옛날부터 독일 농촌에서는 봄에 어린 돼지를 사서 가을까지 키우다 11월경이 되면 살찐 돼지를 잡아 여러 가지 부르스트를 만들어 그해 겨울과 다음해 봄까지 식량으로 삼았다.

제2차 세계대전 전만 해도 농가뿐만 아니라 정원이 넓은 교외의 집에서는 돼지를 키워 크리스마스가 가까워지면, 근처의 고깃간에 부르스트나 햄(쉰켄이라 부름)을 만들어 달라고 부탁하거나 훈제를 위해 봄까지 농가에 맡겨두기도 했었다. 부르스트나 햄으로 쓰이지 않는 부위는 친구나 이웃을 불러서 잔치를 열어 맥주를 마시며 즐겼는데 이를 슐라하트페스트(Schlachtfest:도축축제)라 부른다. 그 가정이나 고을의 연중 행사로 여겨졌던 이 같은 잔치는 제2차 세계대전 이후부터 사라지기 시작하여 지금은 거의 찾아볼 수 없다.

프랑크푸르터부르, 튜링거부르스트 증 지역마다 특색있는 부르스트들이 있으며 Zungenwurst(혓살), 레버부르스트(Leberwurst:간)처럼 재료로 구분하기도 하는 등 독일 소시지의 종류는 무척 다양하다.

(2) 맥주에 삶은 육질이 부드러운 족발

뭐니뭐니 해도 독일을 대표하는 음식은 '아이스바인(Eisbein, 맥주에 삶은 돼지족발)'이다. 맥주에 푹 삶은 돼지족발에 자극적인 향신료를 약간 친 후 슬라이스해서 내온다. 물이 아닌 맥주에 삶은 탓에 고기향도 좋고 육질은 더 부드러워진다. 야들야들하게 씹히고, 입안에서 보들보들 하게 허물어지는 맛이 돼지고기의 새로운 맛을 느끼게 해준다. 역시 사우어크라우트는 필수적으로 어울린다. 이 외에도 'Grillhaxe(맥주를 바르면서 구운 돼지족발)'도 있다. 어느 음식이나 돼지고기의 부드러운 육질과 겨자 소스의 날카로움을 각별하게 느낄 수 있다.

(3) 프랑켄 요리와 레프쿠헨(Lebkuche)

뉘른베르크에서 향토 요리를 먹고 싶은 사람은 'flankisch (프렌키슈)'라는 단어를 찾아보자. 정말 맛있는 뉘른베르커부르스트와 계피가루(Cinnamon)를 뿌린 쇠고기조림은 맛볼 만 하다. 여기에 또 하나 호두가루와 많은 향료를 사용하여 만든 직경 8cm 정도의 과자인 레프쿠헨이다. 14세기 중엽부터 시작되어 '유럽의 과자'라 불리우고 있는데 처음 한입 먹으면 덤덤하나 씹으면 씹을수록 그 맛이 일품이다.

(4) 아인토프(Eintopf)

독일의 서민들이 즐기는 아주 평범한 음식 중의 하나인 아인토프는 하나의 냄비에다 감자, 콩, 야채, 고기 등을 썰어 넣어 끓인 스프(soup)의 일종이다. 이 요리는 조리하기에도 편리할 뿐 아니라 먹고 남은 것은 다시 냄비째 데우기만 하면 다시 한 끼를 해결할 수 있는 장점이 있다. 이 요리에는 온갖 영양소가 골고루 채워져 있으며, 간편하고 검소한 조리방법으로 인하여 근면한 독일인들을 상징하는 요리로 손꼽힌다.

(5) 학세(Haxe)

주로 돼지 또는 송아지 다리 살로 만드는 학세(Haxe)는 대표적인 독일의 전통 서민 음식이자 외국인도 즐겨 찾는 관광 요리이다. 원래 학세나 아이스바인(Eisbein)은 소나 돼지류 짐승의 발목 바로 윗 부분을 이르는 독일어로, 보통 그 부분으로 요리한 음식을 가리키기도 한다. 돼지고기 슈바인스학세(Schwinshaxe)는 뼈를 제거하지 않은 돼지 다리살에 소금을 비벼 소금기가 살짝 배게 한 다음 이를 용기에 담아 그 위에 끓는 물을 1/4리터 붓고 예열한 오븐에 넣어 2시간 정도 구워낸 요리이다. 껍질이 바삭바삭해지도록 오븐에서 꺼내기 10분전쯤에 찬 소금물이나 맥주를 표피에 조금씩 바른다.

슈바인스학세는 식초에 절인 양배추의 일종인 자우어크라우트(Sauerkraut), 으깬 감자와 함께 서브되는데, 용기에 남은 국물을 이용해 만든 걸쭉한 소스를 뿌려 먹으며, 젠프(senf)라고 하는 겨자 소스를 발라먹기도 한다.

송아지 다리로 만드는 것을 칼프스학세(Kalbshaxe)라고 하며, 겨울철에 독일을 여행하면 산돼지 다리로 만든 빌트슈바인스학세(Wildschweinshaxe)를 내놓는 식당도 많이 볼 수 있다.

(6) 하얀 눈빛깔의 시토렌

시토렌은 독일이 본고장이며 크리스마스 케익으로 좋은 제품이다. 시토렌은 파카하우스 롤 모양인데 표면에 하얗게 슈거 파우더를 뿌린 것은 흰 눈을 뜻하고 포장할 때 쓰여지는 리본은 십자가를 의미한다. 독일의 베이커리에서는 미리 만들어서 냉장고에 저장하였다가 크리스마스 전후에 일제히 나온다

(7) 「나뭇결 모양」이라는 뜻의 케익-밤쿠헨

「밤쿠헨」은 독일의 대표적인 과자이다. '밤'은 나무이고 '쿠헨'은 케익의 뜻으로 이 케익은 자르면 나뭇결 모양으로 되어 있으며 이러한 모양이 독일의 전통적인 과자로 되었다. 이 케익의 제품은 예술성에 가깝고 그 맛과 모양이 뛰어나다. 케익 내부의 둘레에는 이 케익의 년수와 관련된 표현이 되어 있다. 탄생일, 결혼, 장수식, 연회, 축제일 등에 늘 쓰여진다. 이 케익은 서구를 거쳐 일본, 그리고 1961년에 한국으로 들어오게 되었다.

3) 독일의 술

(1) 세계의 대중주 맥주

독일은 맥주 애호가에 있어서는 천국과 같은 곳이다. 국민 1인당의 연간 소비량이 350㎖들이 캔맥주로 430캔이라고 하니 과히 물 대신에 맥주를 마신다고 해도 과언이 아니다. 우리가 일반적으로 마시는 맥주는 독일에서는 필스너(Pilsner) 또는 필스(Pils)라고 부르는 맥주이다. 독일어에 맥주기행(Bier Reise)이라는 말이 있는데 이는 특색이 있는 그 지방의 맥주를 맛보면서 얼큰하게 취한 기분으로 여행하는 것을 말한다.

만일 독일의 수도원에서 맥주를 마실 기회를 갖게 된다면 그야말로 확실한 원조를 만나는 것이다. 종교상의 이유로 단식을 많이 하던 그들은 단식기간에 영양분을 보충해 줄 무엇인가가 필요했고 그것이 맥주였던 것이다. 독일 전 지역을 통틀어 11개의 수도원에서는 아직도 맥주를 빚고 있다.

① 도르트문트

독일 최대의 맥주 생산도시인 도르트문트에서는 각종 맥주를 양조하고 있지만, 무엇보다도 북부 독일의 명산인 필스너비어(Pilsnerbier)가 있다. 필스너비어는 독일 각지에서 생산되고 있지만 도르트문트의 필스너는 감칠맛이 있어 우리 입맛에도 맞다. 도르트문트에는 독일 국내에서도 손꼽히는 5대 맥주회사가 있는데, 어느 곳의 필스너 맥주를 마셔도 맛이 있다.

② 뒤셀도르프

적갈색으로 약간 호프 맛이 나는 알트비어(Altbier)가 뒤셀도르프의 대표적인 맥주이다. 시내에는 알트비어사에서 직접 경영하는 레스토랑이 있는데 맛도 있고 가격도 적당하다. 오스트(Oststr)의 슈마허(Schumacher), 구시가의 춤 쉬프헨(Zum Schiffehen)은 권할 만하다.

③ 뮌헨

생산량에서는 도르트문트에 1위 자리를 양보했지만 역시 맥주의 도시라고 불리는 만큼 소비량(뮌헨 시민 1인당 연간 캔맥주 657캔)과 맥주의 종류의 풍부함에 놀란다.

비어홀, 비어 레스토랑도 다른 도시보다 눈에 띄게 많고 규모도 크다. 일반적으로 마시는 맥주는 옅은색의 가벼운 헬레스비어(Hellesbier)와 알콜 도수가 높고 짙은 갈색의 둥켈스(Dunkels)가 중심이다. 이밖에 소맥을 원료로 한 바이첸비어(Weizenbier)가 있다. 이 맥주에는 효모가 든 것과 효모가 빠진 것이 있는데, 레몬 조각을 띄워서 마시는 사람도 많다.

계절에 따라서는 3월에 마시는 메르츠비어, 5월에 마시는 마이보크, 옥토버페스티발(10월 축제 – 세계 3대 축제: 브라질 삼바축제, 독일의 옥토버축제, 일본의 쌋뽀로 눈축제) 시기에 마시는 알코올 도수가 헬레스비어보다 높고 감칠맛이 있는 옥토버페스트비어가 있다.

④ 기타 지역의 맥주

쾰른에는 황색의 엷은 빛깔이 나는 맥주로 산뜻한 맛이 있는 쾰슈비어(Kolschbier)가 많이 생산된다. 그리고 약간 단맛이 있는 여성 취향의 맥주인 베를린의 베를리너바이세(Berlinerweisse)가 있다.

밤베르크는 독일 국내에서도 보기 드문 다갈색의 쓴맛이 적당한 라우흐비어(Rauchbier)의 특산지이다. 맥주의 원료인 맥주보리를 한번 연기 라우흐(Rauch)에 통과하였다고 하여 이런 이름을 붙였다.

안데크스는 남부 독일의 특산인 알콜도수가 높고 색깔도 검은 흑맥주(Dun- kels)의 명산지였지만 최근에는 옅은 색의 알콜도수가 높은 맥주도 생산한다.

(2) 와인

식사에 관해서는 프랑스인에게 완전히 경의를 표하는 독일인도 맥주와 포도주에 관한 한은 절대로 양보하지 않는다. '맥주는 그렇다쳐도 포도주까지'하며 고개를 갸우뚱하는 사람도 많을지 모른다. 그 증거로 레스토랑에서는 와인 리스트에 프랑스 와인이나 이탈리아 와인이 들어 있지만, 대부분의 독일인들은 독일 와인을 마시고 있다. 더구나 외국 포도주 쪽이 훨씬 값이 싼 경우에도 그렇다.

독일 와인의 매력은 감칠맛이 나고, 깊은 맛이 있다는 것이다. 더욱이 북쪽 토지에 한정되어 힘들여 재배한다는 점이 있어서 맥주 등에 비해 귀중한 고급품의 이미지가 있다. 상표·생산지역·포도의 종류·제조년도 등 있는 지식을 다 들면 귀찮을 만큼 끝이 없지만 역시 맛있는 포도주를 마시는 이정표로서 최저한의 독일 포도주에 관한 지식을 가지고 있어도 손해될 것은 없다. 와인의 생산 지역은 크게 구분하여 라인 와인·모젤 와인·프랑켄 와인·바덴 와인 등 네 가지로 나누어진다. 포도주의 상표, 수확한 해의 연도도 중요하지만 마시기 위해서는 독일 포도주의 미각에 의한 분류를 아는 것이 도움이 있다. 미각에 따라 분류하면, 쌉쌀한 맛(Trocken), 약간 쌉쌀한 맛(Halbtrocken), 단맛(Suss)의 세 가지로 구분된다.

(3) 여섯 종류의 상급 와인

독일은 한랭이기 때문에 당분과 품질을 높이기 위해서는 포도를 따는 방법과 수확 시기를 연구할 필요가 있다. 그래서 만들어진 것이 포도주를 등급에 따라 격을 매기는 것이다.

독일 포도주는 따는 방법, 수확시기, 포도의 숙성도, 과즙의 당도에 따라 일반적으로 마시는 테이블와인(Tafelvine)과 쿠알리테트와인(Qualitatwine), 그위부터 상급의 6종류의 와인에 격을 매긴 쿠알리테트와인 미트 프레디카트(Qualitatwein mit Pradikat)로 분류된다. 그 6종류의 상급 포도주는 다음과 같다.

① 카비네트 Kabinett

10월의 일반적인 수확 시기에 수확하여 충분히 익은 포도로 만든 고급스런 와인이다.

② 슈페트레제 Spatlese

일반적인 수확시기보다 조금 늦게 수확된 포도로 만든 와인으로 부드럽고 성숙도가 높은 것이 많다. 가격이나 맛에 있어서 가장 적당하다.

③ 아우스레제 Auslese

늦게 수확하고, 또 포도 송이를 하나씩 골라내어 만드는 와인이다. 향기가 풍부하고 고상하며 당도도 충분히 높다.

④ 베렌아우스레제 Beerenauslese

완숙한 포도 알맹이를 골라내어, 그 알맹이만으로 만드는 와인이다. 풍미가 있고 향기도 좋으며, 호박색으로 빛난다.

⑤ 트로겐베렌아우스레제 Trockenbeeren Auslese

건포도 식으로 된 포도 알맹이를 하나씩 골라내어 만드는 와인이다. 이 와인을 가장 품질 좋은 와인이라 하며, 원숙미·과일 맛·향기도 좋지만 단맛이 있는 와인이 많다.

⑥ 아이스바인 Eisbein

12월 무렵 서리가 내리는 시기까지 기다렸다가 적당히 서리가 내린 날에 골라서 따낸 알맹이로 만드는 와인이다. 그 때문에 당도가 상당히 높고 향기가 매우 강하다.

이 밖에 그뤼와인(Gluwein)은 향기도 좋고, 몸도 더워져서 추운 겨울이나 감기 기운이 있을 때 독일인들이 즐겨 마신다 하여 핫와인이라 한다. 그리고 프랑켄 와인에 프랑켄 요리를 맛보는 것을 잊어서는 안된다. 수많은 독일 와인 중에서도 가장 남성적인 것으로 쌉쌀한 맛이 있으면서도 감칠맛 나는 와인이다.

4) 독일인의 식습관과 식사예절

독일인들의 식사하는 모습에서도 근면하고 검소한 그들의 국민성이 엿보이는데, 그들은 식사할 때 큰 접시 하나에다 요리를 한꺼번에 담아서 남기지 않고 깨끗이 먹는다. 가능한 하나의 접시를 사용하는 것은 설거지를 하면서 발생하는 환경오염을 줄이겠다는 환경의식이며, 또한 남기는 음식 없이 깨끗이 접시를 비우는 것은 그들의 검소한 생활태도이다. 감자요리와 소시지 또는 햄, 그리고 빵이 주된 음식인 그들의 식단은 참으로 간단하고 소박하다. 특히 딱딱하고 검은색의 빵 한 조각은 신분의 높낮이를 의미하는 것은 아니지만, 확실히 검소하고 소박한 음식문화를 대변해주는 상징일 것이다.

독일 사람들은 하루의 식사 중 점심을 가장 중요시하는데, 이것은 저녁에 큰 비중을 두는 주변 다른 나라와는 분명 다른 특징이다. 이런 관습은 온 국민이 열심히 일했던 산업혁명기의 산물인데, 이 시기에 '독일인들은 아침 6시부터 저녁 6시까지 장시간 일을 하였다'한다. 아침에 일찍 일어나다 보니 자연히 아침식사를 간단히 할 수밖에 없었고, 점심식사까지 소홀히 한다면 일은 고사하고 견디기조차 힘들었을 것이다. 따라서 '점심을 따뜻하게 만든 요리로 제대로 먹고, 저녁에는 간단히 식사하고 쉬고 싶어한 데서 이런 관습이 시작되었다'고 한다.

독일에서 레스토랑에 들어가면 멋대로 자기가 원하는 자리에 앉는 것은 예의에 어긋나므로 종업원이 자리를 안내할 때까지 기다리는 것이 좋다. 메뉴를 받으면 먼저 마실 것을 부탁하고, 다음에 메뉴를 찬찬히 살펴보면서 주문하는 것이 좋다. 관광지인 경우 영어로 된 메뉴가 준비되어 있는 곳이 있지만, 독일어로만 된 메뉴가 나와 그 뜻을 이해하기 힘들 때는 주위의 음식을 가리키면서도 주문하여도 무방하다. 이럴 때에는 다른 손님의 입장을 헤아려서 손님의 기분이 상하지 않도록 나지막한 소리로 주문하거나 또는 음식을 가르키는 것이 좋다. 잘 모르는 레스토랑이라면 그날의 요리(today's special; Tagesmenu)를 주문하는 것이 실수를 줄이는 방법인데, 이 요리들은 일품요리에 비하여 가격도 저렴하고 주문 후 제공 시간도 빠르다

주문을 받은 사람을 기억하였다가 식사를 끝내고 계산할 때는 담당 웨이터를 불러서 테이블에서 지불하면 된다. 몇 사람이 함께 식사한 후에 자기가 먹은 것을 분담하여 계산하고자 한다면 "게트렌트(Getrennt)"라고 말하면 따로 계산해 주는데 이때에는 팁도 따로 계산하여야 한다. 누군가가 대표로 지불할 때에는 "추잠멘(Zusammen)"이라고 말하면 일괄적으로 계산된 계산서가 나온다. 요금에는 대부분 세금(tax)과 봉사료(service charge)가 포함되어 있지만 약간의 거스름 돈이나 요금의 10% 정도를 팁(tips)으로 주는 것이 좋다.

5) 독일의 유명 상점과 레스토랑

(1) 네카게뮌트의 '크라우스정육점'

7대째 정육점을 가업으로 이어받아 30년째 전통적 방법으로 소시지를 직접 제조하여 판매하는 '크라우스'씨의 정육점은 독일에서도 가장 유명한 소시지판매점이다.

227

독일 최고의 기술자인 장인(匠人)(마이스터 ; meisterbrief) 자격증을 딴 '크라우스'씨와 역시 마우스터 자격증을 소지한 딸 '클라우디', 그리고 아들들이 1주일에 한 번씩 수작업으로 만드는 소시지는 이 지역뿐만 아니라 독일 전역에서도 유명하며, 특히 간(肝)소시지가 최고급으로 이 집의 특산품이다.

(2) 슈바르츠 발트의 '롤프 데커 햄 전문점'

전원 속에서 낙농과 임업으로 유명한 슈바르츠 발트는 '검은 숲'이라 불리우는 전나무 숲이 유명하다. 이 곳에 독일에서 가장 유명한 햄(law ham) 전문점인 '롤프 데커'씨의 가게가 있다. 1,300여 대회에서 수상한 경험이 있는 '데커'씨가 직접 햄을 가공하여 판매하는데, 6주간의 숙성기간을 거쳐 생산되는 일반 햄에 비하여 1년간의 제조·공정과정을 거쳐 생산되는 '데커'만의 햄은 그 맛에 있어서 세계 최고를 자부한다. 도살 후 4~5일간 냉장고에서 숙성(aging)시킨 후 산도 5.8ph인 신선한 육류만을 이용하여 약 2주간의 염제기간을 거쳐 훈연(smoking)하여 만드는 이 가게의 햄은 다시 6개월 이상의 후(後)숙성과정을 거쳐 생산된다. 이 지역 특산물인 전나무 톱밥과 전나무 잎, '데커'만의 비법인 다크 홀라 나무열매를 땔감으로 이용하여 햄에 풍미(風味)를 더한다.

대중식당의 분위기가 있는 가스트하우스(Gasthaus)나 가스트슈테(Gast- statte)는 어떤 도시나 마을에도 반드시 몇 군데가 있다. 음료수가 중심이라면 바인켈러(Weinkeller)나 비어슈투베(Bierstube)가 있고, 전국 각지에 있는 체인레스토랑으로 권할 만한 것은 노르트제(Nordsee)와 뫼벤피크(Movenpick)가 있다. 노르트제는 육식에 물린 사람에게 안성맞춤인 생선요리전문점이며 뫼벤피크는 바이킹식 샐러드바가 인기이다. 가볍게 먹으려면 임비스(포장마차)가 제격이다.

그로세 보켄하이머 거리(Grosse Bockenheimerstr.)는 식도락의 거리로 고급 식료품점도 많아서 구경하며 걷는 것만으로도 배가 부르다. 중간쯤에 있는 슐레마이어(Schlemmermeier)라는 가게에서 서서 먹는 소시지는 맛있기로 정평이 나 있다.

마인츠의 거리는 걷고 있으면 여기저기에 바인스투베(Weinstube)라고 쓰여진 간판이 보인다. 이들 주점은 마인츠에서 태어나 자란 할아버지, 할머니들이 경영하는 곳으로 포도주를 싸게 먹을 수 있을 뿐만 아니라 낮 시간에는 맛있는 독일 가정요리의 정식을 즐길 수 있는 곳으로 포도주에 따라 나오는 빵 역시 맛있다.

(3) 하이델베르그의 '로텐 옥션'

학문의 중심지인 하이델베르그의 중심인, 하이델베르그대학 길모퉁이에 위치한 '로텐 옥션'은 '붉은 황소'라는 의미이며, '황태자의 첫사랑' 영화 촬영 장소로도 잘 알려져 있다. 150여 년간의 전통을 자랑하는 '로텐 옥션', 이 학사주점의 모든 장식품과 탁자, 의자, 맥주잔, 벽에 걸린 사진 역시 100~150년의 전통을 자랑한다. 1954년 한국 전쟁중 이 곳을 방문한 '마릴린 몬로', 1969년 방문한 아이젠 하워 미대통령의 영부인, 그리고 유명한 영화배우 '존 웨인'의 방명록이 고스란히 보관된 '로텐 옥션'은 하이델베르그를 방문하는 관광객이 꼭 들리는 명소이다.

(4) 뮌헨의 'Hof 브로이하우스'

아직까지 맥주를 직접 제조하여 판매하는 '호프 브로이하우스'는 맥주집이라기보다는 이 지역 '사랑방'의 역할을 수행하는 '삶의 공간'이다. 50~60세 주민들을 위한 '단골 식탁'은 1주일에 1번씩 같은 자리에서 같은 시각에 만나는 이 지역 주민들의 사랑방이다. 상아잔, 뚜껑 달린 도자기잔, 온갖 장식구로 치장되어진 맥주잔으로 채워진 '단골잔 코너'는 자물쇠로 채워져 있는데, 단골 고객이 오면 자기가 보관해 놓은 잔을 꺼내어 신선한 맥주를 마시도록 배려한 공간이다. 대부분의 맥주잔은 이 지역 단골손님의 잔이지만 1명의 영국인 전용 맥주잔이 있다는 사실이 재미있다. 여기에서는 1리터짜리 맥주와 함께 커다란 학세 한 접시를 간단히 해치우는 독일 사람들을 쉽게 보게 된다. 그러나 학세 한 덩어리는 보통 동양인들에게는 1인분 메인 디시로는 양이 너무 많을 정도이며 서너 명이 맥주 안주 삼아 나눠 먹어도 넉넉하다.

(5) '아우구스티너켈러(Augustinkeller)'

대성당에서 남쪽 역 쪽으로 번화한 상점가 아우구스티너거리를 걸으면 왼편에 자동차 바퀴가 붙은 포도주 통이 금방 눈에 띄는 가게이다. 중후한 분위기의 내부장식에 분위기도 활발하며 가을의 포도주 수확기에는 발효중인 새 포도주를 내놓는다.

음식도 매우 청결하며 옛날부터의 독일 가정요리 맛을 즐길수 있는 슈트라머 막스 (Strammer Max)와 함께 신선한 야채로 만든 여러 종류의 샐러드가 있다.

(6) 멧돼지와 숭어요리가 일품인 바덴바덴의 '쿠어하우스'

숭어에 첨가되어 있는 요쿠르트 모양의 것은 겨자인데, 각별한 풍미가 있고 맛도 훌륭하다. 숭어는 한 마리에 12마르크, 두 마리에 19마르크 정도이다.

9.2. 스위스 … 유럽의 다양한 문화와 음식이 공존하는 나라

1) 음식 문화의 형성 배경

스위스의 특징은 다양함이라고 한다. 그 곳엔 초콜릿 치즈, 그리고 알프스 이상의 것들이 있다. 바로 전통과 문화. 스위스는 독어, 불어, 이태리어, 로마어를 국어로 쓰며 70개 이상의 방언을 갖고 있다. 약 2천년 전부터 유럽의 이동전이지대로서 유럽 여러 나라의 문화가 공존하게 되었고 특히 식생활 문화를 자랑하는 독일과 프랑스, 이탈리아의 영향을 요리에서도 크게 받은 것이 지금도 각 나라의 요리를 맛볼 수 있는 이유이다. 스위스 하면 치즈와 초콜릿 맛, 시계에 일명 맥가이버 칼인 등산용 칼을 빼놓을 수 없다.

스위스는 문화의 다양성 때문에 요리 역시도 다양한 나라의 요리를 만날 수 있다. 프랑스, 독일, 이탈리아의 영향이 음식문화에도 미쳐진 것으로 그 품질은 어디를 가도 우수하다. 알프스 마터호른 봉의 높고 웅장한 모습과 자유로움이 넘치는 노천카페, 그 옆의 고성이 어우러져 한 폭의 그림을 그려냈다.

각 지역별로 유명한 요리들이 있는데 프랑스 문화권에는 퐁듀(fondue)와 라클레트 (raclette), 독일문화권에는 소시지와 굽거나 볶은 감자, 그라우뷘덴 지역에서는 건조시킨 쇠고기와 햄, 티치노에서는 이탈리아요리가 유명하다. 이와 함께 퐁듀 부르기뇽은 스위스 전역에서 인기 있는 요리이고, 패스츄리(pastry)와 디저트(desert)류도 세계적으로 이름나 있다. 그리고 이중에서도 스위스인들이 최고로 치는 요리는 전통

요리인 '퐁듀'가 바로 그것이다.

퐁듀만큼 유명한 것이 스위스 초콜릿이다. 원래 초콜릿은 마시는 음료 형태로만 나와있었다고 한다. 그러던 것이 1875년 스위스의 다니엘 피터가 우유를 첨가한 밀크초콜릿을 만들면서 지금과 같은 납작한 판 모양의 고체 초콜릿이 탄생되었으며, 1879년 처음으로 혀에서 녹는 고체 초콜릿이 만들어졌다고 한다. 그 이후 정교한 기술로 만든 스위스 초콜릿들이 각종 세계박람회에 선보이면서 세계적인 명성을 얻게 되었다고 한다.

2) 스위스의 대표적 음식

(1) 스위스 전통요리 퐁듀(fondue)

스위스에서 가장 유명한 전통요리라면 퐁듀를 꼽는다. 퐁듀란 불어의 'fondue'에서 비롯되었는데 '녹이거나 섞는다'라는 뜻으로 한겨울에 키를 넘길 정도의 눈이 쌓이면 식량을 구하러 나갈 길조차 끊기던 이 나라에서 겨울나기 음식으로 개발한 메뉴다. 별다른 양념도 조리법도, 먹을 때의 격식도 따로 없는 소박한 요리지만 요즘은 치즈와 와인이 어우러진 이국음식으로 세계 여러 나라에서 사랑 받고있다.

이 퐁듀의 대표적인 요리로는 치즈에 포도주, 체리주 등 소량의 알콜과 마늘, 후추, 너트멕 등 약간의 향신료를 첨가하여 불에 녹인 후 빵조각을 찍어먹는 치즈 퐁듀, 뜨겁게 달군 기름에 쇠고기와 송아지 고기를 넣어 익힌 후 꺼내 여러 가지 소스를 곁들여 먹는 퐁듀 부르귀뇽, 그리고 감칠맛 나는 국물에 여러 가지 육류와 야채를 넣어 익혀먹는 퐁듀 시누아즈 등이 있으며 이외에도 해물 퐁듀, 발레산 퐁듀, 페이산 퐁듀 등과 디저트로는 스위스 초콜릿 퐁듀 등이 있다.

특히 퐁듀 부그귀뇽은 주사위 모양으로 먹기 좋게 썰어져 있는 고기를 퐁듀용 포크에 찍어 끓고 있는 기름이 담긴 포트(port)속에 넣어 익혀가며 먹는 것인데 칠리소스, 레몬소스, 마스터드 소스 등 7가지 다양한 소스 맛을 즐길 수 있다. 한국사람 입맛에 잘 맞는 것은 퐁듀시누아즈로 중국식 퐁듀이다. 생선뼈 등으로 시원하게 육수를 만들어 끓이면서 야채와 생선, 쇠고기 등을 넣어 익혀 먹는 것이다.

스위스 퐁듀요리는 버너를 놓고 직접 요리해서 먹는 음식이다. 퐁듀요리는 테이블 위에 버너가 준비되어 있어 끓고 있는 포트에 직접 요리해서 먹는 즐거움이 있는데 이때 썬 빵이나 고기를 퐁듀용 포크에 빠지지 않도록 잘 끼워 먹는 요령이 있어야 한다. 만약 꼬챙이에 끼운 빵조각이나 고기조각을 냄비에 빠트리면 보통 와인 한 병을 벌로 내야하며 여성들은 벌칙에서 제외되나 대신 빠뜨린 조각만큼 키스를 허락해야 하는 재미있는 전통이 전해지고 있다.

① 치즈 퐁듀

치즈 퐁듀는 퐁듀에 적신 빵을 다시 빼내어 손으로 잡고 먹거나 포크를 이용하는 게 아니고, 시종일관 꼬챙이 채 입으로 먹는다. 빵이 뜨거운 퐁듀로 인해 흐느적거리는 바람에 자칫하면 먹기 전이나 먹는 도중에 꼬챙이에서 빠지는 수가 있다. 스위스에서는 이렇게 빵을 냄비 속이나 먹다가 접시에 떨어뜨리며 벌로 와인을 한 병 낸다고 한다. 이와는 별도로 한가지 주의사항은 먹을 때 조심해야 한다. 급하게 먹다가는 뜨거워 데일 염려가 있으니 차리리 퐁듀가 좀 식으면 끈끈하니 먹기가 편리하다. 물론 처음 맛보는 사람은 우리나라 청국장 냄새 닮은 독특한 향내로 인해 다소 거부감을 가질 수도 있다. 그러나 어려움을 견디고 일단 치즈 퐁듀를 시식해 본 사람은 결코 그 맛을 잊지 못한다고 한다.

② 오일 퐁듀

오일 퐁듀는 소안심을 깍두기 형태로 썰어 끓는 시름에 취향 껏 익히거나 튀겨먹는 요리다. 먹는 법은 의외로 간단해, 치즈 퐁듀를 먹을 때 사용하는 것보다 긴 꼬챙이, 이른바 롱 포크로 고기를 찍어 끓는 식용유에 익힌 후, 좋아하는 소스를 발라먹는다. 이 역시 누가 해주는 게 아니고 먹는 사람이 직접 튀겨 접시에 놓고 포크 등으로 눌러 꼬챙이로부터 고기를 뺀 다음 미리 접시에 덜어놓은 소스를 발라 여기에 소금이나 후추를 조금 찍어 먹는다. 반드시라고 해도 좋을 만큼 소금이나 후추를 찍는 것이 훨씬 맛있다.

(2) 뷘트너플라이슈(Bundnerfleisch)

그라우뷘덴 지방의 요리로 쇠고기 덩어리를 1~2년 공기 건조시켜 얇게 잘라먹는 전채 요리로 가벼운 식사 대용으로 이용된다.

(3) 뢰스티(Rosti)

베른 지방의 요리로 쇠고기 · 돼지고기 · 닭고기나 소시지를 수프로 끓인 음식으로 곁들인 양배추의 초익힘이 특히 맛있다.

(4) 바제라멜주페

밀가루를 튀겨 부용(Bouillon)으로 익힌 수프로 양파 파이나 치즈 파이에 잘 어울린다.

한편 오븐 위에서 녹아 내린 치즈에 삶은 감자, 오이, 양파 등의 야채를 섞어 조리한 라클레트 요리 또한 치즈요리의 명품으로 꼽히며, 훈제쇠고기와 베이컨, 보리가 들어 있어 구수한 보리맛과 훈제쇠고기의 맛이 어우러져 독특한 맛을 내는 발리수프, 또는 보리크림수프라고 하는 수프도 정평이 나 있다. 이 보리크림수프는 스위스의 대표적인 수프로 한국인들의 입맛에도 잘 맞는다.

또 스위스는 곳곳에 호수들이 많아 호수에서 잡히는 생선을 이용한 요리도 유명한데, 계피와 사과를 곁들인 농어요리가 대표적이다. 지방이 거의 없는 송아지고기 요리도 스위스요리의 으뜸으로 꼽힌다.

(5) 빵

비상시에 대비하여 비축해 두었던 오래된 밀가루를 사용하므로 스위스의 빵은 맛이 없다라는 일설이 있으나, 실제로는 아주 맛있으며 종류도 다양하다. 따라서 어느 지방에 가도 맛있는 빵을 먹을 수 있는데 한때 하얀 빵이 인기였으나 지금은 배아가 들어있는 검은 빵이 잘 팔린다고 한다.

빵은 Brot이라고 하는 것이 일반적인 명칭이나 지방에 따라 명칭이 달라진다. 일

요일 등 특별한 날에는 Zopf라고 하는 밀크·버터·계란이 세 겹으로 들어있는 빵을
먹기도 한다.

치즈에 대하여

치즈의 이름은 대부분의 경우 만드는 지방의 이름이 붙는다. 그뤼에르치즈의 경우도 그뤼에르란
스위스의 아름다운 산마을의 이름을 붙인 이름이다. 치즈는 젖소의 우유로 가장 많이 만들어지지
만 염소와 양, 심지어는 물소의 우유로도 만들어지고 있다.

치즈는 단단함을 기준으로 하여 가장 연한 소프트 치즈(soft cheese- 치즈의 여왕이라 불리는
브리치즈가 대표적), 조금 더 굳은 세미소프트 치즈(Semi-soft cheese- 피자치즈라 불리우는 모
짜렐라치즈가 대표적), 조금 단단한 치즈인 펌 치즈(Firm cheese-네델란드가 원산지인 고다치
즈), 아주 단단한 하드 치즈(Hard cheese- 치즈퐁듀에 사용되는 에멘탈, 그뤼에르치즈 등)로 나
눌 수 있다.

에멘탈 치즈는 아이보리색 또는 옅은 노란색을 띠는 치즈로 큰 구멍이 나있는 것으로 유명하며
부드럽고 단맛이 나며 씹으면 마치 고무지우개를 씹는 느낌이 난다.

그뤼에르 치즈는 노란색으로 윤기가 나며 딱딱합니다. 잘게 부수지 않아도 잘 녹아서 소스나 구
운 고기에 사용된다.

치즈의 보관은 포도주의 경우처럼 습도와 온도가 매우 중요한데 낱개 포장된 슬라이스치즈의 경
우는 보통의 음식물처럼 냉장고에 보관하면 되지만 다른 치즈를 냉장고에 보관할 경우엔 다른 냄
새가 스며들지 않고 마르지 않도록 랩이나 호일, 셀로판지로 싸서 습도가 높은 야채칸에 넣어두는
것이 좋다.

---

3) 스위스의 술

(1) 와인

요리와 마찬가지로 와인에도 지방색이 있다. 스위스 와인도 훌륭하기로 손꼽히는
데 특히 포도가 재배되는 지역의 와인이 우수하다. 포도밭은 어느 지역이나 쉽게 찾
아지는데 레만 호반 남쪽의 보州나 발레州의 것은 특히 유명하다.

(2) 맥주

레스토랑의 미네랄 워터는 커피나 맥주보다 비싸기 때문에 여행을 하면서 맥주를

마실 기회가 많아진다.

스위스에는 맥주도 와인과 같이 각 지방의 유명한 것이 많이 있다. 취리히의 Feldschlosschen, Hardengut나 주네브의 Cardinal은 가장 인기있는 것으로 스위스 어디에서나 맛볼 수 있다.

(3) 과실주

알콜도수가 45도의 독한 술도 있으므로 과실주(Schnaps)라고 해도 우습게 보아선 안 된다. 이것은 감기 기운이 있을 때 커피나 홍차에 타서 마시고 푹 자면 다음 날 아침은 컨디션이 좋아지는 효과도 있다. Williams(배)·Kirsch(체리)·Marc(포도와 약초)가 대표적인 것이다.

4) 스위스의 식탁

(1) 아침 식사

일반 가정에서의 아침 식사는 거의가 콘티넨탈 스타일로 빵과 커피나 홍차, 또는 뜨거운 코코아를 마신다. 독일어권에서는 우유가 들어간 커피와 작은 빵에 버터나 치즈 또는 벌꿀을 발라먹는다. 프랑스권에서는 뜨거운 우유를 커피와 같은 양만큼 넣은 카페 오레(밀크 커피)와 크루아상(빵 종류)를 먹는다. 이탈리아어권에서는 이탈리아식 커피와 Panetone라고 하는 소금기가 적고 겉이 딱딱한 빵을 먹는다. 이 나라의 티 타임은 오전 9시와 오후 4시이므로 이 시간대의 카페는 어디나 직장인들로 가득 찬다.

(2) 점심 식사

이전에는 학교 가는 아이들도 회사에 나가는 아버지도 집에 돌아와 가족 모두 모여서 식사하는 것이 보통이었으나 최근에는 외식으로 하는 경우가 많아졌다. 스위스에서는 메뉴라고 하면 정식(定食)을 가리키는 것으로, 우리의 메뉴인 요리 리스트는 「카르테」라고 한다. 백화점이나 슈퍼, 역구내에 있는 셀프 레스토랑에서 간단한 점심을 할 수도 있다.

(3) 저녁 식사

이탈리아권의 저녁 식사는 전채 요리로 파스타 요리가 나오는데 양이 많아 이것으로 식사를 끝내야 하는 일도 종종 있다. 독일어권에서는 일품 요리가 주류이다. 대체로 일찍 가정으로 돌아와 가족과 함께 식사를 하는 경우가 많다.

5) 스위스의 유명 레스토랑

고급 레스토랑은 물론 대중 식당에서도 지정 좌석제이므로 아무 자리에나 앉지 말고 안내해 주는 자리에 앉아야 한다. 지불은 각자의 테이블에서 하며 담당 웨이터가 지나갈 때 말하면 되며, 서비스료는 요금에 포함되어 있다. 스위스에는 로잔 근교의 'Gilardet'나 바젤의 'Bruder Holz' 등의 최고급 식당부터 체인 레스토랑인 'Movenpick'까지 천차만별이다. 그리고 세계의 식도락가들 사이에서 호평을 받은 레스토랑이 스위스에는 86개나 있으므로 이 나라의 맛 수준을 충분히 헤아릴 수 있을 것이다.

(1) 맛있는 치즈 퐁뒤와 함께 전통을 자랑하는 'Bellevue'

입구에 있는 커다란 고양이 간판에 이끌려 안으로 들어가면 세월을 느끼게 하는 기둥과 벽에 옛날 사진이 잔뜩 걸려 있어 고풍스런 멋을 느낄 수 있다. 치즈 퐁뒤는 2인분부터 주문을 받으며 야채 샐러드, 향신료를 이용한 식용 달팽이 요리, 백포도주 등이 있다. 게다가 위층은 호텔로 꾸며져 있어 아침 식사를 포함하여 호텔을 이용할 수 있다.

(2) 지하 곡물 창고를 개조한 베렌의 명물 레스토랑 'Kornhauskeller'

매일 밤 밴드 연주가 있어 분위기를 즐기기에는 더할 나위 없는 레스토랑으로 무대 배경에 있는 거대한 항아리가 명물거리이다.

(3) 스위스에 대한 추억과 함께 영원히 기억될 퐁뒤의 'Dupont'

체르마트역앞의 큰길을 따라 보이는 카톨릭 교회 앞 길이 꺾어지는 길의 막다른 곳에 있다. 빵이나 감자에 치즈를 얹어 먹는 형태의 퐁뒤인데 대체로 감자를 더 선호한다.

9.3. 오스트리아 … 후식으로 즐기는 달콤한 음식의 천국

1) 음식 문화의 형성 배경

오스트리아의 수도 빈은 유럽 대륙의 중심지이며 유럽 역사의 주역으로 다양한 문화가 조화를 이루고 있으며 유럽의 특색이 가장 잘 나타나있는 곳이기도 하다. 7백년동안 오스트리아를 통치했던 합스부르크가 해가 지지 않는 제국의 수도이며, 유럽문화의 중심지로서 위상을 떨치기도 했던 「빈」은 대규모 인구 유입으로 인해 의복과 음식에도 많은 영향을 받았다. 그리고 식문화 또한 오스트리아 고유의 것 뿐 아니라 폴란드, 이탈리아, 헝가리와 보헤미아의 전통과 양식이 혼합된 형태라고 할 수 있다. 대표적인 예가 비잔틴에서 유래된 비너슈 니첼, 헝가리에서 들어온 굴라슈 등이다.

이렇듯 빈은 풍부하고 다양한 지방요리뿐 아니라 중국, 그리스, 터키, 인도요리와 여러 종류의 레스토랑도 많이 자리하고 있다. 요리명이 도시 이름에서 유래된 것은 유일하게 빈의 요리이다. 빈은 도나우왕국의 수도로서 자연히 다양한 요리문화의 집결지가 되었고 동시에 새로운 요리의 발상지가 되었다.

오스트리아 인들은 주로 점심과 저녁식사는 전식, 정식, 후식의 세 단계로 식사를 하는데 전식으로는 수프를, 정식으로는 육류나 생선요리에 감자나 밥과 샐러드를, 후식으로는 대부분 단 음식을 즐겨 먹는다. 특히 후식문화가 다양하게 발달되어 있어 종종 후식을 간단한 식사로 대신하기도 한다. 빈 사람들은 하루 중 아무 때나 먹는 습관이 있어 적당히 신속하게 식사를 할 수 있는 장소가 많다.

237

유명한 커피전문점에서부터 흥겨운 스탠드 스낵바에 이르기까지 선택이 폭이 넓으며 많은 레스토랑은 이른 아침부터 오후 10시경까지 음식을 판다. 바쁠 때 이용하기 편리한 포장판매 피자점, 소시지를 파는 노점, 식품점을 겸한 작은 스낵바 등도 많다. 마실 곳 역시 풍부해서 변두리 호이리게나 더 세련된 포도주 셀러(cellar), 생음악을 제공하는 바, 음식까지 나오는 바 등 얼마든지 선택이 가능하며 대부분 새벽까지 영업한다.

빈에서는 최고급 레스토랑에서부터 골목길의 대중음식점까지 다양한 가격과 맛을 선택할 수 있다. 호이리게(선술집)는 빈 근교에 자리잡고 있는 전형적인 전통음식점으로 그해 마지막에 수확한 포도로 담근 술을 주로 소다수와 섞어 마시며 뷔페식의 푸짐하고 맛좋은 일품요리들이 마련되어 있다. 식사도중 아코디온과 기타로 연주되는 호이리게 음악은 편안하고 즐거운 분위기를 한층 더해준다. 도심으로부터 조금 떨어진 호이리게 밀집지역인 그린칭은 아주 낭만적이다.

빈의 전통적인 커피하우스는 편안함과 안락함의 오아시스라고 할 수 있다. 이곳에서 맛볼 수 있는 대표적인 비엔나커피로는 유리잔에 생크림과 같이 나오는 모카커피인 아인슈페너와 차고 진한 모카에 바닐라 아이스크림과 생크림을 곁들인 아이스커피 등이 있고 다양한 향의 차도 즐길 수 있다. 맛좋은 구겔후프나 자허토르테(과일잼을 넣은 초컬릿 케이크)를 함께 곁 들이면 그 맛이 일품이다. 각종 케익과 페스트리를 파는 커피전문점인 카페 콘디토라이엔은 커피전문점보다도 좁아서 오랜 시간을 보내기는 부적합하다.

2) 오스트리아의 대표적 음식

(1) 타펠슈피츠

오스트리아 및 남부 독일 거의 모든 전통 레스토랑의 메뉴판에 빠지지 않고 올라 있는 타펠슈비츠(Tafelspitz)는 우리의 쇠고기 수육과 흡사하다. 뿐만 아니라 매콤한 서양 와사비 소스 메어레티히(Meerrettich), 호스래디시와 같이 서브되기 때문에 우리 입맛에 전혀 생소하지 않아, 여행 시 기름기가 과다한 다른 음식들에 식욕을 잃었다면 한번 먹어볼 만하다.

타펠슈피츠라는 이름은 쇠고기 특정 부위 명칭에서 온 것으로, 엉덩이 우둔살 중 꼬리에 가까운 부분이다. 비슷한 맛을 내는 부위인 가슴살로도 만드는데, 이것을 게코흐테 린더부르스트(Gekochte Rinderbrust : 삶은 소가슴살. 국물은 대개 서브되지 않음)라고 부른다.

조리법은 비교적 간단하다. 소뼈와 양파, 후추, 소금을 커다란 국솥에 넣고 1시간 정도 끓인 뒤 기름이 두툼하게 덮인 우둔살을 넣고 물이 끓지 않을 정도의 약한 불로 1시간 30분 가량 더 끓인 다음 마지막 30분 전에 대파·당근·셀러리 등의 채소를 넣는다. 고기 삶을 때 생긴 부이용은 맑은 수프로 사용한다.

삶아진 고기를 건져서 1cm 두께로 썰어 약간의 국물과 함께 접시에 담고, 메어레티히를 갈아서 고기 위에 뿌려 내놓는데, 식당에 따라서는 매운맛을 적게 하기 위해 메어레티히를 크림 소스로 만들기도 한다.

(2) 굴라슈

헝가리에서 전래된 굴라슈는 돼지고기나 송아지, 쇠고기를 네모지게 썬 다음 적당량의 양파와 고춧가루를 넣어 만든 것이다.

(3) 바우에른슈마우스

바우에른슈마우스는 뜨거운 고기를 이용한 간단한 전원음식으로 빈의 많은 레스토랑에서 볼 수 있고 항상 완자와 함께 내어진다. 고기 종류로는 소시지, 햄, 훈제구이 돼지고기, 굽거나 튀긴 돼지고기를 이용한다.

(4) 카이저슈마렌

카이저슈마렌은 후식뿐만 아니라 정식으로도 먹는데 달걀반죽, 설탕, 건포도가 주재료인 빈의 전통요리이다.

(5) 뷔너 슈니첼

송아지 넓적다리살을 얇게 썰어 밀가루, 달걀, 빵가루 순으로 옷을 입혀 기름에 튀긴 뷔너 슈니첼(Wiener Schnitzel)은 우리가 흔히 돈가스라고 부르는 돼지고기 튀김 요리와 비슷하다. 빈(비엔나) 사람들은 송아지고기를 쓰지 않으면 뷔너 슈니첼이라고 부르지도 않는데, 사실 이 요리를 처음 개발한 사람들은 그들이 아니다.

19세기 오스트리아의 라데츠키 장군이 이탈리아와 전쟁 시 밀라노에서 빵가루를 입혀 기름에 튀기는 조리 방법을 발견하곤 본국 수도인 빈으로 군사기밀과 함께 보고하여 요즘의 뷔너 슈니첼이 생겨났다 한다.

얇게 썬 살코기를 나무 방망이질과 칼끝으로 두들겨 더 부드럽게 만드는데, 앞사람의 얼굴이 고기를 통해 희미하게 보인 정도로 얇게 만들기도 한다. 물론 이 경우는 1인분에 2~3장 씩도 서브한다. 뷔너 슈니첼은 연하고 동물성 지방질이 거의 없는 장점도 있지만 육즙이 비교적 적어, 고기 씹는 맛을 즐기는 사람은 돼지고기로 만든 슈니첼을 선호하기도 한다.

빈 사람들은 세계에서 달콤한 음식을 가장 좋아하는 도시사람들이라 할만큼 케익을 즐기고 식사시간 이외에도 간식시간이 따로 있으며 야우제라 불리는 오후 티타임에 주로 커피와 함께 먹곤 한다. 이로 인해 후식문화가 매우 발달했는데 다양한 재료를 혼합해 만들어 영양이 풍부하다. 간단한 종류도 있지만 복잡하게 만들어야 하는 것도 있다.

멜슈파이젠이란 것은 밀가루로 만들었다는 의미로 밀가루 대신에 아몬드나 헤이즐넛을 쓰기도 한다. 반죽을 적당히 밀어 잘게 썬 사과조각과 빵가루, 건포도를 넣고 말아 구워낸 사과파이인 아펠슈트루델, 사과대신 우유치즈를 넣은 도픔수트푸델, 프렌치 그레페보다 더 굵은 오스트리아식 팬 케익으로 과일, 치즈, 초콜릿소스 또는 잼으로 가득 채운 팔라트싱켄 등이 대표적이다.

다양한 케익과 페스트리도 미각을 돋워준다. 토르텐(장식케익)과 비쇼프스브로트(땅콩, 건포도, 설탕에 절인 과일과 토콜릿을 꽉 채운 스폰지케익)가 있으며, 전통적인 푸딩은 모든 레스토랑에서 맛볼 수가 있다.

(7) 오스트리아 국민빵 보이겔

보이겔은 오스트리아 국민의 기호식품이고, 고급 과자빵으로 잘 알려져 있다.

이스트를 사용하지만 제품의 형태는 일반 케익과 같으며 맛이 뛰어나기로 유명하다. 저온 반죽으로 발효를 억제하면서 성형까지 마무리 짓는 특수한 제법이 필요하다. 빵의 껍질이 거북이등 모양으로 갈라지고 우아한 색상을 띠는 것이 우수한 제품이라 하겠다.

(8) 베이글

베이글의 역사는 300년이 넘으며 오스트리아의 비엔나(Vienna)에서 시작되었다. 오스트리아가 터키와의 전쟁 중에 폴란드에 구원병을 요청하여 폴란드의 왕인 얀 소비에스키(Jan Sobieski)가 기마병을 지원해 주어 승전한 것을 기념하여 제빵 기술인이 승마할 때 필요한 등자모양으로 빵을 만들었으며 이름도 Bugel을 Bagel로 수정하였다. 전통적인 베이글은 매우 질기고 단단하여 먹기가 어려웠으나 연구를 거듭하여 현재와 같이 껍질은 바삭하고 속은 소프트한 베이글을 개발하였는데 이것을 미국형 베이글(Americanized Bagel)이라고 한다.

(9) 오스트리아의 사과 파이 - 아펠 스트루델

오스트리아에 가면 비엔나 커피와 더불어 꼭 먹어 보고 가야 할 것이 있는데 그 중 빼 놓을 수 없는 것이 오스트리아에서만 맛 볼 수 있는 사과 파이 Apfelstrudel(아펠 스트루델)이다. 아펠 스트루델은 크기가 보통 가로 30cm 세로 10cm 두께 2~3cm 정도의 빵으로 그 안에 사과를 통으로 썰어 넣고 말린 건포도를 함께 넣어 잘 구워낸 파이이다.

3) 오스트리아의 술과 커피

(1) 포도주(wine)

약 2700년의 포도주 생산역사를 지닌 오스트리아는 전세계 포도주 생산량의 극히 일부분에 불과한 1%를 생산하지만, 「양보다 질」을 추구하는 생산철학으로 유명하다. 특히 오스트리아의 고급 백포도주는 세계적으로 인정받고 있어, 이를 즐기기 위한 포도주 애호가들의 관광행보가 끊이지 않고, 특별히 이들을 위한 관광코스도 발달되었다. 오스트리아의 포도주는 약 20여 종류의 포도를 기본으로 생산되고 있고, 약 4만개의 생산업체들이 있는데 전통적인 가족중심의 소규모 경영이 일반적이다.

빈은 그 도시 자체가 포도 재배지역으로 외곽지역의 마을들은 포도주와 함께 호이리게를 공급하는 포도원이 아주 많다. 이곳 사람들이 집에서 담궈 먹는 것은 주로 백포도주이며, 부르겐란트와 카르눈툼 지방에는 적포도주가 유명하다. 오스트리아의 대표적인 포도주로는 그뤼너 펠틀리너가 있다.

(2) 맥주

150년 이상 생산되고 있는 맥주는 맛이 좋다. 빈의 라거맥주는 청동빛으로 부드러우며, 오타크링 지방에서 생산하는 골드파슬은 전형적인 맛을 낸다. 하지만 바이첸 골드와 같은 담백한 맛의 바바리안 맥주가 더 대중화 되어있다고 한다. 오스트리아에서 가장 유명한 맥주는 괴서(Gosser)로 수티리아에서 생산되며 대중 레스토랑에서 쉽게 접할 수 있다.

(3) 비엔나 커피(wiener kaffe)

요리명이 도시의 이름에서 유래된 것은 극히 드문 경우다. 비엔나는 도나우 왕국의 수도로써 자연히 다양한 요리 문화의 집결지가 되었고 동시에 새로운 요리의 발상지가 되었다. 비엔나에서 모든 쇼핑의 끝은 커피 하우스의 방문으로 끝난다.

우리가 '비엔나 커피'라고 부르는 것은 휘핑크림을 얹어 글라스에 담아주는 아이스패너 (Eispaenner)이다. 포움드 밀크를 얹어 잔에 담아 주는 커피는 멜란지(Melange)라고 부른다. 그냥 밀크 커피는 Kleiner oder grosser Brunner이다. 비엔나 아이스 커피(Wiener Eiskaffee) 는 냉커피에 바닐라 아이스크림과 휘핑 크림을 얹어 준다.

4) 오스트리아의 대표적 레스토랑

오스트리아의 식사 값은 비교적 비싸며, 요리는 지리적으로 가까운 독일, 이탈리아 등의 영향을 받고 있다. 시내 곳곳에 있는 뷔르스텔스탄트(Wurstelsland)에서는 구운 소시지 Bratwurst 등 다양한 소시지 요리를 선보이고 있다. 서민 레스토랑인 바이슬(Beisl)과 레스토랑 겸 가정요리를 전문으로 하는 가스트하우스(Gasthaus)도 많이 찾는 레스토랑이다. 바인켈러(Weinkeller)라고 하는 선술집과 빈 교외의 그린칭 등에 있는 호이리(Heurige)에서도 가벼운 식사를 준비하고 있다.

(1) 선술집(Heurige)

비엔나 근교에 자리잡고 있는 이 전형적인 전통 음식점은 그해 마지막에 수확한 포도로 담은 술을 주로 소다수와 섞어 마시며 부페식의 푸짐하고 맛 좋은 일품요리들이 마련되어 있다. 식사 도중 아코디언과 기타로 연주되는 호이리게 음악은 편안하고 흥겹고 즐거운 분위기를 한층 돋우어 낸다. 도심에서 조금 떨어진 호이리게 밀집지역인 그린칭은 낭만적인 곳으로 그곳까지는 시내 전철을 이용하면 된다.

(2) 모피 스투벤(Moper Stuben)의 명물 요리

야채를 넣은 고기경단으로 제멜크뇌델(Semmelknodel)이라 한다. 이 고장 사람들만이 모여 있는 집으로 제멜크뇌델과 호이리게라는 햇포도주를 약 80~90As의 싼 값으로 먹을 수 있다.

(3) 빈 스타우트 '호이리히'(Wien Stadt 'Heurige')

빈의 호이리히는 유명하지만 특히 Cobenzl의 시영 Heurige는 추천할 만한 곳으로 건물 안에도 탁자가 있지만 실외에서 음주해 보는 맛은 비길 데가 없다. Heurige(금년에 만든 백포도주)도 적포도주와 마찬가지로 저렴하다.

(4) 빈의 고급 오스트리아 음식점

비엔나의 고급 레스토랑에서는 매일, 매주 또는 계절별로 메뉴가 변하기 때문에 비엔나식 돈까스인 슈니첼(Schnitzel)외에는 다른 음식에 대한 전문점은 찾아보기 어렵다. Wiener Schnitzel(비엔나 슈니첼)은 비엔나 식당 어디에서나 메뉴에서 쉽게 찾아 볼 수 있다. 비엔나 고급 식당에서는 여러 가지 음식을 천천히 먹으며 다음 음식을 기다린다. 전식에서 시작해 후식까지 격식을 차려 먹는다는 특징이 있다. 하지만 흠이 있다면 1인당 가격이 10만원에서 30만원 사이로 매우 비싼 편이다.

① 알트바이너 호프(Altwienerhof)

비엔나 정통 음식점인 이곳은 대리석으로 깔린 입구와 우아한 정원의 고풍적인 나무와 거대한 프랑스식 융단이 깔려있어 마치 교외의 한적한 음식점에 온 것 같은 느낌을 준다. 이곳에 한번이라도 식사 경험이 있는 사람은 반드시 다시 찾아 올 정도로 세계적으로 맛이 뛰어나다고 소문이 나 있다.

세계의 요리와
유명 레스토랑

제10장

서양요리(IV)
스페인·멕시코·미국 요리

10.1. 스페인 … 먹보들의 나라

1) 음식 문화의 형성 배경

스페인에는 세계에서도 가장 다양한 음식이 있으며, 또한 스페인 사람들은 먹보로도 유명하다. 특별히 금기시하는 음식도 없거니와 재료의 이용에서도 머리부터 발끝까지 버리는 것 없이 거의 다 활용하고 있다. 스페인이 이런 음식 문화를 갖게 된 것은 지리적인 요소와 오랜 세월 동안 이(異)민족, 이문화, 이종교의 접촉 지점이라는 사실이 원인이다. 외부의 잦은 침략은 오히려 다른 문화가 스페인 안으로 들어오는 결과를 낳았고, 음식문화 또한 예외는 아니다.

특히, 스페인에는 미식가 클럽이 많기로도 유명하다. 대개의 스페인 사람들이 미식가 클럽에 들어가기를 희망하는데, 아무나 원한다고 해서 다 회원이 될 수 있는 게 아니라 엄격한 자격이 요구된다. 요리 솜씨가 좋고 음식을 정말 즐기는 식도락가여야 하는데, 전문적인 요리사나 여자인 경우에는 정회원이 될 수 없다. 매일 음식을 만드는 게 주업무인 사람은 요리를 즐기는 일이 무리이기 때문이다. 스페인의 음식을 얘기할 때 '올리브'를 빼놓을 수 없는데, 그들의 밥에 해당하는 빵에도 올리브유를 둘러서 먹는다. 올리브 열매는 50% 정도의 기름을 함유하고 있기 때문에 대부분 올리브유로 쓰인다. 가장 최상급의 순도 높은 올리브유는 올리브를 낮은 압력으로 처음 짤 때 나오는 것으로, 샐러드 등을 만드는 데 사용된다. 또한, 아랍에서 들여온 오렌지를 생산함으로써 이제는 오렌지의 본고장이 될 정도로 각종 요리에 사용한다. 스페인 중에서도 발렌시아 지방이 오렌지 산지로 유명한데, 그 맛이 신선하고 달콤해서 감동적일 정도다.

우리나라의 애저요리같이 젖을 떼지 않은 새끼 돼지를 요리에 이용하기도 한다.

지방색이 풍부한 스페인 요리

사실 스페인 요리를 먹는다 해도 동서남북 어느 지방에 있느냐에 따라 그 맛과 내용이 크게 달라진다. 스페인 요리에는 '올리브유와 마늘을 이용하여 맛을 낸다.', '재료가 지닌 순수한 맛이나 특징을 요령 있게 살려 요리한다'는 2가지 이외에는 공통점이 별로 없다. 같은 나라에 있다고 생각할 수 없을 정도로 기후·풍토가 다른 나라이므로 각 지방의 요리 특색도 다른 것이다.

북쪽의 바스끄나 갈리시아는 '삶는 요리', 중앙 가스띠야는 '구이', 남부 안달루시아는 '튀김'이다. 동남 해안의 레반떼 지방은 논이 있으므로 '쌀로 만든 요리'가 풍부하며, 북동부 까딸루냐는 어패류가 눈에 띈다. 토마토·피미엔토(파푸리카)·파슬리는 대개 어느 지역에서나 사용한다. 전국 어디에서나 잘 만드는 것이 오야(Olla)라고 하는 질냄비 요리와 또르띠야라 불리는 오믈레싱이다.

오야는 지방에 따라서 Cocido(꼬시도-중앙부 메세타), Escudella i carn d'olla(까딸루냐), pote gallego(갈리시아) 등 여러 가지 이름으로 불리는데, 우리나라의 냄비 요리처럼 그 지방에서 나는 여러 가지 재료가 듬뿍 들어간다.

2) 스페인의 대표적 음식

우리의 불고기나 김치, 이탈리아의 피자나 파스타처럼 외국인에게 꽤 알려진 스페인 요리로 '빠에야(Paella)'가 있다. 우리말로 간단히 설명하자면 철판해물밥쯤 되는 빠에야는 오목한 철판에다가 각종 어패류와 쌀, 그리고 사프란이란 자연색소를 넣고 만든 밥이다. 지방색 따라 닭고기 빠에야, 소시지 빠에야, 돼지고기 빠에야, 해물 빠에야가 있다.

(1) 아로스 네그로(Aros Negro)

쌀을 이용한 또 다른 스페인의 명물요리로는 '오징어 먹물조림밥'이 있다. 이름하여 '아로스 네그로(Aros Negro)', '검은 쌀'이라는 뜻의 스페인어다. 우리가 흔히 그냥 버리는 먹물주머니를 스페인을 비롯한 남유럽 사람들은 요리에 잘 사용한다. 오징어 먹물의 독특한 풍미가 요리의 맛을 한층 돋궈준다는 사실은 먹어본 사람만이 안다.

(2) 사르수엘라(Zarzuela)

많은 해산물 요리 중에서도 스페인 사람들에게 가장 많은 인기를 끌고 있는 대중요리는 역시 '사르수엘라(Zarzuela)'를 꼽을 수 있다. 이는 전골용 접시를 뜻하는 말로 조개, 새우, 대합과 같은 각종 어패류를 전골용 접시에다 담아 토마토와 마늘, 양파 소스에 넣고 충분히 조려 만든 음식이다.

(3) 하몽(Jamon)

스페인의 명물 '하몽'은 돼지고기 중에서도 특히 뒷다리의 넓적(허벅)다리 부분을 통째로 소금에 절여 건조시키거나 훈연시켜 만든다. 스페인의 하부고, 이후엘로, 살라망카가 3대 주 생산지이다.

하몽은 산간지방의 건조하고 추운 기후 속에서 만들어지는데, 특히 '하부고'라는 산악지대의 것이 아주 유명하다. '돼지의 나라'라 불릴 정도로 맛 좋은 하몽의 주재료인 질 좋은 돼지를 키워내는데, 그 비결은 다름 아닌 거대한 떡갈나무 숲에서 나오는 도토리에 있다.

만드는 과정을 살펴보면 다음과 같다.

처음에는 털을 없애는 과정을 거치고 배를 가른 후 철저한 세균 검사를 거치게 된다. 그리고 내장 등 필요 없는 부분은 따로 선별해서 햄이나 소시지를 만드는 데 사용한다. 하몽은 돼지의 허벅다리만을 이용하는 데 반드시 뒷다리만을 이용한다. 돼지의 허벅다리에 천연염으로 1차 소금절임을 하고 불필요한 지방을 제거한 후 중량을 계산하여 무게별로 분류하는데 무게에 따라 2차 소금절임에 쓰일 소금의 양이 결정된다. 무게별로 분류한 후 2차 소금절임을 하고 약 1년~2년 동안 저장을 하게 된다. 이 방법은 중세 이후로부터 계속 이어진 저장 방법인데 오랫동안 썩힐수록 향이 좋아진다고 한다.

우리나라에서도 개봉된 『하몽 하몽』도 이 음식의 이름을 말하는 것인데 영화를 살펴보면 하몽이 자주 등장하게 된다. 스페인에서는 하몽이 재산, 권력 등의 상징적 의미를 갖기도 한다.

이 하몽은 샌드위치에 끼워먹기도 하는데 손으로 직접 먹는 것이 하몽의 맛을 느낄 수 있는 가장 좋은 방법이라고 한다.

(4) 세따스(버섯) 요리

생버섯 철판요리인데 이 음식은 철판에 별다른 양념 없이 바로 구워내는 음식이다. 이 음식은 식욕을 자극하는 것으로 알려져 있다.

(5) 양창자 요리

스페인들의 인생에서 먹는다는 비중이 얼마나 압도적인지를 알 수 있는 요리인데 양창자를 철판에서 구워낸 후 빵에 끼워 먹는 음식이다. 로그로뇨 지역의 메르까도 광장의 산타메오 축제(포도 수확기에 맞춰 로그로뇨 지방에서 수호신인 산타메오를 기리는 축제)에서 이 음식을 쉽게 만날 수 있다. 다른 축제와 같이 이 축제에서도 음식 먹기 대회가 빠지지 않는데 그 내용이 많이 먹는 것도 중요하지만 살 없이 깨끗이 먹어야 하는 것도 규칙인 것을 보면 스페인들에게 음식이 얼마나 소중한 것인지 알 수 있다.

(7) 보께로네스 엔 비나그레(Bopuerones en vinagre)

우리나라의 선술집 같은 곳에서 많이 찾아 볼 수 있는데 식초로 절인 멸치(정어리)요리인데 술안주로 많이 이용된다.

스페인 시장

큰 도시에는 반드시 체육관 크기의 시장(Mercado)이 2~3곳이 있다.

개인 상점이 실내에 나란히 늘어서 있으며, 1층이 야채·과일·건어물, 2층이 생선, 지하가 정육점으로 거의 되어 있다. 치즈만도 300종류 이상이나 있어 한 곳만도 대단한데, 열 몇 개나 되는 전문점이 즐비하게 서있는 모습은 그야말로 장관이다.

껍질을 벗긴 토끼, 털을 벗긴 닭 등을 얇게 썰지 않고 고기 덩어리를 통째로 천장에 매달아 놓은 모습을 보면 그 정력적인 식생활 문화를 재인식하게 된다. 두 세 번 바(Bar)난 메르까르도를 둘러보지 않고서는 스페인 사람들과 친숙해질 수 없다는 말도 있다.

특히 바르셀로나에서 가장 큰 산호세 시장은 정말 가 볼만하다. 지중해에 접해 있어서 생선의 양도 많지만 생선유통체계가 월등하게 발달하여 매우 싸고 신선한 해산물을 만날 수 있다.

자리에 따라 달라지는 요금

대중 음식점이라면 입구 부근이 카운터이고, 그 안이 레스토랑인 것이 보통이다. 스페인에서는 같은 식사를 해도 서서 먹는 것과 카운터 의자에 앉아서 먹는 것과 카운터 의자에 앉아서 먹는 것, 혹은 하얀 천이 덮여 있는 테이블에서 식사하는 것과는 요금에 차이가 난다.

3) 스페인의 술

스페인 사람들의 술 마시는 습관 중에는 아주 특이한 것이 있다. 주로 작은 컵에 담긴 생맥주를 마시는데, 한 자리에서 마시는 게 아니라 술잔을 들고 이 술집 저 술집을 돌아다니면서 마시는 것이다.

상그리아는 포도주를 희석시킨 것으로, 스페인의 어느 술집에서나 찾아볼 수 있는 매우 서민적인 술이다. 술이 약하거나 별로 좋아하지 않는 사람들도 부담 없이 마실 수 있는 가벼운 음료수다. 리오하 와인은 스페인의 명물을 언급할 때면 빠지지 않고 꼽히는 리오하 지방의 특산물이다. 이 와인의 특성은 다른 와인에 비해 오랫동안 저장을 해서 아주 성숙된 맛과 향이 난다는 것이다. 거의 500여 년 전의 길드, 즉 전통을 지키는 구식 양조장에서 생산하는데, 짧게는 15년, 길게는 50여 년 이상 묵히고 있는 대단위 창고가 곳곳에 눈에 띈다. 또 하나의 걸작 헤레스 와인은 다른 이름으로 '셰리주'라고도 하는데, 아주 고품질의 순수한 백포도주다. 달콤한 맛과 쌉쌀한 맛두 종류가 있는데, 대부분이 쌉쌀한 맛을 즐긴다. 헤레스 와인은 일반 와인처럼 어느한 해에 수확된 특정한 포도로 만들지 않고 서로 다른 해에 수확된 포도를 한 데 섞어 만들므로 생산된 연도가 표기되어 있지 않다.

갈리시아 지방의 특산품 와인인 리베이로는 약간 달콤하고 탄산이 들어있어서 맛이 좋다. 하얀 도기 술잔으로 마시는 게 또한 재미있다. 병으로 따라 주는 게 아니라술통에서 가져 온 와인을 물그릇 같은 그릇으로 술잔에 따라준다.

이외에도 오르차따(Horchata)는 일종의 발효 우유로 차고 달며 매우 맛이 좋다. 대부분의 바에 있는데 가격은 맥주나 와인보다 비싸다.

바를 순회하며 마시는 즐거움을 찾는 스페인 사람들

스페인 사람들은 저녁 무렵의 간식 시간이나 퇴근 후의 한때를 산보(사띠오)를 즐기거나 차또라불리는 작은 컵으로 Vino(비노)나 까냐라 불리는 생맥주를 마시면서 이 가게 저 가게로 돌아다닌다. 해산물 전문점 Marisqueria(마리스께리아)에서 새우(Gamba)나 스페인 진미의 하나로 알려져있는 모자조개(Perseves-페르세베스)를 먹기도 하고, 비어홀를 비롯하여 주점(Bodga), 바, 선술집 혹은 술집이자 식당이기도 한 Meson(메손) 등의 주점들에서 오징어 튀김(Caramares fritos)등의 안주를 먹는다.

바에는 식용 달팽이(Caracoles), 조개(Mejillones), 정어리 소금 구이(Sardinas asadas), 버섯(Champinion) 전문점들이 있다.

아이스 레모네이드(Granizada limon)나 스페인의 칼피스라 일컬어지며 추화라는 식물의 뿌리로 만든 청량 음료수(Horchata de chuta)는 한 번 마셔볼 만한 가치가 있다.

4) 스페인의 식사

전형적인 스페인 사람들은 다른 남유럽인들처럼 아침은 간단하게, 점심과 저녁 식사는 오후 2시경과 밤 10시 정도로 상당히 늦은 시간에 하면서 긴 시간 동안 식사를즐긴다. 그리고 점심과 저녁을 먹기 전, 오전 11시경과 오후 5시경에 간단한 식사를 하는 습관도 있다. 또한, 온 국민이 낮잠 자는 시간인 시에스타의 전통도 있어서 대도시의 관광객을 대상으로 하는 식당을 제외하면 식사시간에만 영업을 하고 그 외에는 식당문을 아예 닫아버리므로 주의해야 한다.

한편, 스페인 사람들은 거의 모든 성인들이 각 개인마다 단골 바가 있어 하루도 빠짐 없이 그곳에 들른다는 것이다. 대단한 술고래나 애주가들이냐 하면 그것은 아니다. 전형적 지중해성 기후로 여름에는 밤 10시까지도 훤한 대낮과 같은데, 이런 기후적 특성 때문에 자연히 시원한 밤에 모임이나 산책 등을 하는 것이다.

5) 스페인의 유명 레스토랑

(1) 마드리드 Botin(보띤)

마드리드에 위치한 보띤 식당은 세계에서 가장 오래된 식당으로 유명한 곳이다. 입구를 들어서면 기네스 증서를 볼 수 있는데 이 식당의 개업 연도는 1725년이다. 이 식당의 이름은 식당의 창업주의 이름을 따라 만든 것인데 약 300년 동안 그 음식의 맛이 변하지 않은 것으로도 유명하다. 즉, 마드리드의 전통 음식을 즐길 수 있는 곳이다.

이곳에서는 살사 에스파르노라는 소스를 거의 모든 음식에 이용하는데 그 맛 또한 거의 변함이 없다고 한다. 오후 8시에 문을 여는데 문을 열자마자 식당은 손님들로 가득 찬다.

보띤식당의 특선요리는 '새끼돼지 통구이'다. 생후 약 40일이 된 새끼돼지를 이용하는데 어미의 젖만을 먹고 자란 생후 40일의 새끼돼지가 가장 맛있다고 한다. 새끼돼지의 내장을 제거하고 돼지 전체에 소금, 고춧가루를 뿌리고 야채, 포도주, 올리브유를 뿌린 후 덕에서 약 2시간을 굽게 된다. 화덕은 270년이 된 것인데 그 세월동안 특유의 향이 베어있어 다른 곳에서는 이곳의 새끼돼지 통구이 맛을 낼 수가 없다고 한다. 장작은 참나무 장작을 이용한다.

스페인 사람들은 저녁 식사를 약 3시간 동안 하므로, 새끼돼지 통구이를 하는 2시간도 아무런 불평 없이 기다린다. 그리고 기다리는 시간도 음악과 함께 즐길줄 아는 사람들이다. 새끼 양구이도 하는데 이는 약 1시간 동안 구워내야 한다.

이곳에서 또한 볼 수 있는 것이 바로 지하 창고인데 이 지하창고는 약 16세기에 만들어진 것으로 이곳에 보관된 포도주 중에는 1800년대에 만들어진 포도주도 많이 있다고 한다.

(2) 내부 장식이 창업 당시의 그대로인 'Casa Ciriaco'

시에서 특별히 보존하도록 지정하고 있기 때문에 내부장식은 1906년 창업 당시의 그대로이다. 가정요리 전문이며, 맛도 마드리드의 식도락가들이 붐비는 곳이므로 틀림없다. 식당이 2개 있는데, 안쪽의 방에는 그곳을 방문한 왕족 등 유명 인사들의 사진이 비좁게 장식되어 있다. 그곳의 명물 요리는 뻬뻬또리아 데 가지나(닭요리를 특제 소스로 끓인 음식이다)이다.

(3) 투우 팬들이 모이는 'Los Toreros'

겉에서는 전혀 알 수 없지만 안에 들어가 보고서야 그곳이 넓은 데에 깜짝 놀란다. 내부는 네 방으로 나누어져 있는데, 어느 방이나 투우에 관한 사진이나 포스터로 가득 차 있다. 투우사처럼 멋있는 남자들 6명(2명씩 아주 닮아 있다)이 쾌활하게 서비스해 준다. 요리 2접시에 음료, 빵, 디저트가 나오며 한 접시당 10종류 정도의 메뉴가 있으며, 좋아하는 것 2접시를 선택해 먹을 수 있다.

(4) 갈라시안 레스토랑 'David'

갈라시안 지방 특유의 하얀 벽과 큰 기둥으로 이루어진 안정된 분위기이다. 갈라시아 지방의 요리뿐만 아니라 까달루냐 지방의 명물 요리 또한, 매우 비싸서 먹어보기 어려운 살루수엘라(Zaluzuela)도 여기서 맛볼 수 있다. 이곳의 다양한 요리를 전부 먹는다면 음식에 박식해진다. 레차소라는 돼지 무릎 아래쪽을 구운 요리가 권할 만하며, 손으로 만든 디저트 케이크의 맛도 뛰어나다.

(5) 스페인의 빠에야라면 'Sol y Sombra'

스페인의 대표적인 빠에야가 4종류 있어 여러 가지 맛을 맛볼 수 있는데, 특히 오징어 먹물로 지은 밥이 최고이다. 단, 바르세로네따의 해변에 가까워서 비오는 날, 바람 부는 날은 쉰다.

10.2. 멕시코 … 사랑과 정열이 담긴 매콤한 맛의 나라

1) 음식 문화의 형성 배경

뜨거운 사막과 붉은 꽃의 선인장, 챙 넓은 모자를 쓴 검은 수염의 남자들, 그리고 축제와 음악, 정열의 나라로 알려진 멕시코는 프랑스의 작가 자크 페레가 '세계에서 가장 따분하지 않은 나라'라고 했을 만큼 실로 다양한 민족, 습관, 풍경이 있는 나라다. 토착의 인디오 문화와 스페인인의 라틴문화가 혼합되어 '메스티조(혼혈)'의 나라라고 불리기도 하며 '피에스타(축제)'가 전국적으로 약 680종에 이르는 등 미국과 인접했음에도 그들만의 독특한 색조를 지켜가고 있다.

멕시코 문화에서 빠뜨릴 수 없는 것이 요리이다. 아즈텍 문명 위에 그 뿌리를 내리고 멕시코만의 특유하고 다양한 종류의 요리로 발전되어 오늘날 세계인의 사랑을 받고 있다. 최근 들어 우리나라에도 젊은이들 사이에 멕시코 음식문화가 인기를 끌고 있는데 그 시작은 멕시코의 전통주 데낄라로, 재미있는 음주 방법으로 인해 40도 이상의 독한 술이지만 여성들 사이에도 인기가 좋다. 이와 함께 젊은이들의 입맛을 유혹하는 것이 멕시코 전통 음식인 '화이타'이며 멕시코 맥주인 코로나가 더해져 멕시칸 스타일 붐을 조성하고 있다.

이러한 수요에 부응해 강남 일대 많은 주류업소들은 데낄라와 이를 이용한 다양한 칵테일을 준비하고 간단한 멕시코 음식을 안주메뉴로 도입하게 이르렀으며 패밀리 레스토랑에선 비교적 다양한 멕시칸 요리를 맛볼 수 있게 되었다.

(1) 지역별 음식의 특징

풍부한 천연자원의 넓은 면적의 나라에는 음식의 재료도 다양하다.

① 북부 지역

육식, 양고기 소고기를 직접 불에 구워서 먹고 우유를 많이 섭취하는 편이다. 또한 북부지역에서는 밀가루 또띠야를 많이 사용하고 육식을 많이 하는 편이다.

② 중부 지역

양념된 채소를 삶아서 먹고 닭고기, 돼지고기와 옥수수를 많이 먹는 편이다.

③ 중앙 동부 지역

뿌에블라시를 중심으로 하여 '몰레'의 원산지라고 할 수 있다. 몰레는 삶은 닭고기와 20여 가지의 재료를 '메따떼'라는 멧돌 같은 돌로 만든 기구에 갈아서 닭고기 육수로 만든 소스를 곁들인 요리이다. 재료 중에는 여러 종류의 고추와 아몬드, 잣, 땅콩, 초콜릿까지 포함된다. 아주 특별한 잔치나 모임에서 찾아볼 수 있던 요리다.

④ 동부 해안가

해물요리가 풍부하다. 베라크루스의 요리들은 새우, 조개, 굴, 생선 요리가 유명하다. 생굴 칵테일 '부엘베 알 라 비다(생명을 되돌려 주는 칵테일)'의 맛은 죽어가던 사람도 맛보면 정신차릴 만하다. 카리브 해안에서 잊을 수 없는 요리는 '쎄비체'로 이것은 여러 가지 해물을 레몬즙에 절여서 양파, 토마토, 고추, 고수를 곁들인 요리이다.

⑤ 유카탄 반도

마야 문명을 꽃피웠던 유카탄 반도에서는 '아시오떼'라는 양념이 유명하다. '꼬치니따 삐빌'을 만드는데 주로 사용되는데, '꼬치니따 삐빌'은 삶은 돼지고기를 식초와 오렌지 주스, 아시오떼를 섞은 소스에 재워두었다가 약간의 마늘, 오레가노와 소금을 넣고 조린다. 아시오떼는 닭고기, 돼지고기를 오븐에 구울 때에도 같은 방식으로 사용된다.

2) 멕시코의 대표적 음식

멕시코 음식의 특징은 고추, 파, 마늘이 들어가 제법 매콤한 맛을 내는 것이 특징인데, 아보카도로 만든 구아카몰 소스, 토마토로 만든 자연 소스가 음식의 풍미를 더해준다. 멕시코요리의 또 하나 특징으로는 땅에서 나오는 재료를 최대한 활용해 왔다는 것이다. 바나나 잎사귀로는 바비큐 고기나 타맬래를 사먹고, 선인장은 잘게 잘라 샐러드와 스튜에 첨가해 먹었다. 아보카도 잎은 음식의 향을 내는데 사용했고, 허브나 작은 풀 하나라도 요리의 독특한 향을 내는 재료로 사용해 왔다. 하지만 멕시코 음식의 가장 기본적인 재료는 역시 옥수수와 멕시코 고추인데, 특히 고추는 멕시코 요리의 특징적인 양념이기도 하다.

(1) 멕시코인의 주식인 또띠야(또르띠야, 토티야-Tortilla)

비교적 한국인의 입맛에 잘 맞는 멕시코 인디언의 음식으로 가장 기본적인 재료가 옥수수와 멕시코 고추이다. 물에 불린 옥수수를 으깬 것을 마사라 부르는데 이를 얇게 원형으로 코말(cormal)이라는 넓적한 쟁반 모양의 도자기에 구운 것이 바로 멕시코인의 주식인 또띠야(Corn Tortilla)다. 요즘은 밀가루로 만든 것도 많이 사용한다. 또띠야 요리에 빠지지 않는 매콤한 살사 소스, 살사는 스페인어로 '소스'라는 뜻이며, 멕시칸 살사 소스는 잘게 썬 토마토에 양파, 고추에 실란트로, 오레가노 등 향신료를 넣고 만든다. 또한 멕시코인들이 좋아하는 과일인 아보카도를 갈아서 만드는 녹색의 과카몰 소스도 빠지지 않고 들어간다. 여기에 생크림(또는 사우어 크림)이 추가되기도 한다. 이 또띠야를 이용한 요리가 아주 다양한데 우리나라에서 맛볼 수 있는 대표적인 것이 타코, 엔칠라다. 부리토, 퀘사디야, 치미창가, 타코샐러드, 화이타 등으로 멕시코 전통이라기보다는 약간씩 미국식으로 변형된 퓨전 형식이다.

토르티야를 사용한 응용 요리로서는 잘게 썬 돼지기름으로 튀긴 것을 토마토 소스로 조린 질리라 킬레스(Chilaquiles)나, 그대로 한 장을 바삭 바삭하게 튀겨서 위에 닭고기나 야채를 얹어 먹는 오픈 샌드식의 토스타다스(Tostadas), 반으로 접어서 안에 닭고기 등을 넣고 녹색 토마토를 사용한 소스를 끼얹어 흰 치즈, 양파 등을 넣은 엔칠라다 베르데스(Enchiladas Verdes) 등 여러가지가 있는데 이들은 각각 독특한 맛을 지니고 있다.

(2) 타코(Tacos)

멕시코에서 가장 유명한 음식이 아마 '타코(taco)'라는 음식일 것이다. 옥수수가루로 만든 토티야(만두피 모양으로 만들어 구운 것)에다 음식을 싸서 먹는데, 싸기 전의 피를 '또띠야'라고 하고, 또띠야에 고기 등을 넣고 둘둘 말아먹으면 '타코'라고 한다. 찹쌀 혹은 밀가루로 만든 밀전병에 각종 야채와 고기를 싸서 먹는 우리나라의 구절판과 밀전병에 훈제오리를 썰은 것을 싸서 먹는 중국의 '베이징 덕'이 바로 멕시코의 타코와 비슷한 음식이다.

따지고 보면 이름과 모양은 다르지만 타코와 비슷한 음식은 세계 어디를 가나 다 있지만, 멕시코에서는 매끼 먹지는 않는다. 즉 멕시코의 타코는 우리의 밥, 김치, 김치찌개, 불고기 등에 해당하는 대중음식이다. 멕시코 사람들은 대부분 점심을 오후 3시경에 먹는데, 그 이유는 관공서를 비롯한 대부분의 직장이 아침 8시에 시작해서 오후 3시에서 4시 사이에 퇴근을 하기 때문이다. 이들이 퇴근시간까지 참을 수 있는 이유는 중간에 타코를 사먹기 때문이다. 어디를 가든 길거리에는 큰 철판 위에 갖가지 고기를 잘게 다져 익힌 것을 토티야에 싸서 먹고 있는 사람들을 볼 수 있다

(3) 부리토(Burrito)

콩과 고기를 잘 버무려 커다란 밀가루 또띠야에 네모지게 싸서 먹는 것으로 소스를 뿌려 먹기도 한다.

(4) 엔칠라다(Enchilada)

옥수수 또띠야에 소를 넣고 둥글게 말아서 소스를 발라 구워낸 것으로 그 위에 치즈를 얹는 등 장식을 곁들인 음식이다.

(5) 치미창가(Chimichangos)

밀가루 또띠야에 소를 넣고 접거나, 돌돌 말아서 바삭바삭하게 튀겨 내는 음식이다.

(7) 퀘사디야(Quesadillas)

넓은 밀가루 또띠야를 반으로 접어 치즈를 비롯한 내용물을 넣고 구워낸 후 부채꼴 모양으로 3~4등분하여 내는 것이다.

(8) 타코샐러드

바삭바삭하게 튀겨낸 조개모양의 옥수수 또띠야 볼 안에 싱싱한 각종 야채와 체다치즈, 매콤한 칠리소스를 넣은 것으로 또띠야까지 다 먹는다.

(9) 화이타(Fajita)

구운 쇠고기나 치킨을 볶은 양파, 신선한 샐러드와 함께 밀가루 또띠야에 직접 싸먹는 요리로 국내 패밀리 레스토랑에서 멕시코 음식 중 가장 인기가 좋은 품목이다.

(10) 호박수프

멕시코의 호박은 우리나라 호박과 달리 날씬한 오이같이 생겼는데 그 꽃은 노랗고 길어서 가냘퍼 보인다. 호박 수프에는 이 호박꽃이 많이 들어 있어 고소하고 산뜻한 맛을 낸다.

(11) 타카카

노란색의 걸쭉한 수프로 마니옥가루를 끓인 것에 잠부와 말린 새우, 고추 등이 들어가 혀를 톡 쏘는 아린 맛을 낸다.

(12) 마니소바

마니소바는 훈제된 소의 혀, 돼지머리, 순대, 햄 등 각종 고기를 마니옥 국물에 넣어 고기의 형태를 알아볼 수 없을 정도로 하루에 걸쳐 졸인 것이다.

(13) 따말레(Tamale)

옥수수 가루에 고기, 콩, 고추 등을 버무려 옥수수 잎으로 싼 다음 찐 것이다.

(14) 칠레스레예노스(Chiles Rellenos)

고추속을 파내고 각종 야채와 고기를 넣은 후 밀가루를 발라 튀긴 고추 튀김이다.

(15) 포졸레 (Pozole)

포졸레는 멕시코의 전통 음식으로, 축제나 잔칫날에 즐겨먹는다. 포졸레는 영양이 풍부하고, 고기, 옥수수와 다른 채소와 곁들여 먹는다. 포졸레는 멕시코 지방마다 독특한 특징과 맛을 가지고 있다. 일반 식당에서는 보통 메뉴로도 많이 볼 수 있다.

이외에 밥과 콩요리도 빼놓을 수 없는데 보통 밥은 고기요리 전에, 콩은 고기요리 다음에 먹는다.

(16) 타코와 잘 어울리는 살사소스

타코나 화이타 등 또띠야 요리와 함께 제공되는 3가지의 소스도 빼놓을 수 없다. 특히 타코와 잘 어울리는 것이 살사소스인데 생토마토, 양파, 마늘 풋고추, 실란트로 등으로 만든 매운 소스다. 또 고기요리와 잘 어울리는 것이 과카몰. 이것은 아보카도를 갈아서 토마토, 양파, 풋고추 등과 합한 생소스이다. 나머지 하나는 샤워크림인데 말 그대로 새콤한 맛의 흰 우유크림으로 입맛을 개운하게 해준다.

몰레 소스

　멕시코에는 유명한 소스(스페인어로 '살사'라고 한다)가 몇 가지 있다. 제일 유명한 소스는 '살사 메히카나(멕시칸 소스)'라고 하는데 이 소스는 주재료가 양파, 토마토 그리고 고추이다. 물론 냄새가 지독한 씰란뜨로도 빠지지 않는다. 모든 재료를 잘게 다져 소금과 올리브유를 넣어 만든 것이다. 색깔은 희고 푸르고 빨갛다. 즉 멕시코 국기의 색깔을 갖고 있어서 멕시칸 소스라고 이름 붙여진 것이다. 멕시코 음식을 먹을 때 없어서는 안되는 소스이다.

　그러나 여기서 설명하려는 소스는 '몰레(mole)'라는 특별한 소스이다. 어느 날 멕시코의 뿌에블라라는 지방에 있는 수도원을 대주교가 갑자기 방문하게 된다. 마침 주방을 담당하는 수녀들은 출타 중이었고, 시장한 대주교의 식탁을 갑자기 준비할 사람이 없었다. 마침 새로 수녀가 된 어린 여자가 주방에 들어가 닭을 한 마리 맹물에 푹 삶아 놓고 소스를 만드는데, 만드는 방법도 모르고 더욱이 어떤 재료가 필요한지는 더욱 더 몰랐다. 할 수 없이 주위에 있던 땅콩, 초콜릿, 호두, 고추, 마늘, 피망, 카카오 등 달고 맵고 쌉쌀한 열매들을 한데 섞어 맷돌에 간 다음 물을 붓고 죽을 끓였다. 그리고는 삶아 놓은 닭 위에 뿌려 대주교의 식탁에 올려놓았다. 이런 요리를 처음 먹어보는 대주교는 너무나 맛이 있어 이것을 만든 수녀에게 이 닭 위에 얹은 소스가 뭐냐고 물었다. 갑작스러운 물음에 당황한 수녀는 이것저것 막 섞어 갈았기에 "아! 이 소스 말입니까? 이것은 '몰레(갈다, 방아를 찧다라는 뜻)'라는 소스입니다."라고 얼떨결에 대답했고 이때부터 멕시코 전역에 이 소스가 유행하게 되었던 것이다. 지금도 매년 뿌에블라 지방에서는 '몰레 축제'가 열리고 있다.

3) 멕시코의 유명 술 - 멕시코인의 정열 데킬라와 코로나맥주

(1) 데킬라

　멕시코의 음식문화를 말하면서 '데킬라(tequila)'라는 술을 빼 놓을 수는 없을 것이다. 스페인이 멕시코를 침략했을 때 이미 마야족이나 아즈텍족들은 '뿔께'라는 막걸리와 비슷한 술을 마시고 있었다. 마게이라는 선인장에(알로에처럼 생겼음) 구멍을 뚫어 액체를 받아내면 단맛이 난다. 하루 놓아두면 자연 발효되어 우리나라의 막걸리 색을 띠며 맛도 거의 막걸리와 비슷하나 수면제 성분이 많아 뚝배기로 두서너 잔 마시면 취함과 동시에 졸음이 몰려오는 것이 특징이다.

　멕시코가 스페인에게 침략 당한 후에 유럽의 발달된 기술로 만들어진 술이 바로 데킬라이다. 우리가 코냑이라고 알고 있는 브랜디가 포도를 숙성시켜 만들어지고, 우리의 소주가 곡류를 숙성시켜 만들어지는 것이라면, 데킬라는 8년 정도 자란 선인장의 일종인 아가베의 밑둥을 잘라 푹 익힌 후에 주스를 짜내 숙성시킨 다음 여과하여 만드는 일종의 소주인 것이다.

음주 방법으로 '슬래머'는 양주잔에 술을 반정도 따른 후 소다수나 사이다를 채우고 냅킨 등으로 잔을 덮은 뒤 테이블에 내리쳐 기포가 일 때 한번에 들이키는 것이다. '슈터'는 레몬 즙을 손등에 바르고 소금을 뿌린 뒤 이것을 혀로 핥고 술을 마시는 방식이며, '보디샷'은 파트너의 몸에 묻힌 레몬 즙과 소금을 혀로 핥고 데킬라를 마신 후 파트너가 입에 물고 있는 레몬조각을 입으로 깨무는 것으로 낭만적이지만 우리나라에선 조심해야 되는 음주법이다.

우리 한국사람들이 소주를 많이 마시듯 멕시코 사람들도 데킬라를 많이 마시는데 이제는 세계적인 술이 되었다. 우리 안동 소주도 비싸지만 몇 백 불씩하는 데킬라도 있으니 가히 짐작이 간다.

그 종류로는 다음 세 가지가 있다.
① 블랑꼬 : 투명한 색상으로 칵테일을 만들 때 사용
② 아녜호 : 오크통에서 3년 정도 숙성된 것으로 스트레이트로 마신다. 황금빛을 띤다.
③ 레알레스 : 오크통에서 7년 정도 숙성된 것으로 부드럽고 향기롭다.

멕시코인들은 데킬라를 다른 술과 섞어 마시지 않고 소금과 라임조각을 곁들여 먹는데 우리나라에서는 데낄라를 이용한 칵테일 또한 다양하게 선보이고 있는데 가장 대표적인 것이 마가리타와 선라이즈이다. 가장자리에 소금을 묻힌 유리잔에 담아내는 마가리타는 마가리타 믹스와 데낄라, 트리플섹의 혼합이며, 선라이즈는 그라나댄시럽과 오렌지주스, 데낄라가 들어간 칵테일이다.

(2) 코로나

멕시코 맥주 코로나 또한 국내 젊은이들의 선풍적인 인기를 모았다. 코로나는 마개를 딴 후 얇은 레몬조각을 넣어 손님들에게 내어지는데 향기롭고 부드러운 맛이 특징이다.

(3) 메스깔(Mezcal)

스페인 정복이전 나우아뜰족의 고유언어로 아가베를 뜻하는 메쉬깔메뜰이라는 단어에서 유래했다. 이 메스깔이 생산되는 지역은 와하까라는 곳이다. 뿔께보다 더 강한 맛을 원했던 스페인인들은 이것을 요리하여 즙을 내 약 4-30일 발효시켜 그 수액이 증류하여 완성했다. 이것은 떼낄라에 비해 향이 강하다. 94년에 통과한 멕시코 주류법은 아가베선인장으로만 제조된 것을 메스깔이란 이름을 사용하도록 하고 와하까시 근처의 6개 도시에서만 메스깔을 제조하도록 법으로 금지했다.

4) 멕시코의 식사

멕시코사람들은 점심은 정찬으로 든든하게 먹어야 되고, 오히려 저녁은 가볍게 먹어야 한다고 생각한다. 멕시코 사람들은 토티야로 아침을 시작하여 토티야 속에 달걀프라이, 햄을 넣어 간단하게 먹는다. 점심엔 타코를 배부르게 먹고, 아침에는 아무리 바빠도 인스턴트 식품은 즐기지는 않는다.

① 멕시코의 아침식사는 빵, 우유, 커피, 갓 짜낸 오렌지 주스가 기본이다. 달걀은 수십 가지의 방법으로 요리한다. 그리고 따말, 께사디야, 고기류, 치즈, 소시지를 먹는다. 점점 아침식사를 하지 않는 경향이 있어 커피나 주스만 마시는 것이 보편화되어 가고 있다.

② 알무에르소는 아침과 점심사이에 10:30~11:00 경에 먹는 식사로, 샌드위치, 께사디야 등을 간단하게 먹는다.

③ 멕시코에서 정식 점심식사(꼬미다) 시간은 오후 3시경이다. 멕시코인들이 한국에 오면 점심시간에 충격 받고 우리는 멕시코에 가면 오후 3시 정도까지 기다려야 한다. 점심식사로는 국물이 있는 요리, 국물이 없는 요리 한가지씩 먹는 것이 보통이다. 꼬미디는 직장에서 먹지 않고 집에서 먹고 그 후에 낮잠까지 잔 후, 오후 5시경에 사무실에 돌아간다.

④ 저녁식사는 8시경에 먹는 것이 보통이며, 점심식사를 많이 했으면 저녁식사는 비교적 가볍게 한다.

멕시코 레스토랑을 들르면 신나는 잔치분위기인데 격의 없이 누구나 친구가 될 수 있고 라틴음악에 맞춰 춤을 추며 흥얼댈 수 있는 시간이 바로 식사시간이다. 농어, 도미, 새우, 가리비 같은 해산물을 라임주스와 새콤한 소스에 절여 내놓는 멕시코 전채 '세비체'로 입맛을 돋운 다음 양념 닭고기를 삶아 으깨어 다진 양파와 함께 넣어 토티야에 말아 튀긴 요리나 멕시코식 만두 퀘사딜라 등을 주요리를 먹고 커피로 마무리를 한다. 이것저것 나오는 모양새나 독특한 맛으로도 충분히 즐거운데 여기에 흥을 하나 더한다. 화려한 의상을 입고서 테이블을 돌아다니며 멋드러지게 노래를 부르는 악사들, 바로 마리아치이다.

멕시코의 식사 예절

멕시코인들은 예의 지키는 것을 굉장히 중요하게 생각한다. 초대받은 파티에 도착하면 먼저 손님들과 주인에게 악수로 인사를 나누어야 한다. 아는 사람이 있다고 그쪽으로 먼저 다가가는 것은 실례이다. 파티를 떠날 때에도 반드시 모든 사람들에게 인사를 한다. 여자들끼리는 볼과 볼을 대고 입으로 뽀뽀하는 소리를 내면 되고, 남자들인 경우에는 가볍게 포옹하고 악수를 나누면 된다. 안면이 있는 멕시코인에게는 가족의 안부를 묻는 것이 중요하다.

복장은 가급적 예의를 갖춘 단정한 복장을 한다. 간단한 선물을 지참하고(부담을 주는 비싼 선물은 금물), 술을 선물로 가져갈 때는 주인이 어떤 술을 좋아하는지 사전에 알아보고 가져가야 한다. 가급적 밝은 표정이 좋으며, 식사시간 중 방문은 피해야 한다. 오랫동안 체류하는 것은 피하고, 특히 주인 안내 없이 집안 내부를 둘러보지 말아야 한다.

5) 멕시코의 유명 음식점

(1) 알카프 맨션(Alkaff Mansion)

한때 부유한 알카프카의 별장이었던 알카프 맨션은 훼이버산 꼭대기 47에이커의 대지 한복판에 위치해 있다.

창 밖의 훌륭한 풍경과 함께 이 식당의 특별요리인 리즈스타펠(Rijstaffel)-인도네시아와 네덜란드 풍의 맵고 향이 강한 요리를 즐길 수 있으며, 주위 정원의 경치를 즐기고 싶은 사람은 서쪽 테라스에서, 오후에는 베란다 바에서 홍차를 음미할 수도 있다.

점심과 저녁식사는 자바 골동품으로 장식된 2층의 식당에서 제공되고, 동서양의 뷔페요리는 1층의 맨션 홀에서 즐길 수 있다. 리즈스타펠 외에도 다양한 서양식 일품요리들이 마련되어 있다.

(2) 페냐(Penas)-밤을 즐길 수 있는 곳.

페냐란 라이브로 중남미의 음악(폴크로레-Folkore)을 들려주는 곳으로, 유명한 El Condor Pasa(콘도르는 날아간다.)를 비롯해서 소박하고 아름다운 음악을 즐길 수 있는 장소로 멕시코에서 쉽게 찾아볼 수 있는 곳이다.

폴크로레에 기타 연주·대중음악·콩트 등 음악을 동반하는 버라이어티 쇼 스타의 연출이 많고 매일 밤 3~4개의 그룹이 출연한다. 보통 19:00 경부터 문이 열리며 폐점은 01:00경이 된다.

예약 없이 몇 시에 들어가도 상관없으며 복장도 특별히 신경 쓸 필요는 없다. 업소의 입구에서 사람 수를 알리면 자리까지 안내해 준다. 사진촬영이나 녹음도 자유롭다. 음료와 간단한 스낵이 있으며 알코올은 맥주에서 와인까지 여러 가지가 있다. 지불은 다른 레스토랑이나 바와 마찬가지로 돌아갈 때에 웨이터에게 라 쿠엔따(La Cuenta-계산서)를 가져오라고 하면 된다.

(3) El Condor Pasa-페냐로 유명한 곳

유명한 페루의 폴크로레의 곡을 그대로 가게의 이름으로 딴 오래된 페냐로써 이곳에서 출발하여 유명해진 그룹도 많으며 이곳에서 녹음된 레코드도 많다. 점포 자체는 원래 보통의 민가였던 것을 개조한 것이어서 음향효과는 꼭 좋다고 할 수는 없지만 안정감 있는 분위기이며 가격도 그다지 비싸지 않다. 무엇보다도 장소가 산 앙헬 지구이므로 토요 시장이나 대학도시를 구경하고 돌아오는 길에 들를 수 있어서 좋다.

(4) Loredo(로레도)-완벽한 멕시코 요리를 맛볼 수 있는 곳.

멕시코시티에는 뛰어난 맛을 자랑하는 레스토랑이 많지만 「Loredo」는 맛은 물론 서비스 품격 또한 일류이다. 전채·야채요리·수프류·생선·고기 그리고 디저트에 이르기까지 일류의 프로가 아니면 발휘할 수 없는 기술과 미 의식이 잘 나타나 있어서 감탄하게 된다. 메뉴는 어느 것을 선택해도 실수는 없지만 기호의 문제도 있으므로 재료를 잘 보고 가게의 매니저에게 선택을 부탁하는 편이 무난할 것이다.

(5) 소나로사

샐러드·수프·치킨 라이스·고기 혹은 생선요리·디저트의 코스를 싸게 먹을 수 있는 곳이다. 그곳의 회사원들이 줄을 설 정도로 인기가 있다. 특히 샐러드는 바에 20종류 정도 있으며 원하는 만큼씩 덜어먹는 형식이다. 멕시코에서 먹은 음식 중에서 가장 맛이 있었다는 사람이 있을 정도이다.

10.3. 미국

1) 음식 문화 형성 배경과 특징

미국의 요리를 한마디로 정의하기가 어려운데, 원래 다양한 민족으로 구성되어 있는 역사가 짧은 나라이므로, 미국 요리라는 것은 각 민족과 지역의 요리를 각각 미국요리라고 부르는 일이 많았다.

근래에는 스테이크·햄버거·핫도그 등이 미국 음식으로 알려지게 되었고, 이것이 미국 전역과 세계 곳곳에 침투함으로써 인정받게 된 것이다.

또한 그러한 음식을 간편하게, 손쉽게 먹을 수 있도록 만든 패스트푸드라는 외식산업도 아메리칸 푸드라고 말하고 있다. 그밖에 뉴올리언스에서 살던 프랑스계 이민인에게서 유래한 크레올 요리, 노예시대에서 유래하는 흑인의 솔 푸드도 아메리칸 푸드의 일종으로 보는 경우가 많다.

그러나 미국인들은 나름대로 인디언, 유럽, 아시아 등의 음식문화를 그대로 계승하거나 나름대로 변형시켜 특유의 음식문화를 이루고 있다. 1492년 스페인의 콜롬부스가 신대륙을 발견하고 1565년 최초의 이주민이 정착하여 살게 되는 등 역사도 그리 길지 않고, 처음 이주해온 스페인인을 비롯하여 영국, 프랑스 등 유럽과 아시아 등 전 세계 다민종이 모여서 살면서 음식문화를 형성하게 된다.

　초기에는 토착민인 인디언의 영향으로 멕시코와 마찬가지로 옥수수를 많이 사용하였다. 그냥 먹는 것 외에도 옥수수 가루로 쑨 죽, 빵 등을 만들었고, 이외에 콩, 호박이 중요한 재료가 되었다. 그리고, 노예로 데려온 아프리카인들은 여러 가지 곡물의 씨앗을 가져와 식탁을 더욱 풍성하게 하는데 일조 했으며, 잡은 고기를 바비큐로 조리하는 방법, 연기에 그을려 훈제하는 방법을 알려주었다.

계속해서 생겨나는 미국 요리

　시대의 흐름에 따라서 최근에는 뉴 올리언스 주변에서 발달한 케이잔과 크레올 요리가 미국 요리의 하나로 굳어졌다. 어패류, 육류를 독특한 양념(spice)으로 맛을 낸 요리를 케이준이라 하고 소스를 위주로 한 요리를 크레올이라고 부르는데, 케이준 쪽이 보다 대중적이다. 케이준을 대표하는 요리에 잔바라야가 있다. 예전에는 뉴 올리언스 주변에서만 맛볼 수 있었던 이 요리도 지금은 미국 어디에서나 먹을 수 있게 되었고 캘리포니아에도 전문점이 많다.

(1) 미국에서 즐길 수 있는 세계의 요리

① L.A.의 메인 디시가 된 멕시코 요리

　미국 전체인구의 20% 이상을 차지하는 것이 스페닉이라고 부르는, 소위 라틴계 민족이다. 남캘리포니아는 바로 남쪽에 멕시코가 있는 관계로 멕시코에서 온 이민이 가장 많은 지역이다. 더욱이 캘리포니아 일대는 원래 멕시코 영토였다. 통칭 'L.A.'라고 불리는 이 이름도 길다란 로스앤젤레스 본래의 이름의 마지막 구절인 'Los Angeles'의 머릿글자에서 연유한 것이다.

　처음 먹어보는 사람은 맛을 잘 모르겠지만 익숙해지면 상당히 맛이 있다. 멕시코 요리는 치즈·옥수수·콩·토마토·칠 리가 주성분이고 진한 맛이 특징이다. 치즈를 좋아하지 않는 사람에게는 별로 좋은 맛이라 할 수 없겠지만 치즈의 역겨운 냄새는 없지만 오히려 '매운맛'에 주의하는 편이 좋다.

　멕시코 요리도 패스트 푸드부터 고급 레스토랑까지 종류가 여러 가지이다. 대표적인 것으로는 타스코 · 브리토 · 엔칠라다 등을 들 수 있는데, 모두 패스트 푸드로 가볍게 먹을 수 있는 것들이다. 물론 레스토랑에 가는 것도 좋지만, 메뉴가 많아서 선택하기가 조금 어려울지도 모른다. 그러나 옆에 쓰여 있는 영어 설명을 잘 읽어보면 이해할 수 있다. 그 중에서도 희한한 메뉴로 '몰레 소스(초콜릿을 주로 한 약간 매운 소스)'를 얹은 치킨이나 '칠리 레야노'라는 녹색 고추를 크게 만든 모양으로 약 15cm 정도의 크기의 것이 있다. 속은 파내서 흰 치즈를 넣고 달걀 옷을 입혀서 구워낸 것이다.

(2) 그 밖의 에스닉 푸드

다민족 국가인 만큼 요리도 다양한데 그것들을 한 마디로 에스닉 푸드라고 부르고 있다. 미국 전 인구중에서 비율이 낮은 소수민족을 에스닉이라 하며 그들의 전통 요리를 에스닉 푸드라고 부르는 것이다. 문화가 다르면 요리도 달라지는 것은 당연하지만 그 차이에는 놀라게 된다. 한국에서 맛보는 각국 요리는 한국식으로 만들어져 있는 것이 대부분이지만, 미국에서는 각 민족의 커뮤니티가 이루어져 있고 그 안에서 요리도 만들어지기 때문에 본토의 맛에 가깝다. 물론 한국 음식도 미국에서는 에스닉 푸드에 포함된다.

다음은 에스닉 푸드에 대한 설명이다.

① 중국 요리

세계 3대 요리의 하나로 우리나라에서도 잘 알려져 있다. 중국 요리도 지역에 따라서 광동 · 북경 · 상해 · 사천의 4종류로 나뉘어 진다. 광동 요리는 담백한 맛이 특징이고 북경요리는 주로 볶고 튀기며, 육류 요리가 주류이다. 상해요리는 양념이 진하고 끓인 것이나 찐 것이 많으며 보기 좋게 담는 것이 특징이다. 그리고 사천요리는 향신료를 충분히 사용하여 신맛이 강한 요리이다. 4종류 중에서도 가장 많은 것은 광동 요리점이다.

광동요리점 중에는 얌차(飮茶)를 해주는 곳도 있어서 점심시간 등에는 대단히 혼잡하다. 飮茶는 여러 가지 종류의 요리를 2~4가지씩 작은 그릇에 담아서, 그것들을 왜건에 올려놓고 파는 사람이 이름을 말하면서 테이블 사이를 돌아다닌다. 좋아하는 것을 골라서 몇 사람이 함께 먹으면 값도 싸고 맛있다.

② 한국 요리

갈비나 양념구이 등의 불고기 종류가 주류이다. 철판을 앞에 놓고 자신이 직접 굽는 것이 매력이다. 김치나 비빔밥 등을 먹을 수 있는 가게도 많고, 된장찌개에 이르기까지 무엇이든 먹을 수 있다고 해도 과언이 아니다. 대부분 코리아 타운에 많이 있다.

③ 이탈리아 요리

이탈리아 요리의 주류는 스파게티를 대표로 하는 파스타 종류이다. 스파게티는 미국인 사이에서도 인기가 있어 이탈리아 요리점이 아니더라도 간단히 먹을 수 있게 되었다. 파스타 이상으로 대중화된 것이 피자이다. 피자는 본고장인 이탈리아 이상으로 치즈나 토핑을 얹어서 양도 대단하다. 1슬라이스(피스)에 음료수를 곁들이면 가벼운 점심 식사가 된다. 토마토나 올리브 오일·태평양 연안에서 잡은 신선한 어패류를 사용하므로, 본래의 이탈리아 요리가 무색할 정도이다.

④ 독일 요리

독일을 대표하는 음식은 소시지와 포테이토, 그리고 맥주이다. 향신료를 적당히 사용한 소시지는 굽거나 쪄도 맛있다. 양념 겨자를 찍어먹으면 더욱 맛있으며 입안에서 씹혀질 때의 감촉은 한국의 것에서는 결코 맛볼 수 없을 것이다. 소시지에 빵한 조각과 맥주를 곁들이면 훌륭한 점심이 된다. 독일 포테이토로 대표되는 자카르타 감자 요리도 상당히 양이 많다. 미국의 가벼운 맥주에 싫증을 내 독일의 감칠맛나는 맥주를 찾는 사람들이 많다.

⑤ 인도 요리

카레같이 향신료를 듬뿍 사용한 요리가 많은 것이 특징이다. 카레나 닭요리 등의 몇 가지는 한국인 입맛에도 잘 맞는다. 종교상의 제약으로 육류나 어류의 사용하지 않는 채식 메뉴가 많아서 채식주의자 사이에서 인기가 많다.

⑥ 일본 요리

서해안 쪽에는 일본계 사람이 많이 있어서 일본 요리점도 이 부근에 많다. 일본의 레스토랑보다는 미국화 되어 음식의 양도 많다. 다운타운의 리틀 도쿄에 가면 일본식 레스토랑이 많이 있다.

2) 미국의 대표 음식

(1) 케이준

1620년대에 캐나다의 아카디아(현재의 노바 스코티아)에 이주해와서 살던 프랑스인들이 1755년 이곳을 점령한 영국인들에 의해서 미국 남부의 루이지애나로 강제 이주되면서 그곳에서 프랑스인들이 발전시킨 요리가 바로 케이준 요리이다. 케이준 요리는 그들의 고향인 프랑스와 새로운 지방에서의 요리법이 합쳐진 형태가 주가 되고 인디언과 스페인의 영향도 더해져서 형성되었다. (케이준이라는 이름은 아카디아라는 말이 토착 인디언들에 의해 와전되면서 생긴 단어이다.) 이들은 갑자기 쫓겨왔기 때문에 처음에는 상당히 궁핍한 생활을 하게 되었다. 그래서 구하기 어려운 버터 대신 돼지의 지방을 쓰고, 고기는 날짐승이나 물고기를 잡아서 보충했는데, 이것들을 한 냄비에 몰아넣고 조리를 하였다. 그러니, 당연히 고향인 프랑스식의 예쁘고 우아한 요리보다는 좀 거칠고 양으로 승부하며, 거친 재료의 맛을 보완하기 위해 양념을 많이 쓰는 요리가 된 것이다. 이 양념믹스인 케이준 스파이스의 매콤한 맛 때문에 우리나라 사람들 입맛에도 잘 맞아서 패밀리 레스토랑의 인기메뉴가 되었다. 대표적인 케이준 요리로는 여러 가지 야채와 닭고기, 햄 등을 넣고 만든 볶음밥인 잠발라야와 역시 여러가지 재료를 넣고 만드는 되직한 스튜 검보가 있다.

(2) 텍스-멕스

인접한 멕시코의 영향을 받아 만들어진 요리로 텍스-멕스가 있다. 이것은 멕시코와 인접한 텍사스 지역에서 발달하게 된 것으로, 옥수수로 만든 또띠아에 여러 가지 재료를 얹어 만든 타코 등 멕시코 요리와 다른 점이 없어 보이지만, 원래 요리보다

고추를 덜 사용해서 상당히 매운 맛을 많이 약화시킨 반면 재료의 원맛을 많이 살려 원래의 맛을 많이 바꾸었다. 그리고, 또띠아에 볶은 밥을 넣고 말아서 만드는 부리또 는 멕시코의 재료로 미국에서 자체 개발해낸 요리이다.

(3) 미국식 파스타, 피자

20세기초에 이탈리아인들이 이민 오면서 파스타가, 세계 제 2차대전후 유럽에 파병 나갔던 군인들이 들어오면서 피자가 들어왔다. 원래 이탈리아의 피자는 도우가 상당히 얇고 토핑은 한 두 가지 정도로 조금만 올려서 담백하게 만드는데, 미국식은 두툼한 도우에 토핑을 다양하게 많이 올린다. 특히 시카고에서 처음 만들기 시작한 딥디쉬 피자가 유명한데, 이것은 도우보다 토핑이 더 두껍다. 현재 우리나라 사람들이 즐겨먹는 피자는 원조인 이탈리아식이라기보다 미국과 더 가깝다고 할 수 있다.

(4) 스테이크

미국을 대표하는 음식은 역시 스테이크다. 가격은 한국과 비교가 안될 정도로 싸며 크기 또한 거창하다. 특히 목축업이 성한 중서부 도시에서 먹는 스테이크는 상당히 맛이 있고 값이 싸다.

스테이크의 종류는 Sirloin, Tenderloin, Filet mignon 등으로 쇠고기의 각 부위별 명칭으로 분류되어 있다.

곁들임으로는 프라이드 포테이토나 머시드 포테이토·시금치가 보통인데, 어떤 것으로 할 것인가를 묻는다. 또 샐러드를 주문하면 드레싱 종류도 물어온다. 프렌치 드레싱(French dressing-식초와 샐러드 오일), 다우전트 아일랜드 (Thousand Island-마요네즈와 칠리소스와 생크림), 이탈리안, 러시안 등 여러 가지가 있다. 스테이크 하우스 같은 데서는 샐러드바의 샐러드가 공짜인 가게도 있다.

(5) 햄버거

아메리칸 푸드의 으뜸은 누가 무어라고 해도 햄버거이다. 맥도널드·버거 킹· A&M·잭 인 더 복스 등이 있는데, 각각의 메이커마다 특징이 있고 크기·맛 등도 여러 가지이다. 종류 또한 풍부하다.

주문하는 방법은 한국의 패스트푸드점에서 하는 것과 같이 하면 된다. 가게로 들어가 카운터에서 개수, 그리고 종류를 주문한다. 가게에 따라서는 버거의 굽는 방법을 묻는 곳도 있다. 굽는 정도는 스테이크의 경우와 같이 "Medium", "Well-done"하는 식으로 말하면 된다. 주문할 때 주의해야 할 것은 드링크류의 컵 크기다. 스몰, 미디엄, 라지를 분명하게 말해주어야 한다. 미디엄이라도 상당히 크며, 라지는 다 마시지 못할 정도의 양이다.

(6) 핫도그

대도시의 거리 모퉁이, 풋볼이나 야구관전에 없어서는 안 되는 아메리칸 푸드라고 할 수 있는 게 핫도그다. 롤빵에 소시지를 끼운 손쉬운 스타일이야말로 정말 미국적이다. 소시지만을 끼운 플레인(Plain) 도그에 머스터드, 사와크라트(양배추 식초 절임), 피클, 케첩 등을 기호에 따라 첨가하면 맛도 더욱 좋을 것이다.

소시지는 데친 것, 찐 것, 구운 것 등 상점에 따라 여러 가지이다. 우리나라 사람에게는 구운 소시지가 가장 어울린다.

3) 미국의 식생활

(1) 델리카테슨 - 미국의 반찬가게

통조림·음료·치즈·빵·아이스크림 등이 선반에 놓여 있고, 유리 케이스에는 샌드위치의 내용물인 '반찬'들이 진열되어 있다. 이곳은 그야말로 미국식 반찬가게다. 통칭은 '델리'라고 하며, 좋아하는 샌드위치를 자유로이 만들어 준다. 만족스러운 크기에다가 맛도 좋다. 로스트 비프샌드, 트리플 데카 샌드 등을 권한다. 도시에서는 밤중까지 열고 있는 가게도 많으며, 여행자에게 퍽 도움이 되는 음식점이다.

(2) 미국인 생활이 숨쉬는 슈퍼마켓

미국인의 왕성한 에너지를 느끼게 되는 곳이 슈퍼마켓이다. 우선 가게를 둘러보고 감탄하는 것은 냉동식품의 종류가 많다는 것이다. 육류 매장에서는 커다란 고깃덩이가 놀랄 정도로 싸게 팔리며, 야채 코너에서는 지천으로 쌓여 있는 오이·가지·피망 등에 놀랄 것이다.

큰 슈퍼마켓은 교외에, 소규모 슈퍼마켓은 다운타운에 있다. 미국인의 생활이 숨쉬는 슈퍼마켓에서 아메리칸 라이프 스타일을 접촉할 수 있다.

(3) 미국식 아침식사

미국식 아침식사에서 빠뜨릴 수 없는 것이 달걀 요리다. 카페테리아나 커피숍의 아침식사 메뉴에는 반드시 달걀이 등장한다.

만일 메뉴에 'Your Choice of Style'이라고 쓰여 있으면, 달걀 2개를 취향에 따라 요리해 준다는 뜻이다. Boiled(삶은 계란), Scrambled(풀어 익힌 것), Sunny-Side-Up(노른자가 위로 오게 부친 달걀) 등 좋아하는 것을 주문하면 된다.

음료는 주스나 우유이다. 주스 대신에 프루츠일 때도 있다. 그리고 빵은 토스트 또는 머핀이나 롤빵이고 그 중에는 케이크 식으로 나올 때도 있다.

달걀만큼 중요한 것이 도넛이다. 경찰관이 커피를 마시면서 도넛을 집는 광경은 흔히 볼 수 있다. 맥도널드나 버거킹 같은 패스트푸드 체인에서도 값싼 아침식사의 메뉴를 준비하고 있다.

4) 미국의 음식점

(1) 커피 숍

미국에서 커피 숍이라고 하면 식당을 말한다. 가늘고 긴 카운터와 테이블이 여러 개 놓여 있을 뿐 아무런 장식도 없는 가게가 많다. 여기서는 웨이트리스가 주문을 받으므로 테이블 위에 팁을 두고 나오는 것을 잊지 않도록 해야 한다.

메뉴는 햄버거나 샌드위치 같은 가벼운 것들이 주종을 이룬다. 그 가게의 스페셜 메뉴를 내건 곳도 많다.

샌드위치를 주문하면 빵의 종류를 물어온다. 흰 빵인지 호밀 빵인지 정확히 대답

해야 한다. 또 커피 숍에서는 커피를 아무리 많이 마셔도 값은 같다. 마음 놓고 꿀꺽 꿀꺽 마시는 것이 미국식이다.

(2) 카페테리아

입구에서 접시와 나이프 · 스푼 · 냅킨을 들고 카운터 위에 나열되어 있는 좋아하는 요리를 고른 다음 계산대에 돈을 내는 것이 셀프서비스 가게이다. 미처 익숙해지지 않았을 때는 음식을 너무 많이 담아 남기거나 하는 실수를 하기 쉬우므로 주의하여야 한다. 메뉴와 가격이 붙어 있으므로 양과 예산을 생각하여 잘 고르도록 한다. 특히 디저트나 스튜류는 비교적 비싸므로 가격을 반드시 확인해야 한다.

눈앞에 요리가 놓여 있고, 각자가 담아 가는 시스템이므로 다음에는 무엇이 나올까 하는 염려와 함께 언어에 대한 불안감을 느낄 필요도 없다. 금전등록기의 요금을 확인하고서 돈을 지불하면 된다. 여기서도 물론 팁은 필요 없다.

(3) 그로서리(Grocery)

거리 모퉁이에서 흔히 볼 수 있는 상점 앞에 과일이나 프루츠 주스를 늘어놓고 있는 잡화 · 식료품점이 그로서리(Grocery)이다. 상점 안에는 통조림 · 음료수 · 치즈 · 빵 · 아이스크림 · 샴푸 등 다양한 일용품들이 선반에 놓여있다. 가게 중앙에는 생야채 · 튀김 · 스파게티 · 튀김 국수 등 먹음직한 부식이 진열된 케이스가 있다. 대 · 중 · 소의 플라스틱 케이스에 좋아하는 것을 원하는 만큼 담은 후에, 계산대에 가지고 가서 저울에 올려놓는다. 반찬을 달아서 파는 것이다. 따뜻한 음식은 생야채와 구분하여 보온성이 있는 팩에 담도록 한다. 드레싱도 여러 종류가 있다. 포크와 스푼, 냅킨도 함께 봉투에 넣어주므로 공원에서 점심식사를 할 수가 있다. 특히 뉴욕에서는 24시간 계속 영업하고 있는 상점이 많으므로 매우 편리하다.

(4) Sears Fine Food

샌프란시스코 일대에서 조식요리(아침식사) 1위의 상을 수상한 유명한 레스토랑이다. 세계 각국의 관광객으로 항상 붐비며 언제나 기다란 행렬이 늘어서 있다. 기다리는 것이 싫은 사람은 아침 일찍 가는 것이 좋다.

(5) Sam's Grill

1867년 창업한 이래 전통의 맛을 고수하고 있는 해물요리 레스토랑이다. 실 산노제 공항에서 15마일 동북쪽의 프리몬트 지구에 있다. 가정적인 분위기를 느낄 수 있고 아침식사가 제공된다.

(6) Kansas City BBQ

샌디에이고 근교를 무대로 한 영화 『탑건』에 등장한 레스토랑이다. 실내의 벽에는 번호판과 페넌트, 포스터, 모자 등이 빽빽하게 걸려 있으며 탑 건 T 셔츠, 탑 건 모자 등을 판매하고 있다. 트롤리의 시포트 역에서 내리면 바로 앞에 있다.

(7) Michael Jordan 's Restaurant

시카고에는 슈퍼 스타 마이클 조던이 경영하는 리버 노스 지구에 위치한 레스토랑이 있다. 레스토랑의 야외에는 거대한 농구공이 놓여 있으며 정면 입구에는 '에어 조던'이라는 간판이 걸려 있다. 1층은 스포츠 바, 2층은 레스토랑으로 나뉘어져 있으며 조던의 과거 활약상을 보여주는 사진과 신문 스크랩 등이 전시되어 있다.

24시간 영업은 실로 뉴욕답다.

뉴욕처럼 1일이 24시간임을 절감할 수 있는 도시는 없다. 심야나 새벽에 재즈나 디스코텍엣 돌아오는 길에 들르고 싶은 상점이나 사고 싶은 것이 있을 것이다. 그런 경우에는 24시간 오픈 상점이 도움이 된다.

브로드웨이 주변의 패스트푸드 가게·레스토랑·그로서리는 24시간 영업하는 곳이 많다.

건강식 숍 GNC에서의 권할 만한 스낵

비타민제 상점 정도는 아니지만 이따금 눈에 띄는 곳이 건강식 숍이다. 특히 GNC는 체인 스토어로 여러 곳에 있다. 상점 안에는 눈에 익은 두부나 된장을 비롯하여 엽차나 율무차 등도 진열되어 있다. 물론 비타민제나 단백질 등도 다양하다. 이곳에서 볼 수 있는 맛있는 스낵 Sweet Rice Cookies는 손바닥 크기의 쿠키 3개가 들어있으며 참깨 맛이 매우 훌륭하다.

세계의 요리와
유명 레스토랑

제11장

동서양의 절묘한 조화
터키·헝가리 요리

11.1. 터키…… 동서양의 만남(세계 3대 요리의 메카)

1) 문화의 형성 배경과 특징

터키요리는 프랑스, 중국요리와 함께 세계 3대 요리로 꼽힌다. 동서양의 만남(接點)이라는 지리상의 이점을 이용하여 풍부한 식재료를 화려하게 꽃 피운 터키의 음식은 한 세대를 풍미한 대표적인 음식이다. "한 번 먹어 본 기억의 맛이라면 요리사를 죽이겠다"고 공언한 황제가 있을 만큼 호사스러웠던 오스만투르크 제국의 궁정문화가 만나 터키요리라는 꽃을 피웠다.

터키는 무척 큰 나라로 국토 면적이 한반도의 3.5배나 되는 77만 9,000km2로 불가리아와의 국경 도시 에디르네(Edirne)에서 아르메니아와 인접한 도시 카르스(Kars)까지 무려 1,700km로 4,000리에 달한다. 또 흑해에서 지중해까지 횡단하는 길이도 1,000km나 된다. 서울에서 부산까지 왕복하는 거리에 다시 대전까지 더 가야 하는 거리이다. 이 나라의 평균 고도는 1,130m로 산이 많은 고원지대에 위치하고 있다. 해발 5,123m나 되는 아라라트(Ararat)산이 내륙의 아나톨리아 고원지대에 자리잡고 있으며 2,000m가 넘는 높은 산이 25개나 된다. 아나톨리아는 동부에 펼쳐진 고원지대로 디즐레(티그리스), 프라트(유프라테스)를 시작으로 15개의 강이 흐르고 있으며 호수도 많다.

터키는 아시아 대륙의 서쪽 흑해와 지중해 사이 소아시아 반도와 유럽 대륙 동남쪽의 발칸반도가 만나는 지점에 자리잡고 있어 유럽과 아시아간 동서문화가 만나는 길목이다. 북쪽으로는 흑해, 서쪽으로는 에게 해, 남쪽은 지중해가 둘러싸고 있다. 이 나라와 국경을 접하고 있는 나라들로는 유럽의 그리스, 불가리아가 있고, 소아시아 반도 쪽의 아르메니아, 그루지아, 이란, 이라크, 시리아 등 모두 7개국이나 된다.

기원전 2400년경 동방의 인도에서 시작되었으며 유럽 어족에 속하는 히타이트 족들이 터키 중부 아나톨리아 지방에 진출해 왕국을 건설하면서 시작됐다. 히타이트 왕국은 기원전 1200년까지 1000여 년 동안 번영하였고 이어 프리기아(Phrygia), 미시아(Mysia) 등과 같은 작은 도시 국가들이 아나톨리아 지방에 들어섰고 에게 해 주변에는 그리스 도시 국가들이 침입해 이즈미르(Izmir) 주변에 이오니아 문화권이 형성됐다.

용맹하기로 이름난 터키족은 이란, 이라크와 오늘날의 터키 전지역을 자기 영토화하였고 이때부터 투르크 인들의 터키 역사가 본격적으로 시작된다. 1453년에는 콘스탄티노플 공략에 성공하여 꺼져가던 비잔틴 제국을 멸망시켰으며 16세기 슐레이만 황제 시대에 최고 전성기를 이루었다. 당시 오스만 터키의 영토는 이집트와 북아프리카에서 서유럽의 빈까지 이어졌을 정도였다.

슐레이만 황제는 이스탄불을 아름다운 도시로 다시 정비하고 예루살렘을 재건하였으나 18세기에 들어서면서 그리스, 루마니아, 불가리아, 알바니아, 아르메니아, 아랍 국가들이 독립운동에 나서자 서구 열강들의 압력으로 크리미아 일대를 러시아에 넘겨주고 그리스인들의 독립전쟁에서 패해 그리스에서의 영향력을 잃었으며 북아프리카에서도 지위를 잃어갔다. 더욱이 1차 세계대전 때 독일을 지원했다가 독일이 패망하는 바람에 군대가 해체되었고 열강 군대가 터키를 점령하는 사태가 벌어지게 되었다. 이러한 위기 속에서 무스타파 케말은 터키 군을 인솔하고 점령군에 대항하는 독립운동을 일으켜 정교 분리, 술탄제 폐지, 터키 어의 알파벳 표기 실시 등 개혁을 단행하여 현대 터키의 기초를 닦았다.

터키 제일의 도시 이스탄불의 몇몇 거리는 대표적인 먹거리 장소로 널리 알려져 있다. 선술집과 바, 생선요리전문 레스토랑은 쿰카프쪽에, 경식(가벼운 식사)과 해산물 요리는 베요그루 지구의 치체크 파사지에, 그 옆에 있는 네비자에 거리는 비좁기는 하지만 술과 함께 터키특별요리를 즐기기에는 그만이다. 술탄아흐메트 지구 쪽으로는 비잔틴, 오스만 시대의 건물을 개조한 레스토랑이 많아서 눈길을 끌기도 한다.

대표적인 음식으로는 케밥(kebap)이 있는데, 우리의 대표적인 음식인 김치에도 수많은 종류가 있는 것처럼 터키의 대표적인 음식 케밥에도 종류가 많다. 아다날케밥 파드리잔 케밥 등 수백 종의 케밥이 있다고 한다.

그중 대표적인 도너 케밥(doner kebap)은 멕시코의 또띠아, 베트남의 반짱, 우리의 전병처럼 얇은 밀가루 반죽에 고기나 양념을 넣어서 싸먹는 요리이다. 터키식은 양념에 하루 재운 고기를 특별히 제작된 도너 케밥 브로일러에 돌리면서 은근한 열로 기름을 제거해서 칼로 썰어서 야채류와 함께 싸먹는 요리이다.

카파르 차르쉬 시장

이 시장은 수 백년의 역사를 자랑하는 시장으로써, 터키의 역사가 살아있는 시장이다. 현재는 터키 전 인구의 약 98%가 이슬람교도들이지만 예전에는 동서양의 문화가 혼합되고 그 문화를 이어주는 역할을 하던 터키의 매우 중요한 시장이었다. 이곳을 찾아가면 역사와 전설이 살아 숨쉬는 현장을 느낄 수 있다.

2) 터키의 대표적 음식

터키인들은 터키 음식을 중국, 프랑스 음식에 이어 세계 3대 주요음식의 하나로 자랑하고 있으며, 오스만제국의 600여 년에 이르는 영토 확장시기에 유럽, 페르시아, 발칸, 북부아프리카 등의 문화를 많이 흡수하여 음식종류도 다양하다. 터키 전통음식은 양고기로 된 케밥(Kebap) 종류로서, 한국인에게 크게 부담이 안가는 케밥에는 쉬쉬(Shish: Cooked on skewers), 되네르(Doener: Cooked on an upright spit) 케밥 등이 있다. 터키인들은 식사 후 디저트로서 단 것을 먹는데 이는 달콤한 대화를 나누자는 의미가 있다.

터키의 식료품을 일반적으로 살펴보면 다음과 같다. 쌀, 빵, 마카로니 등은 언제나 구입할 수 있을 정도로 많으며, 과일, 야채 등의 신선한 계절식품도 풍부하고 가격도 싼 편이다. 터키에서는 생선이 육류보다 비싸다.

육류는 주로 양고기가 많지만 쇠고기를 팔기도 한다. 한편 터키인은 돼지고기를 먹지 않기 때문에 돼지고기를 취급하는 상점은 극히 적지만, 이스탄불 등 외국인이 많이 거주하는 도시에서는 이들을 상대로 돼지고기를 파는 가게도 있다. 닭고기는 대부분 한 마리를 통째로 팔고 있지만 부분적으로 나누어 파는 가게도 있다. 터키인들은 원래 유목민이었기 때문에 그들의 식품원은 바로 가축들이었다.

유제품, 우유 등은 팩에 포장하여 판매하며, 대형 슈퍼에서는 유럽제 버터, 치즈 등을 구입할 수 있다. 터키산 홍차 및 커피가 있으며 네스카페 같은 인스턴트 커피도 구할 수 있다. 또한 외국 담배 및 위스키도 구입할 수 있지만 터키산에 비해 가격이 높은 편이다.

터키 음식문화에 영향을 준 것을 살펴보면 다음과 같다.

첫째, 식량을 자급자족 할 수 있는 세계의 몇 안되는 국가 중 한 국가로서 매우 풍부한 식량자원을 갖고 있다.

둘째, 이슬람 교리를 따라 음식문화도 변화하였다.

셋째, 과거에는 유라시아를 지배했던 국가로서, 현재는 유럽과 아시아의 분기점으로서 다양한 문화를 받아들일 수 있었다.

넷째, 조상들의 오래된 유목생활이 식문화에 영향을 끼쳤다.

주요 메뉴는 다음과 같다.

(1) Chorba(초르바)

Soup이며, 녹두(메르지멕) 및 야채스프 등이 있음.

(2) 되네르 케밥(Doener Kebap)

양고기 또는 쇠고기를 불에 구어 가늘게 썬 것.

(3) 이쉬켄데르 케밥(Ishkender Kebap)

되네르 케밥에 요구르트와 토마토 소스를 첨가한 것.

(4) 시시키 케밥(Sis Kebab)

　다양한 터키 음식 중에 이미 전 세계적으로 알려져 있는 음식은 바로 케밥 요리이다. 그리스를 비롯한 유럽 지역에는 "기로스"로 알려져 있다. 국내 일부 호텔의 양식당에는 고정 메뉴로 꼬치에 감아 먹는 시시키 케밥(Sis Kebab)이 메뉴판에 있는 곳도 많고 아직 요리사들도 이 요리가 터키요리란 것을 모르는 이들도 있다.

(5) 베야즈 필라브(Beyaz Pilav)

　기름을 섞은 흰밥.

(6) 도넬케밥

　이스켄데르 식당에서 4대째 만들어져 온 음식이지만 이 음식을 하는 곳이 몇 곳에 생겨났다. 분쇄된 고기를 꼬치에 끼우고 형태를 유지하기 위해 포를 뜬 고기를 중간중간에 끼워서 매우 큰 둥근 막대 형태의 도넬케밥을 만든다. 이를 계속 돌려가면서 익히는데, 고기가 익은 겉표면을 조금씩 발라내면서 손님에게 서브하게 된다. 이때 육즙이 나오는 것을 도넬케밥에 뿌려 먹기도 하며, 토마토케찹에 찍어 먹는 사람들도 있다.

(7) 초반 살라타(Choban Salata)

　토마토, 오이, 양파 등을 가늘게 썰어 만든 샐러드

(8) 아이란

　요구르트 일종으로 터키의 대표적 음료이다. 이 음식은 채소와 섞어 반찬으로 먹기도 한다. 이 음식은 요구르트 원액에 물로 희석하고 소금으로 간을 맞추는 데 갈증을 해소하고 숙면을 취하는데 좋다고 한다.

　터키에서는 아무리 음식이 성찬이어도 아이란이 없으면 성찬이 아니고, 음식이 빈약해도 아이란만 있으면 성찬이라는 말이 있을 정도로 아이란을 즐겨 먹는다.

(9) 무사카

쇠고기나 양고기(다른 나라에서는 돼지고기도 사용)와 여러 가지 야채, 치즈로 만드는 무사카(moussaka)는 터키뿐 아니라 이웃 나라 그리스 사람들도 자주 만들어 먹는 음식이다. 오븐에 넣을 수 있는 도기 그릇에 가지를 썰어 넣고 그 위에 다지 고기를 양념해 볶아 얹은 다음 파프리카·토마토·양파·피망 등을 올리고 치즈를 갈아 뿌리는데, 여러 명분의 음식을 만들 때는 여러 켜로 만들기도 한다. 이를 200도로 달군 오븐에 넣고 20∼30분 정도 구우면 완성된다.

이 요리는 먹기에 가벼운 편이고, 준비도 비교적 간단하여 주로 여름에 많이 먹는다. 터키 사람들은 자국에서 생산되는 치즈를 쓰지만, 그리스의 케팔로티리(kefalotiri) 치즈 등으로도 제 맛을 낼 수 있다.

가지는 무사카에 들어가는 여러 가지 야채 가운데 가장 중요한 역할을 한다. 따로 먹을 때는 담백하기만 하지만, 이 요리에서는 고기나 다른 야채와 어울려 독특한 맛을 낸다. 김치도 담그는 사람 손끝에 따라 천차만별의 맛을 내듯이, 무사카의 가지 맛도 조리사에 따라 다양하게 변한다고 한다.

터키의 레스토랑에서 무사카를 먹을 경우, 와인 역시 드라이 내지 세미 드라이한 레드 와인 가운데 그 지방에서 나는 것을 추천받는 것이 좋다.

(10) 돌마(dolma)

터키 사람들은 가지를 다루는 데 일가견이 있다고 한다. 가지를 그대로 요리하면 약간 쓴 맛이 있다 하여 30분 전쯤 미리 소금을 뿌려두는데, 소금기가 쓴맛을 죽이며 조직을 수축시켜 요리할 때 기름기를 덜 빨아들인다고 한다. 또 터키 사람들은 야채 속에 이런저런 것을 채워 넣은 요리를 즐겨 먹는다. 가지, 애호박, 파프리카 등을 많이 사용하는데, 이렇게 속을 채워 요리한 야채 음식을 돌마(dolma)라고 한다.

(11) 양을 이용한 음식

터키인들은 유목민의 혈통을 이어받았다. 유목 생활에서 가축은 중요한 식품원이었다. 가축중에서도 쇠고기 보다는 양고기를 많이 먹는데 그 사육량도 소보다 양이 많다. 양에서는 가죽과 털을 얻을 수 있었는데 터키의 앙카라가 앙고라의 어원인 것을 보면 터키인들이 사육한 양털의 상품성을 알 수 있다. 이렇게 유용한 양을 더욱 많이 사육하게 되었고 음식으로 이용하는 양도 많아지게 된 것이다.

(12) 포테타스 퓨레시

고구마의 퓨레이다. 고기요리에 아주 잘 어울린다. 주로 파티 때 장만하는 음식이다.

(13) 샌드위치 에키메

샌드위치용 빵이다. 이 빵에 치즈, 쨈, 햄을 넣어 먹는다. 작은 사이즈부터 큰 사이즈까지 크기가 다양하다.

(14) 씨'를 이용한 요리

터키에서는 생선이 고기보다 훨씬 더 비싼 편인데 터키인들에게 가장 인기 있는 생선은 '함씨'라는 이름의 생선이다. 생김새는 우리나라 멸치와 비슷하고, 크기는 약간 더 큰데 워낙 터키국민들이 좋아해 이 '함씨'라는 생선을 응용한 요리가 무려 40여 가지나 된다고 한다. 가장 많이 먹는 방법으로는 튀김옷을 입혀서 기름에 튀겨먹거나, 넓적한 쟁반에 얇게 썬 양파를 깔고, 그 위에 함씨를 한번 깐 후, 위에 파슬리와 레몬, 토마토, 마가린을 얹어서 오븐에 구워내는 것으로 이 요리를 '함씨 부홀라마'라고 한다. 심지어는 '함씨'로 만드는 생선디저트까지 있다고 하니 이 생선의 인기를 가늠해볼 만하다.

(15) 종교적인 이유로 돼지고기를 먹지 않는 터키인

터키인들에게 신앙의 자유가 보장되어 있지만 터키인의 약 99%가 이슬람교를 믿고 있다. 이는 음식에도 많은 영향을 주고 있는데 그 대표적인 것이 돼지고기를 먹지 않는 것이다. 종교적으로도 금기시되어 있지만 터키인들도 돼지를 더러운 것을 닥치는 데로 먹는 동물로 깨끗하지 못하다고 생각을 하고 있다. 그래서 시장의 정육점을 찾아보아도 돼지고기가 없다. 정육점의 햄, 소시지 등도 모두 양이나 쇠고기를 이용해서 만들어 낸다.

(16) 쾨프테

케밥(kebap)과 함께 대표적인 터키의 고기 요리로는 '쾨프테'라는 것도 있다. 이것은 다진 고기에 여러 가지 양념과 다진 야채를 섞어서 일정한 모양을 만든 다음 구워서 물녹말과 고추기름을 넣어 걸쭉하고 매콤하게 만든 것으로 중국요리인 난자완스와 비슷해 아시아권에서 특히 인기를 끌고 있는 터키음식이다.

Turkish Icecream

카흐라만 마라슈라는 지역에는 이상한 아이스크림이 있다. 우리나라의 떡처럼 찐득찐득한 아이스크림이다. 대를 이어 이 아이스크림을 만드는 장인들이 이 지역에 있다. 밀가루 반죽을 하는 듯한 특이한 방법으로 만들어지는 이 아이스크림은 그 자체로도 독특하지만 파는 방법도 독특하다. 아이스크림 장수는 터키 고유의 복장을 입고 종을 치며 돌아다니며 손님들을 유혹한다. 아이스크림을 손님들에게 줄 때도 갖가지 속임수를 쓰며 손님들을 즐겁게 해 준다고 한다.

---

3) 터키의 술과 차

(1) 술

터키에서 종교적인 영향을 받는 것 중에 하나가 술문화이다. 이슬람 교도들에게 술이란 죄악의 시초라고 여겨진다. 하지만 돼지고기보다는 비교적 개방적이어서 대도시에서는 술집을 만나볼 수 있다. 하지만 시골이나 주택가에서는 전혀 볼 수 없으며 술집은 외부에서 안을 볼 수 없도록 해 두고 있다.

비록 술에 대해서 개방적이라고는 하지만 아무 곳에서나 먹을 수 있는 것이 아니라 허가된 일정한 지역에서만 술을 마실 수 있다.

하지만 포도주의 맛은 세계적으로도 매우 유명한데, 터키 포도주는 오스만 제국

시대부터 생산되어 유명해졌으며, 터키는 현재 포도주를 수출하고 있다. 지역에 따라 약 34종의 포도가 생산되고 있으며, 돌루자(Doluca), 카박클르데레(Kavaklidere) 상표가 유명하다. 포도주 종류에는 Red Wine으로서 Doluca, Cankaya, Sellection, Kavaklidere, Diren, Bordo 등이 있으며, White Wine으로는 Doluca, Cankaya, Tekel, Kavaklidere 등이 있다.

(2) 라키

터키 사람들은 술을 먹기 위해 술집을 찾아가지는 않지만, 식사 중에는 독특한 술을 즐겨 마시는데 그것이 바로 라키이다. 즉, 돼지고기는 엄격하게 금식하지만 술에 대해서는 조금 관대한 편이다. 라키는 아니스(anise)향을 첨가한 투명한 술로써 원료는 무화과 열매와 건포도이며, 효모로 발효시키고 두 번 증류하여 만든다. 스트레이트로 마시거나 얼음 또는 물을 타서 희석해 마신다. 아니스 향이 강렬해 처음 마시는 사람은 약간 역겨울 수도 있으나, 마실수록 친근감이 가는 술이다.

물에 희석한 라키는 아슬란 슈튜(aslan suetue)라는 별칭을 갖고 있는데, 직역하면 '사자유(獅子乳)'라는 뜻이다.

(3) 커피

오스만 제국 시절부터 지금까지 커피는 터키의 생활방식과 문화에서 중요한 위치를 차지하고 있다. 1555년 시리아 대상이 이스탄불에 커피를 들여옴으로써 커피는 "장기 두는 사람과 사색가들의 우유"라고 알려지기 시작했다.

17세기 중엽까지 터키식 커피는 정교한 예식의 한 부분이었으며 40명이 넘는 조력자의 도움으로 커피를 의식에 따라 준비한 후 술탄에게 드려졌다. 당시에는 여인들이 터키식 커피를 준비하는 방법에 대하여 하렘에서 집중적인 훈련을 받기도 했다.

오스만 시대에 남자들은 커피 하우스에서 정치를 의논하는 등, 커피하우스는 만나서 이야기하는 중요한 사회적 장소가 되었으며, 오늘날에도 이러한 관습은 계속되고 있다. 터키식 커피는 알 커피를 미세한 분말로 갈아 설탕과 함께 끓이며, 단 정도에 따라 여섯 가지로 구분한다. 커피를 끓인 다음에는 설탕을 넣지 않기 때문에 티스푼이 필요치 않다.

터키식 커피는 제스웨(cezve)라고 불리우는 특수한 커피 주전자에서 끓인다. 손님은 커피를 마신 후에 커피 잔을 받침 위에 엎어놓는다. 커피 잔에 남아있는 것이 식으면 주인은 남은 것이 흘러서 생긴 흔적을 가지고 손님의 운수를 읽어주는 관습이 있다.

(4) 차이

술을 금기 시 하기 때문에 찻집이 전국적으로 매우 발전하게 되었다. 특이하게도 찻집은 남성들만이 이용하며 그 안에서 찻값 내기 게임을 많이 즐긴다. 이때 사람들이 많이 마시는 것이 차이로서 이 차는 흑해 연안에서 생산되는 아주 매력적인 빨간 계통의 색깔을 가진 차이다.

4) 터키인의 식습관과 유명 레스토랑

터키는 가부장적인 전통이 많이 남아있는 국가이다. 하지만 도심의 중산층의 젊은 부부들은 가족과 함께 외식을 즐기기도 하며, 자녀를 위주로 하는 외식이 늘고 있어서 전문 케밥(구이) 식당이 매우 흥행하고 있다. 하지만 초대를 받고 집을 찾아가서 식사를 하는 경우에는 전통적인 예의를 지켜야 한다.

집에서 식사를 하는 경우를 살펴보면 다음과 같다.

손님이 오기 전에 모든 음식을 준비해 두며, 윗사람에게는 손에 동료에게는 뺨에 키스를 한다. 손님이 오면 냉장고에 보관해둔 콜론화장수를 손님에게 대접하는데 알코올 성분이 있어서 손을 씻으면 소독의 효과가 있다. 그런 후 손님을 중심으로 식사가 이뤄지기 때문에 초대받은 사람은 식사에 대한 감사하는 마음으로 음식을 먹으면 되며 혹시 모르는 것은 물어 본다면 별 무리 없이 외국인도 쉽게 식사할 수 있을 것이다.

터키인과 식사할 때는 다음과 같은 식습관에 유의해야 한다.

① 음식에 코를 대고 냄새를 맡지 말아야 한다.
② 음식을 식히기 위해 입으로 불지 않는다.
③ 숟가락이나 포크를 빵 위에 놓지 않는다.

④ 상대방 앞에 있는 빵의 조각을 먹지 않는다.

⑤ 식사 중에, 사망자나 환자에 대해서 언급하지 않는다.

⑥ 음식을 그릇에 남기지 말고 깨끗하게 비운다.

⑦ 음식을 마련한 사람에게 감사의 표시로 "엘리니제 사을륵"(Elinize Saglik-"당신의 손에 축복이 있기를"이라는 뜻으로 "맛있게 먹었습니다"라는 인사라고 생각하면 된다)이라고 표현하는 일을 빠뜨려서는 안 된다. 이 인사를 해야만 식사를 끝냈다는 표시가 되는 것이다.

(1) 이스켄데르 식당

이 식당은 4대째 케밥을 전문으로 하는 가게로써 특히 도넬케밥으로 유명하다. "도넬"이라는 말은 "돌리다"라는 의미로써 다른 케밥과는 달리 돌리면서 굽는 케밥이다. 이곳에서는 야채와 함께 요구르트(소스의 역할)를 얹어 먹기도 한다. 요즘에는 개방적인 가족이 많아서, 가족 동반 식사 문화가 이뤄지는 식당 중에 하나이다.

11.2. 헝가리-가장 동양적인 유럽 국가

1) 문화의 형성 배경과 특징

헝가리는 지형적으로 2개의 저지지방과 2개의 고지지방 등 4개 지역으로 나누어진다. 2개의 저지지방 가운데 면적이 넓은 노디올췰드(헝가리 대평원)는 헝가리의 동부와 남부에 해당하며, 헝가리 전역의 절반 이상을 차지한다. 노디올필드와 그보다 면적이 작은 북서쪽의 키슈올필드(소평원) 사이 남서부에 기복이 완만한 고지지방(해발 400~700m)인 트란스다누비아(두난툴)가 자리잡고 있다. 트란스다누비아의 북동쪽에 또 하나의 고지지방인 북부산맥이 뻗어 있는데, 이 산맥은 카르파티아 산계 안쪽 부분(화산성이며 아치 모양을 이루고 있음)의 일부이다. 북부 산맥의 지맥인 마트로 산맥에 헝가리의 최고봉인 케케슈 산(1,015m)이 있다.

예술과 과학 분야에 큰 공헌을 한 헝가리인이 많다. 헝가리 태생의 과학자 가운데 알베르트 센트 디외르디, 게오르크 본 베케시, 유진 위그너, 에드워드 텔러, 레오 실라르드, 존 폰 노이만은 세계적으로 인정받는 업적을 이룩했을 뿐만 아니라 노벨상을 수상했다. 음악계의 페렌츠 리스트, 벨로 보르토크, 졸탄 코다이 역시 세계적인 명성을 얻었으며, 시인 야노슈 오로니와 샨도르 페퇴피 및 작가 칼만 미크사트와 지그몬드 모리츠의 작품은 여러 언어로 번역되었다.

이런 예술의 나라인 헝가리의 부다페스트는 동유럽에서 가장 고풍스러운 도시라는 애칭을 갖고 있다. 헝가리는 세계대전 등을 겪으면서 많은 경제적 · 문화적 어려움을 겪었지만 그 어려움을 음악으로 이겨내는 지혜를 발휘한 사람들이다.

이런 헝가리는 다른 유럽 나라에 비해 매우 친숙한 느낌을 주는 나라이다.

첫째로, 헝가리의 음식은 우리에게 매우 친숙하다는 것이다. 특히 우리의 육개장과 맛이 비슷한 굴라쉬(Gulyas-구야쉬, 구이야쉬, 굴라슈)를 한 번 먹어보면 이곳이 정말 유럽인가 하는 착각이 들 정도이다. 그래서 한국인들이 헝가리에 여행을 가면 "I'm not hungry."가 "I'm in Hungary."와 같은 뜻으로 쓰인다는 농담이 나돌 정도이다. 즉, 입맛에 맞지 않는 다른 유럽 나라의 음식에 시달리는 것과는 달리, 헝가리에 가서는 배고플 염려가 없다는 것이다.

둘째로, 헝가리에 가면 현지인이 분명한데 말을 붙이면 한국말을 할 듯하고, 그러나 가까이 가서 보면 왠지 서양인의 모습이 엿보이는 그런 사람들이 많다. 이들의 조상은 중앙아시아에서 온 유목민이다. 동양역사에서는 '흉노족', 서양역사에서는 'the Hun'이라 하여 '훈족'이라 일컫는다. 여기에서도 알 수 있는데 헝가리라는 명칭도 이 이름에서 비롯된 것이다.

헝가리는 저렴한 물가와 아시아 계통 민족이라는 매력말고도 아시아인의 습관에 걸맞은 온천욕 관습과 음식에서 친근함을 느낄 수 있는 곳이다. 그리고 그들은 국물을 숟가락으로 떠먹는 유럽의 유일한 국가이다.

이런 헝가리의 요리법은 아시아 대평원 내에서 방목을 하던 유목민인 조상들에 의해서 흡수되었고 오랜 기간 터키의 지배를 받아서 곳곳에 터키의 흔적이 많이 남아있다. 헝가리의 식사 전통은 오랜 역사를 거쳐서 이루어졌고 이들의 역사를 거슬러 올라가면 가방 속, 안장에 넣을 수 있는 투로니아(turhonya:밀가루와 달걀로 만든 낱알로 된 과자)와 같은 마른 과자와 국수를 즐겨 먹던 시기도 있었다. 이 곳에 정착하지 못했던 유목민에게는 실용적이었기 때문이다.

헝가리는 비교적 우리에게 생소한 나라이지만 가무를 즐기는 민족성이 비슷하고 음식도 우리 입맛에 가깝다. 헝가리의 음식은 고기와 야채를 많이 사용하는 것이 특징이다. 헝가리인은 향신료로 우리나라의 고추와 비슷한 파프리카라는 양념을 많이 사용하며, 매운 음식을 즐기는 편이다.

우리는 가을 햇살에 잘 말린 붉은 고추를 곱게 빻아 김장도 담그고 일년 내내 요리할 때 이용하는데 매운 맛이 많아야 음식의 맛이 한결 살아난다. 매운 것을 선호하는 우리에 비해 헝가리는 샐러드용의 단맛이 많은 피망에서부터 아주 맵고 작은 붉은 칠리까지 다양한 종류를 요리에 이용한다.

음료로는 와인이 정평이 나 있으며, 음식에 대한 금기나 편견은 없다. 맥도널드 등 패스트푸드점이 많고, 특히 중국 레스토랑이 많아 저렴하게 입맛에 맞는 음식을 먹을 수 있다. 부다페스트에서 해질녘 생음악이 연주되는 다뉴브 강가의 노천 카페를 찾는 것도 운치 있다.

2) 헝가리 음식

(1) 굴라쉬(Gulyas or Gulyash)

"방목하는 사람"이라는 뜻의 굴라쉬는 깍두기 모양으로 약간 큼직하게 썬 쇠고기나 돼지고기를 사워크라프트(절인 양배추), 마늘, 양파, 토마토 등의 야채와 함께 끓인 스프로 헝가리식 고춧가루인 파프리카가 꼭 들어가야 제 맛이 난다. 사워크라프트를 넣는 헝가리에 비해 서유럽에서는 사워 크라프트를 넣지 않으므로 우리나라에서도 구하기 어렵거나 번거롭다면 생략해도 상관없다. 굴라쉬 스프는 깊은 맛을 내기 위해 1시간 이상 천천히 끓이고 한꺼번에 많은 양을 요리해야 더욱 맛있는 음식이다. 그 만드는 순서를 보면 매우 간단하다. 양파, 파프리카 가루, 투박하게 썰어놓은 쇠고기를 볶다가 물을 넉넉히 부어 끓인다. 약 1시간 정도 끓이는데, 중간 중간에 절 저어주다가 국물 위에 윤기 있는 빨간색이 뜰 때 굵은 파프리카를 띄운다. 파프리카의 맛과 헝가리의 대표적 동물인 회색소의 맛이 환상적으로 어울린 것이 바로 굴라쉬이다. 여기에 사워크림을 섞은 후 버터에 볶은 국수, 으깬 감자, 쌀밥 등과 함께 먹는다. 뜨겁게 서브되는 굴라쉬 스프를 먹고 나면 열기가 온 몸으로 전해지면서 얼큰한 맛으로 인해 속까지 풀리는 시원함을 느낄 수 있다.

언뜻 보기에 부대찌개나 순두부 찌개와도 비슷해 보이는 굴라쉬 스프는 헝가리에서 굴야슈(gulas 혹은 gulyash)로 불리워진다.

(2) 뻐쁘리까쉬 취르께

뻐쁘리까쉬 취르께(파프리카 소스 양념을 한 닭찜)는 매운 것을 싫어하는 사람들에게 권할 만하다. 맵지 않으며 여러 가지 재료(소고기, 돼지고기, 양고기)를 써서 만들기도 한다.

(3) 활라스 리(헐라스 레)

헝가리 요리 중에서 가장 자극적이면서도 우리 입맛에 맞는 요리 중에 하나가 '활라스 리'이다. '어부의 스프'라는 뜻으로 강이나 호수에서 잡은 물고기를 재료로 하며, 재료로 쓰이는 물고기에 따라 여러 가지 종류가 있다. 이 요리의 참 맛은 고기에서 우러나오는 맛보다도 그 외에 들어가는 재료 즉, 헝가리 특산의 파프리카, 양파, 붉은 토마토에서 나오는 맛과 빛깔이 식욕을 자극한다. 생선스프라고도 할 수 있는데 이스라엘의 잉어를 많이 사용한다. 보그라치(고리가 달린 헝가리 전통 냄비-유목민족의 잔재)에서 양파, 감자, 당근 등을 볶다가 생선의 중간 부분을 제외한 모든 부분을 넣고 물로 끓인다. 익으면 생선뼈를 건져내고 국물을 믹서로 갈아서 체에 걸러 내는데 완전히 액체 상태가 되도록 한다. 이때 남겨둔 살코기(생선의 중간 부분)를 넣고 끓인 음식이다. 젊은층에게는 그리 인기 있는 음식이 아니지만 『실베스테른 밤-매년 마지막 밤』에는 집마다 꼭 만들어 먹는 음식 중에 하나이다.

(4) 콜바스

콜바스를 보면 우리나라의 순대와 똑 같은 형태를 갖고 있다. 하지만 다른 점이 있다면 콜바스에도 파프리카를 넣었다는 것이다. 콜바스는 헝가리에서 육가공식품에 속하는데 파프리카가 들어가 있어서 매운 맛을 더하며, 이 음식에서도 헝가리인들이 얼마나 파프리카 맛을 좋아하는지 알 수 있다.

(5) 마자로쉬 쉬지르메

헝가리식 등심요리로써 양파, 파프리카, 토마토를 기본으로 한 양념이 들어가며 이 음식에 콜바스가 들어간다. 이 음식에 들어가는 특이한 한 가지가 해바라기 기름에 튀긴 감자를 넣고 함께 볶아준다는 것이다.

(6) 파프리카

우리나라의 고추와 같은 것으로 헝가리 음식에서 빼놓을 수가 없는 것이다. 파프리카는 거의 9월에 수확하는데 헝가리에서 1년에 소비되는 파프리카가 약 5,000톤 가량이라 한다. 파프리카는 기름에 튀겨 먹기도 하고, 날 것으로 먹기도 하고, 양념으로도 사용한다. 말린 파프리카를 마늘과 함께 실로 꿰어 말리는 것을 보면 우리나라의 시골 풍경을 보는 듯도 하다. [콜로초 파프리카 박물관]이 있을 정도이며, 20여개 국가에 파프리카를 수출하고 있는데 헝가리의 특유한 자수로 장식을 하며 매우 높은 부가가치를 올리고 있다. 헝가리인들에게는 햄과 소시지도 매우 중요한 음식에 하나인데 그 햄과 소시지를 보면 매우 붉은 색을 띄는데 이것도 바로 파프리카가 들어가 있기 때문이다. 헝가리의 전통음식을 보면 거의 파프리카가 들어가 있어, 파프리카에 대한 헝가리인의 사랑을 알 수 있다. 파프리카에도 매우 많은 종류가 있지만 그 종류를 세가지로 나눠보면 다음과 같다.
① 버찌 파프리카 (매운 맛이 강함)
② 토마토 파프리카 (일반적으로 단맛이 있어 샐러드나 잼에 쓰임)
③ 초절임 파프리카 (매운 맛이 강함) : 주로 고기요리에 사용.

(7) 헝가리의 크루아상

프랑스빵으로 알려져 있지만 사실은 역사 깊은 헝가리의 빵으로 초승달 모양을 하고 있다고 헝가리인들은 주장한다. 1683년경 오스트리아에 전해졌고 루이 16세의 왕후가 된 오스트리아의 마리 아투아네트에 의해 프랑스에 전해졌다고 전해지고 있다.

3) 헝가리의 포도주

포도주 생산과 큰 강은 매우 유기적인 관계를 갖고 있다. 헝가리도 이 면에서 예외가 아니다. 다뉴브와 티셔의 두 강이 국토의 중앙부를 관통하면서 전자는 이 나라의 수도인 부다페스트 주변과 남부에서, 후자는 동북지방의 슬로바키아 접경에 있는 토카이 지방으로 포도원을 형성하고 있다.

헝가리 포도주 산업이 오늘날처럼 융성하게 된 배경에는 다른 나라와는 달리 일찍 와인에 대한 법령 체계가 정비되었기 때문이다.

포도품종에 대한 지역표시를 하는 원산지 호칭제도가 이미 1893년에 법제화되었으며 이 법규는 매우 엄격하게 지켜져 왔다. 헝가리는 전통적이며 세계적인 포도주 명산지이며 일찍부터 국제적인 명성을 얻었지만 2차 세계대전 후 불행하게도 공산화 과정을 거치면서 전통을 제대로 잇지 못했다.

그러나 풍요한 경작지와 이상적인 기후 그리고 오랜 기간 전수된 포도주의 양조 기법을 바탕으로 이제 지난날의 명성을 되찾으면서 국제 유통시장에 새로운 모습을 보이고 있다.

헝가리 포도주 가운데 가장 유명한 와인은 "토까이"이다. 토까이 포도주에는 특별한 표시를 하는데 포도원에서 수확 시 포도 운반용으로 사용하는 작은 등짐지게, 다시 말하면 푸토뇨쉬(puttonyos or putt)를 라벨에 나타내고 있다. 라벨에 3개의 푸토뇨쉬가 표시되면 5년의 숙성을 나타내고 5개인 경우에는 8년간의 숙성을 나타내므로 최상급의 당도 높은 와인으로 평가된다.

(1) 토케이 또는 토카이(Tokaji)

헝가리의 토케이는 알코올 도수가 높고 단맛이 강해서 식사가 끝난 뒤 디저트와 함께 마시는 술이다. 토케이는 강화와인(Fortified wine)으로 주로 디저트로 많이 이용된다. 헝가리의 명주이기도 한 토카이(Tokaji)는 전설적인 포도주로 세계에 널리 알려져 있다.

이 와인은 헝가리어로 vinum regum, rex vinum이라고 하는데 이는 왕들의 와인이여 왕 중에 왕이라는 뜻이다. 이는 프랑스의 루이 15세가 퐁빠두 마담(pompadour)

에게 와인을 권하면서 '이 술은 포도주의 왕이며 그리고 왕들의 포도주이다'라고 말한 것에서 유래하였다. 이 술은 독특한 양조법으로 만들어지는데 17세기에 이미 프랑스나 이태리에 앞서 생산될 정도 였다.

(2) 에그리 비카베르

에그리 비카베르는 헝가리의 에겔지역에서 생산되는 명주이다.

전설적인 명주로 알려져 있는 에그리 비카베르는 캬버네, 케크프란코스, 오포르토 그리고 메를로의 4가지의 푸른 포도로 빚어지며 우아한 맛과 특이한 빛깔은 이 와인의 명성을 느끼게 하여 준다. 별칭은 '에겔의 황소피(Bull's Blood of Eger)'라고 널리 알려져 있다.

(3) 우니쿰

독특한 맛과 향을 가진 허브 건강주 '우니쿰'은 18세기 말경 오스트리아의 황제 요제프 2세의 주치의였던 츠바크가의 선조가 주군의 건강을 위해 특별한 제법으로 빚어낸 술로 200년 이상 유럽 귀족들이 건강을 위해 즐겨 마셨다. 식욕증진, 소화촉진, 숙취, 숙면, 쾌변, 피로회복에 효과가 있다고 한다.

---

wine에 대한 짧은 상식

wine에 대한 설명에서 많이 등장하는 말 중에 하나가 "드라이"하다, "스위트"하다라는 말이다. 이 뜻을 질문하는 분들이 많은데 그 내용은 다음과 같이 간단하다. 와인의 타입을 일컫는 말로 "드라이(Dry)", "스위트(Sweet)"가 있는데 "드라이"하다는 것은 단맛이 없다는 말이고 "스위트"는 말 그대로 단맛이 나는 와인을 말한다. 와인을 처음 접할 때는 스위트가 좋지만 점점 와인의 맛을 알아 갈수록 드라이 와인을 선호하게 된다. 그리고 식사 때 마시다 보면 아무래도 스위트보다는 드라이가 더 낫다는 것을 느끼게 된다.

4) 헝가리의 음식점

식당은 Etterem(또는 Vendeglo)라고 부르며 1급과 2급으로 나뉜다. Csarda는 전통적인 선술집 스타일의 레스토랑이고 Bistro는 값이 저렴한 식당이 다.

Halaszcsarda는 민물고기요리 전문점이다. 식당에서는 Gulyas와 신맛이 나는 체리 스프인 Meggyleves를 맛볼 수 있으며 채식가는 기름에 튀긴 치즈인 Rantott Sajt, 기름에 튀긴 버섯요리인 Rantott Gombafejek, 버섯스튜 요리인 Gombaporkolt를 주문해 먹기도 한다.

Kifozde에서는 열 접시 이상의 식사는 거의 제공되지 않으며 항상 다른 사람과 함께 식탁을 사용해야 한다. Salatabars에서는 신선한 샐러드 대신 맛있는 혼합물을 판다. 주문은 거의 헝가리어로 해야하며 패스츄리와 커피를 주문하고 싶을 때에는 Cukraszda로 하면 된다.

저녁 6시 이후에는 집시 악단의 연주를 들으며 식사를 즐길 수가 있고 1급 식당에서는 주문한 것 이외에도 빵, 감자, 천연수 등을 가져와 계산에 포함시키므로 계산시 주의해야 한다.

식사는 풀코스로 먹어도 400포린트 정도면 충분하고 요금의 10% 정도를 팁으로 주는 것이 관습이다. Diaketterem은 대학의 학생식당으로 40포린트만 있으면 마음껏 먹을 수 있다. Onkiszolgalo는 셀프서비스 레스토랑으로 역시 50-60포린트 정도면 충분히 식사할 수 있다.

(1) 마르기트께르트

헝가리 최고 수준의 집시 악단으로 유명한 곳으로서, 장미의 언덕(로자돔)에 위치해 있다.

(2) 마티아시삔체

대규모 관광식당으로 두나강가에 위치해 있다. 헝가리 전통음식을 즐길 수 있는 곳이다.

(3) 우드바르하즈(UDVARHAZ)

대규모 민속공연이 있으며, 한국 텔레비전에서도 소개되었던 식당이다. 하지만 겨울철에는 휴업을 하는 곳이다.

세계의 요리와
유명 레스토랑

제12장

술의 세계(I)
양조주·증류주·혼성주

제12장

양조주 · 증류주 · 혼성주

12.1. 양조주

양조주는 보편적으로 알코올 함유량(3~18%)이 낮으나 21%까지 강화시킬 수 있다. 고대에는 천연의 당류가 4가지 있었는데, 그 중에 벌꿀은 오래 저장해 두면 야생효모균의 작용을 받아서 벌꿀주가 생겨나 이와 같은 봉밀주가 세계 최고(最古)의 술로 평가된다. 두 번째는 과즙으로 이 중 포도의 과즙은 포도당과 과당의 함유량이 가장 많고 포도의 껍질에는 가루를 뿌린 것처럼 다량의 이스트가 군생하고 있어 천연의 포도주가 되기에 좋은 조건을 갖추고 있다. 세 번째로는 곡류의 맥아로써 기원전 4,200년 바빌론 지방에서는 이미 밀빵을 당화 · 발효시켜 일종의 맥주를 만들었다한다. 넷째는 누룩 효모로 고대 중국에서는 기장에 효모를 이식해서 그 당화 효소를이용하여 술을 만들었다 한다.

1) 포도주(Wine)

포도주는 천연 과일인 포도만을 발효시켜 만든 술로 제조 과정에서 물 등은 전혀사용하지 않는다. 따라서 포도주는 알코올 함량이 적고, 유기산 · 무기질 등이 파괴

되지 않은 상태로 포도에서 우러나와 그대로 간직하고 있다.

포도주의 원료인 포도는 기온·강수량·토질·일조기간 등의 자연적인 조건에 크게 영향을 받고 자라므로 포도주 역시 그와 같은 자연 요소를 반영하게 된다. 그러므로 한 병의 포도주 속에는 포도가 자란 지방의 자연의 조화가 함께 실려 있다고 할 수 있다. 포도주는 이와 같은 자연성·순수성 때문에 기원전부터 인류에게 사랑받아왔으며, 현대에 이르러서도 일상 생활의 식탁에서 식사용 음료로서 맛과 분위기를 돋구어 줄뿐만 아니라, 각종 모임이나 결혼식 등의 연회, 피크닉에 이르기까지 널리 애용되고 있다.

유럽에서 발달한 포도주는 16세기 이후 주로 성직자들에 의해 아메리카·남아프리카·호주 등 세계 각처로 전파되었고, 오늘날에는 유럽을 중심으로 세계50여 개국에서 연간3,500만kl 가량이 생산되고 있다.

(1) 프랑스 포도주

프랑스는 포도주의 생산국으로는 세계 제일이다. 프랑스의 포도주는 법의 규제(1930년 이후)가 엄격하여 지역 명칭과 담근 곳의 표시가 반드시 상표에 기재되어 품질을 보증하고 있다. 특히 프랑스에서도 버겅디(Burgundy), 보르도(Bordeaux), 샹파뉴(Champagne)등의 지방에서 나는 포도주가 더욱 유명하여 보르도의 적포도주는 선홍색과 섬세한 맛으로 '포도주의 여왕'이라 호칭하고, 버겅디의 백포도주는 맛이 드라이(dry)하며, 적포도주는 부드럽고 연한 것이 특징이다. 또한 샹파뉴의 샴페인은 자연 발효되어 생산되는 발포성포도주로 유명하다.

(2) 독일 포도주

독일의 포도주는 유럽의 북부지방에서 생산되어 프랑스의 것과는 다를 뿐 만 아니라, 독일의 백포도주는 세계에서 가장 유명하기도 하다. 독일에서도 포도주는 국가공인 검사기관에 의하여 엄밀히 분석되어 품격이 주어지는 혼성(blended) 포도주로서 병의 모양과 빛깔에 따라 그 종류를 구별 할 수 있고 맛 또한 일품이다. 특히 지역별로는 라인(Rhine)포도주와 모젤(Moselle)포도주로 대별되며, 모젤포도주는 라인보다 가볍고 주정함량도 적은 산미한 녹색병의 포도주이고, 라인 포도주는 강하고 연수가 경과함에 따라 훌륭한 맛의 백포도주가 된다. 독일의 포도주는 생산량의 85% 정도가 백포도주이고 그 나머지 15%가 적포도주로 생산되고 있다.

(3) 이탈리아 포도주

이탈리아의 포도주는 프랑스와 더불어 세계 제1위의 생산국이기는 하나 대개 국내소비로서 충족되고 있다. 이탈리아 전역이 포도원이라 말할 수 있을 만큼 포도의 생산이 성행하여 정부에서도 품질의 향상과 소비자 보호를 위한 통제의 일환으로 원산지 호칭법을 공포하여 고급의 포도주를 관리하고 있다. 이탈리아의 포도주 협회에서는 D.O.C.(Denominazione di Origne Controllata)란 표시로 공인하고 있으며, 특히 이탈리아의 벌머스(vermouth)는 세계적인 상품으로 식전의 술(aperitif)과 칵테일, 그리고 식후의 술로 많이 이용된다.

(4) 미국 포도주

미국의 포도주는 그 역사가 짧으나 역시 유럽에서 포도재배법이 도래되어 이미 18세기 초엽에 캘리포니아에서 포도주가 생산되기 시작하여 지금은 이 지역의 것이 전국 생산량의 85%를 차지하고 있다. 미국의 것은 두 가지 형태가 있는데, 그 하나는 제너릭(Generic)포도주로서 이는 여러 가지의 포도를 혼합하여 숙성시키는 한편 1갤런 혹은 반갤런(half gallon)짜리 통으로 팔고 유럽 상표를 붙여 시판한다. 또 한가지로는 버라이어틸(varietal)포도주로 그 생산지의 잔포도로 만들어지며 값은 비싼 편이다.

(5) 포르투칼 포도주

포르투칼에서 뿐만 아니라 세계적으로 알려진 포트 와인(Port Wine)은 단지 도루(Douro) 지방에서만 생산되는 것이다. 포트 와인은 병 전체를 둘러싸 포장을 한 스위트(sweet)포도주로 루비(Ruby)포트와 톤니(Tawny)포트가 시중에 많이 나와 있다. 디저트ㄴ와인으로 흔히 사용되는 포트는 법률로서 제한이 많다. 좋은 포트와인은 혼합·제조되지 않고 2~3년 동안 나무통에 넣었다가 병에 옮기어 병 속에서 성숙시킨다. 연수가 오래된 포트와인은 성숙 중에 다량의 탄닌산과 주석산이 발생되어 병 밑에 침전하고 있으므로 권할 때는 주의하여 위의 맑은 것을 부어 따라야 한다. 이 포도주는 발효 중에 포도즙에 브랜디를 많이 투입하여 포도주의 맛이 변하는 것이 특이하다. 또한 포트 와인은 주정이 18%내외로 디저트의 과일과 같이 마시면 효과적이고 흥분제뿐만 아니라 빈혈증에 좋은 보혈제이기도 하다. 그리고 포르투칼의 마데이라(Madeira)섬에서 생산되는 말름세이(Malmsey)포도주는 스페인의 셰리처럼 맛이 강하고 달다.

(6) 스페인 포도주

셰리와인은 포도가 익어 수확할 때 잎을 쳐서 일광에 오랫동안 건조시켰다가 통 속에 담아 발효시킨 포도주이다. 일찍이 영국의 엘리자베드(Elizabeth)여왕시대(1533 ~1603)에도 스페인서 수입한 독한 셰리를 즐겨 마셨다고 한다. 스페인은 헤레스 (Jerez) 지방에서 생산되는 셰리(sherry)가 세계적으로 유명하다. 그 중에서도 만자냐(Manzanilla)와 비노 데 빠스또(Vino de pasto)는 맛이 드라이(dryest)한 것이고, 올로로소(Oloroso)는 짙고 달콤하며, 브라운셰리(brown sherry)는 맛이 짙고 단 것이 특징이다. 더욱이 크림 셰리(cream sherry)는 마지막 주정과정에서 당분을 더 가미한 것으로 색이 더욱 짙다.

(7) 포도주(Wine)와 식사

일상생활에서 손님을 식사에 초대하거나 초대를 받을 때가 종종 있으므로 양식(洋食)과 양주(洋酒)를 선택할 때 서양 전래의 습관을 알아두는 것이 좋다. 서양에 있어서의 술에 대한 개념은 우리들과 다른 습관을 갖고 있다. 우리는 식당에 들어가면 보편적으로 「엽차 또는 보리차」를 제공받지만 서구 각국에서는 물은 별도로 주문을 해야 하는 경우가 많다. 물론 수질이 나빠서 물을 즐겨 마시지 않는 이유도 있지만 이외에도 맥주나 포도주를 즐겨 마시기 때문이다. 프랑스 같은 나라에서는 식당에 들어가 앉으면 "적포도주(red wine)를 드시겠습니까?"라고 단도직입적으로 묻기도 한다.

포도주를 서브하는 요령

포도주는 식사의 종류와 조화를 고려해서 서브하여야 하며, 가장 좋은 포도주란 그날의 요리에 가장 잘 맞는 포도주를 말한다. 요리가 무거울 때는 강한 포도주, 요리가 가벼울 때는 약한 포도주가 잘 어울리며 각각의 포도주에 어울리는 잔을 준비하여야 한다. 정식(full course)의 만찬을 제외하고는 전채, 수프, 고기, 샐러드, 디저트 별로 포도주를 바꾸는 일은 흔하지 않다. 샴페인이 제공될 때는 건배(toast) 제의하지 않으면 바로 마셔도 좋으나 주위에서 건배를 청할 때는 잔의 일부를 남겨야 한다.

백포도주는 차게 하여 서브하고, 적포도주는 실내온도 정도로 서브한다. 온도에 따라 적포도주는 떫은 맛과 산미가 완화되고, 백포도주는 냉각되면 감미가 완화된다. 대체로 포도주를 냉각하면 알코올의 자극이 완화되는 결과로 알코올 이외 성분의 미점(美點)이 강조된다고 한다. 인공 냉장이 없었던 시대에는 포도주를 지하창고에 저장하고, 백포도주는 직접 지하 창고의 온도에서 꺼내와서 제공되었으며, 적포도주는 식당에 가지고 와서 포도 연도(vintage) 4년마다 1시간씩의 비율로 병마개를 열어서 실내온도까지 올려 서브했었다.

물론 샴페인은 보통 얼음이 든 용기 속에 넣어 제공되며, 아페리티프(aperitif)로 제공되는 셰리(sherry)는 약간 차게 하여 서브하는 것이 좋다. 백포도주의 서브온도는 7.2~10℃가 적당하고, 샴페인은 이것보다 찬 1.7~4.4℃에서 서브하는 것이 적당하다.

와인 잔(Wine glass)에는 가득히 따르지 말고 용량의 4분의 3정도로 채우는 것이 가장 이상적이다. 포도주는 서브하기 전에 적당한 온도로 맞추어야 하지만 차게 하기 위하여 얼음을 넣는 것은 금물이다. 포도주 병은 코르크 마개가 밑으로 오도록 눕혀서 저장하여야 하는데 세워서 보관하면 코르크 마개가 건조하여 공기가 들어가게 되어 포도주가 상하게 된다. 아무리 좋은 포도주라도 마개를 하지 않고 24시간 방치하여 두면 식초와 같이 변질되어 버린다.

2) 샴페인(Champagne)

프랑스의 샹파뉴(Champagne)지방에서 생산되는 천연 발포성포도주(sparkling wine)로 축배용으로 흔히 애용하는 술이다. 샴페인의 특징은 흔쾌하고 탄산이 포화상태에 있는 까닭에 독특한 풍미를 준다. 샴페인을 만드는 포도의 종류는 검은 포도인 피노(pino)와 무늬에(meunier) 및 흰 포도인 샤르도네(chardonnay)의 세 가지에 한정되어 있다. 보통은 검은 포도로부터 만들어지는데 흰포도로 만든 소량의 샴페인은 백중백(blances des blances)이라고 불리우며 핑크색 샴페인은 붉은 포도주를 약간 첨가해서 만든다.

샴페인을 만드는데는 발효 중의 흰 포도주에 당분을 첨가하여 병에 담아 밀봉해서 발효를 계속 시킨다. 병을 거꾸로 두어서 생긴 앙금을 침전시키고 나서 주둥이의 부분을 얼게 하여 안의 탄산가스가 달아나지 않도록 얼음을 재빨리 빼어 새로이 코르크 병마개를 철사로 고정시킨다.

3) 와인 라벨 읽는 법

와인의 라벨에는 상표명뿐 아니라 그것이 어떤 와인인지가 나타나 있다. 와인에 따라 차이는 있지만 일반적으로 라벨을 보면 생산연도, 포도재배지역, 포도의 품종, 제조회사 또는 제조자, 등급 등을 알 수가 있어 소비자가 원하는 와인을 고를 수가 있다. 조금 복잡하지만 각국의 상표를 읽는 법을 알아둔다면 와인을 고를 때 도움이 될 것이다.

(1) 프랑스 와인

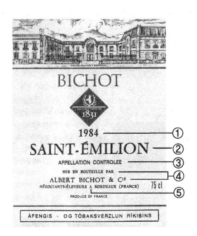

그림 12-1

<그림 12-1>은 쎙떼밀리옹 와인의 라벨이다. 이 라벨에서

① 빈티지(Vintage: 포도 수확 연도)가 1984년임

② 생산지명이자 제품명인 쎙떼밀리옹(Saint-Emilion)

③ 보르도 지방의 쎙떼밀리옹 지역에서 생산되는 A.O.C급 와인임을 증명하는 표시

④ Bichot사에서 병입되었음을 뜻하는 말

⑤ 네고시앙 엘뵈르(Negociants-Eleveurs) : 포도원에서 와인을 사들여 자신의 저장고에서 직접 숙성시켜 병입 판매하는 상인

(2) 독일 와인

그림 12-2

독일의 와인 상표는 세계에서도 가장 특별하다 할 수 있으며, 와인 이름은 마을 이름에 -er를 붙인다. <그림 12-2>는 모젤-자르-루버 와인의 라벨이다. 이 라벨에서

① 와인 생산지역이 모젤-자르-루버라는 것을 뜻함

② 빈티지(Vintage : 포도 수확 연도)가 1983년임

③ 젠하임이라는 마을 이름에 -er를 붙이고, 로젠항이라는 포도밭 이름을 합친 와인이름

④ Q. m. P급의 와인이라는 표시

⑤ 포도 품종은 리슬링이며 Q. m. P급 중 카비네트임을 표시

⑥ 정부 품질 검사 번호

⑦ 와인 생산자가 병입함

⑧ 생산 회사가 젠트랄 켈러라이 모젤-자르-루버 임

(3) 이태리 와인

그림 12-3

<그림 12-3>은 키안티 클라시코(Chianti Classico) 와인의 라벨이다. 이 라벨에서

① 포도원명

② 와인의 타입 키안티 클라시코(Chianti Classico)는 Chianti에서도 최고 산지에서 생산된 와인

③ 품질 등급 중 D.O.C(Deminazione di Origine Controllata)급임을 나타냄. 이태리 정부는 프랑스 와인법을 모델로 와인법을 제정하여 다음과 같이 와인의 품질을 규제하고 있다.

D.O.S(Deminazione di Origine Simplice : 원산지 단순 표시 와인)

D.O.C(Deminazione di Origine Controllata : 원산지 통제 표시 와인)

D.O.C.G(Deminazione di Origine Controllata e Garantita : 최상급 와인)

④ 포도원에서 생산 및 병입하였음을 나타냄

⑤ 생산자의 이름과 주소

⑥ 용량 7520mL임

⑦ 알코올도수 13%

⑧ 포도의 수확 연도 1978년, 즉 빈티지(Vintage)

(4) 미국 와인

그림 12-4

<그림 12-4>는 요하네스버그 리슬링(Johannisberg Riesling) 와인의 라벨이다. 이 라벨에서

① 상표명

② 빈티지(Vintage : 포도 수확 연도)가 1986년임

③ 주원료로 사용된 포도품종 이름인 요하네스버그 리슬링(Johannisberg Riesling)을 그대로 제품명으로 사용, 버라이어털(Varietal) 와인임을 알 수 있다. 버라이어털 와인은 고급 와인으로 분류되며, 이외에 여러 가지 품종의 포도주를 혼합하여 유럽의 유명 와인 사지명을 제품명으로 사용하는 제네릭 와인(Generic Wine)이 있다. 이것은 중급 와인으로 분류된다.

④ Produced and bottled by the Monterey Vineyard : Monterey Vineyard에서 생산 및 병입되었음을 뜻함

(자료 : 동양맥주의 와인이야기, pp.40-43)

4) 맥주(Beer)

(1) 맥주의 성분과 맛

맥주는 대맥아를 발효시켜서 쓴맛을 내는 호프(hop)와 물, 그리고 효모(yeast)를 섞어 저장하여 만든 탄산가스가 함유된 알코올성 음료로서 주정도 약 4%이고 여름에는 4~8℃, 겨울에는 8~12℃의 정도로 하여 마시는 것이 좋다. 미지근한 맥주는 거품이 너무 많고 쓴맛이 나며 반대로 너무 차가우면 거품이 잘 일지 않을뿐더러 맥주 특유의 향도 사라진다.

맥주거품은 청량감을 주는 탄산가스가 새어나가는 것은 물론 맥주가 공기 중에 산화되는 것을 막아주므로 맥주를 따를 때는 2~3cm정도 거품이 덮이도록 해주는 것이 좋다. 그리고 맥주잔에 기름기나 물기가 남아 있으면 맥주의 맛과 향기, 거품이 감소되므로 맥주잔은 사용 전 반드시 깨끗한 물로 행군 뒤 얼룩이 남지 않게 깨끗한 수건으로 닦은 후 사용하여야 한다. 맥주를 따르는 요령은 처음에 맥주잔을 살짝 기울여 반쯤 찰 때 까지 천천히 부은 후 잔을 똑바로 세워 나머지를 채우는 것이 좋다.

(2) 맥주의 분류

① 효모발효법에 의한 분류

　가. 하면발효맥주(bottom fermentation beer) - 독일식 맥주

저온발효맥주라고도 하며 낮은 온도(5~10℃)에서 발효시킨 맥주로 발효가 진행되면 효모가 밑으로 가라앉으면서 순하고 산뜻한 향미의 맥주가 된다. 오늘날 세계의 유명 맥주 대부분이 하면발효맥주이며, 세계맥주생산량의 70% 정도를 차지한다.

　• 필센(Pilsener)맥주

연수(단물)를 양조용수로 사용하여 호프의 맛이 잘 우러난 옅은 색의 라거맥주(lager beer)로 맥아향기가 약한 황금색의 담색맥주이다. 맛은 담백하며, 쓴맛이 강하고 상큼한 맥주로써 알코올 함량은 3~4%이다.

　• 뮌헨(Munchen)맥주

경수(센물)를 양조용수로 사용하여 맥아향기가 짙고 감미로운 맛이 나는 대표적인

짙은 흑맥주로 알코올 함량은 약 4%이다. 이와 유사한 맥주로는 Kulmbach Beer, Nurnberg Beer 등이 있다.

- 도르트문트(Dortmunt)맥주

양조용수는 황산염을 함유한 경수(센물)를 사용하여 필센맥주 보다 발효도가 높고, 향미가 산뜻하며, 쓴맛이 적은 담색맥주로서 알코올 함량은 3~4%이다.

- 보크(Bock)맥주

원맥즙의 농도가 16% 이상인 짙은 색의 맥주로 향미가 진하고 단맛을 띤 강한 맥주이다. 이 맥주는 발효통을 청소할 때 나오는 침전물을 사용하여 만든 특수한 맥주로써 미국에서 주로 봄에 생산된다.

나. 상면발효맥주(top fermentation beer) - 영국식 맥주

영국, 미국의 일부, 캐나다, 벨기에 등지에서 생산되며, 발효 중 표면에 떠오르는 효모를 사용하고 비교적 고온에서 발효시킨 맥주로 알코올 함량이 비교적 높고 독특한 향미가 있는 것이 많다.

- 에일(Ale)맥주

중세 영국에서는 모든 맥주를 에일이라 했는데 16세기 초 호프를 넣은 것은 맥주(Beer), 넣지 않은 것은 에일(Ale)이라고 구분했으나 지금은 이러한 구분이 없어졌다. 현재의 에일은 호프와의 접촉시간을 길게 해서 진한 맛의 호프를 느낄 수 있고 라거맥주보다는 더 쓰다. 영국과 캐나다산은 좋은 맛의 에일(Ale)로 유명하다.

- 포터(Porter)맥주

영국의 맥주로써 맥아즙 농도, 발효도, 호프의 사용량이 높고 카라멜(caramel)로 착색하여 색이 검고 단맛이 있으며 거품층이 두껍다.

- 스타우트(Stout)맥주

포터와 양조과정은 비슷하지만 알코올 도수(8~11%)가 강한 맥주로서 더 검고 호프의 맛이 매우 독특하다.

- 람빅(Lambic)맥주

벨기에의 브뤼셀에서 양조되고 있는 몇몇 상면발효타입 맥주 중의 하나로 60%의 맥아와 40%의 밀을 원료로 하여 제조된다. 호프를 많이 사용하면서 야생효모, 젖산

균 등의 균을 사용하여 자연발생적으로 발효시키며, 하나의 용기에서 발효시키고 저장하여 2~3년 이상 후숙성시킨다.

② 살균처리에 의한 분류

가. 병맥주(Lager Beer)

흔히 우리가 마시는 병맥주는 상당기간의 보존을 위하여 저온살균과정을 거쳐 병입된 것이며 효모의 활동을 중지시킨 것이다. 또한 맥주는 일광에 약하고 직사광선에 노출되면 맥주성분이 햇빛에 반응하여 맛이 변할 수도 있기 때문에 일광을 차단하는 다갈색이나 짙은 녹색 병을 사용한다.

나. 생맥주(Draft Beer)

효모의 작용을 멈추게 하는 보통 맥주와는 달리 열처리를 하지 않아 효모가 살아 있어 맥주 고유의 맛과 향은 병맥주보다 우수하다. 살균하지 않은 것이므로 저온에서 운반·저장해야 하며 장기보존이 어려운 문제점이 있다.

12.2. 증류주

증류주라는 것은 곡류와 과실 등을 원료로 하여 양조한 주정을 증류시켜 강한 알코올을 얻어내는 술로서 일명 화주(火酒)라고도 한다. 즉 그 원료에 따라서,

① 전분을 원료로 한 것

전분을 당화(糖化)시켜 발효·증류하여 얻어지는 것으로서, 곡물을 원료로 한 위스키, 진 보드카 등을 일컫는다.

② 당분을 원료로 한 것

당분을 발효·증류하여 얻어진 것으로서 과실 증류주가 많다. 즉 브랜디, 럼, 키르쉬바서(kirschwasser : 앵두술) 등을 말한다.

1) 위스키(Whisky)

(1) 위스키의 성분과 맛

위스키는 증류주 중에 가장 많이 애용되는 술로서 알곡(grain)또는 맥아(malt)를 당화·발효시켜 알코올 함유물을 증류하여 얻어내는 술이다. 위스키는 나라별, 지방별, 원료, 증류법 또는 저장법 등에 따라 각종의 위스키로 만들어내는데, 이러한 주정을 큰 참나무(oak)통에 넣어서 오랫동안 성숙시킨 후에 판매한다. 그러므로 위스키가 처음에 증류될 때에는 무색이지만 통에서 성숙되는 동안에 착색이 되고 향미가 생겨나는 것이다. 증류할 때에는 알코올 도수(160 proof)가 높아 병에 담을 때 증류수를 희석시켜 도수를 낮추게 된다.

위스키는 12세기 경 처음으로 아일랜드(Ireland)에서 제조되기 시작하여 17세기경에 스코틀랜드(Scotland)로 전파되어 오늘날의 스카치·위스키의 원조가 된 것이라 할 수 있겠다. 1171년에 헨리 2세(1133~1189)가 아일랜드에 침입할 때 보리를 발효시켜 증류한 술을 마셨다는 설이 있어, 그 이전에는 역시 보리를 발효·증류시켜 얻어낸 술-우스케보(usquebaugh)라는 이름으로 불리워지고 있었다 한다.

(2) 위스키의 분류

① 스카치 위스키(Scotch Whisky)

스코틀랜드가 원산지로 지금은 2,300여 종으로 위스키의 60%의 생산량을 자랑하고 있다. 보리(barley)의 몰트(malt : 엿기름)를 주원료로 스코틀랜드의 맑은 샘이나 시냇물을 이용해서 만든다. 특히 스코틀랜드의 이탄(peat)은 제품의 구운 냄새를 강하게 하여 향기를 북돋아 준다. 순수한 몰트·위스키는 맛이 너무 농후하지만, 이것을 혼합(blanding)하는 업자에게 보내어 진미, 부드러움, 순도를 위하여 적절한 비율로 혼합하여 만든다. 바로 위스키의 맛은 혼합의 기술에 있는 것이다.

스카치·위스키의 대표적인 것은 조니·워커(Johnnie Walker)가 있는데, 이것은 스코틀랜드 농민이 1820년경「길마노크」란 마을의 조그마한 가게에서 제조 판매한 것이 그 후 2대에 이르러 「알렉산더·워커」가 대 사업가로 성장하여 오늘날의 조니·워커가 되었다. 지금의 상표는 1908년에 유명한 도안가「톰·브라운」에 의해 고안된 것이다. 조니·워커 위스키도 Black, Red, Gold, Blue의 4 종류가 있다. 이 외에도 White Horse, Ballantine, Vot 69, Black & White, John Haig, Old Parr, Haig & Haig, Ancestor, Long John, Ball's Special, Cutty Sark, King GeorgeIV 등 수없이 많다.

② 버븐·위스키(Bourbon Whiskey)

아메리칸 위스키로 미국의 버븐(Bourbon)지방에서 생산되는 것이다. 이곳에서는 참나무통 안에서 착색된 것으로 미국의 위스키를 대표한다. 버븐·위스키의 대표적인 상품은 다음과 같은 것이 있다. I.W. Harper, Imperial. Old Craw, Old Tayor, P.M. de Luxe, Seagram V.O., Seagram Seven Crown 등이 있다.

③ 캐나디안·위스키(Canadian Whisky)

라이·위스키(rye·whisk)의 계열에 속하는 것으로, 캐나다에서는 소맥(小麥)의 사용이 많으나 일반적으로 호밀, 보리, 옥수수를 원료로 한다. 캐나디안·위스키의 유명한 상품으로는 Canadian Club, Lord Calvert, Mac Naughton, Seagram's V.O. 등이 있고, 라이·위스키(rye whisky)로는 Canadian Rye, Four Rye, Four Rose, Golden Wedding, Imperial, Three Feather, Old Forester, Old Overhalt 등이 있다.

④ 아이리쉬·위스키(Irish Whiskey)

사실상 아이리쉬·위스키가 제일의 전통을 자랑하는 것이다. 스카치의 맛보다 조금 무거운 느낌이 든다. 이는 아릴랜드산의 보리: 귀리, 밀, 옥수수로 몰트·그레인·위스키로서 혼합된 것이다. 이 몰트는 이탄(coalfired kiln)으로 구워내 연한 향기를 준다. 그 주요 상품으로는 Old Bushmill's Whiskey, John Jameson, John Power 등을 들 수가 있다.

2) 럼(Rum)

(1) 럼의 성분과 맛

당밀(molasses)과 사탕수수(sugar cane)를 주 원료로 설탕은 발효 후 증류되어 주정도가 70~80%이나 다시 증류하면 40~48%로 고착된다. 본래는 무색에서 수년동안 성숙되는 동안 연한 갈색으로 착색된다. 럼은 감자를 압착하여 얻은 액에 효모를 보태고 이것을 증류하여 얻은 주정에 소당(caramel)을 가지고 착색하고 셰리주의 빈통에 넣어서 수년간 저장한 후에 마신다. 럼은 영어로 럼(rum)으로 읽고, 불어로 룸(rhum, rum), 스페인어로 론(ron) , 포르투칼어로 롬(rom)으로 읽는다. 럼이란 단어가 나오기 시작한 문헌은 영국의 식민지 비베이도즈 섬에 관한 고문서에서 「1651년에 증류주(spirits)가 생산되었다. 그것을 서인도 제도의 토착인들은 럼불리온(Rumbullion)이라 부르면서 홍분과 소동이란 의미로 알고 있다」라는 뜻이 기술되어 있다. 이 단어가 다른 문헌에는 럼버스쑨(Rumbustion)이라고 쓰여져 있는데 이것이 지금의 럼으로 불리어지게 되었다는 설과 다른 한편으로는 럼의 원료로 쓰이는 사탕수수의 라틴어인 샤카룸(Saccharum)의 어미인 「rum」으로부터 생겨난 말이라는 것이 가장 유리하다.

영국의 극작가 존·게이(John Gay, 1685~1732)가 작곡한 오페라 《보리·비참》에 "럼, 내가 자마이카와 같은 야만적인 토지에 적응하는 것도 그저 이 술이 있기 때문이다......"라는 말을 등장인물의 대화에서 찾아 볼 수도 있어 이미 18세기에는 럼을 흔히 마시고 있지 않았나 한다.

사탕수수는 본래 연평균 기온이 20℃ 전후라야 그 발육이 적당하기 때문에 카리브해의 제도(諸島)지역의 조건이 좋으므로 식민지시대에 이 지역에서 사탕수수가 유럽으로 많이 공급되어 럼 생산에 촉진을 가져다 준 것이다. 그리하여 럼이 세계적인 명성을 얻게 된 것은 1930년대에 들어와서부터 이다. 이때부터 미국에서는 칵테일·럼이 성행하였는데 소위 "황금의 칵테일·에이치"가 등장하여 칵테일의 기주(基酒)로서 각광을 받게되었다.

(2) 럼의 종류와 산지

① 맛에 의한 분류

가. 헤비 · 럼(Heavy Rum)

감미가 강하고 색이 짙은 갈색으로 자마이카(Jamica) 의 것이 좋다.

나. 라이트 · 럼(Light Rum)

부드럽고 델리케이트한 맛으로 가장 호평을 받고 있는 럼이다. 청량음료와의 칵테일 혼합에도 가장 적합하여 바(bar)의 필수품이기도 하다. 이 럼은 쿠바의 것이 제일 유명하나, 프에르토리코, 멕시코, 도니미카. 하이티, 바하마 및 하와이 등지에서도 많이 생산되고 있다.

② 색에 의한 분류

가. 다크 · 럼(Dark Rum)

이는 색이 짙고 갈색이며 자마이카의 것이 많다

나. 화이트 · 럼(White Rum)

담색 또는 무색으로 실버 · 럼(silver rum)이라고도 부르며 칵테일용으로 제일 많이 애용된다.

다. 골드 · 럼(Gold Rum)

중간색으로서 앰버 · 럼(amber rum)이라고도 부르며 서양인들이 위스키나 브랜디의 색깔을 좋아하여 일부러 캐러멜로 착색한 럼이다.

3) 브랜디(Brandy)

(1) 브랜디의 성분과 맛

술 중에서도 가장 고귀한 술은 역시 브랜디일 것이다. 향기로운 냄새와 그 맛의 품위를 자랑하는 브랜디(brandy)는 불어로는 오드비(eau-de-vie) 혹은 브랑드 빙(brandevin), 독어로는 브란트바인(Brantwein) 또는 바인 브란트(Weinbrand)라고 부르고 있다. 원래 브랜디는 과실의 발효액을 증류하여 알코올 도수가 강하게 제조된 술의 총칭이나 포도를 원료로 한 것이 단연 압도적으로 지칭되고 있다. 포도로부터 포도주(Wine)를 만들어 낸 것은 이미 기원전으로 더듬어 올라갈 수 있으나, 그것을 증류하여 스피리트(spirit)를 얻게 된 것은 13세기에 들어와서부터 라고 한다.

브랜디의 창조자는 스페인 태생인 의사(鍊金術師) 아르노·드비르느브(Arnaud de Villeneuve; 1235~1312?)로서 포도주를 증류하여 빈·브를레(Vin Brule)라고 하는 증류주를 만들어 「불사의 영주(靈酒)」라는 이름을 붙여 의약품으로 판매하고 있었다. 그 후 빈·브를레는 약국이나 연금술사에 의해서 만들어져 왔지만 포도주로서의 평가를 얻을 수 있었을 뿐이며 15세기 말엽에 프랑스의 알사스 지방에 보급되면서, 1506년에는 콜마르(Colmar)로서 이 술에 관한 단속의 규칙이 제정되었다.

그 후 1935년 캐프(Capus)에 의해 원산지명칭 통제라는 법률이 만들어져 꼬냑(cognac)의 생산 지역이 한정되고, 꼬냑 지방에서 생산되는 브랜디만이 꼬냑(Cognac)이라 칭하고 그 외의 지방에서 생산되는 브랜디는 단순히 브랜디라고만 칭하여 오늘날의 꼬냑이 세계적으로 유명한 것이다.

(2) 브랜디의 등급

브랜디는 숙성기간이 길수록 품질이 향상되는데 브랜디의 병을 보면 메인·라벨이나 네크·라벨(neck label)에 별(☆)의 수 또는 V.O., V.S.O., V.S.O.P., X.O., Extra 등의 표시를 볼 수가 있을 것이다. 이것은 헤네시회사(Hennessy et Cie)가 1865년에 자기의 상품을 등급별로 품질보증을 하기 위해서 별표를 표시하고 네크·라벨(neck label)을 사용하면서부터 시작된 것이다. 그러나 처음에는 법적인 근거도 없이 업자간의 경쟁의식에서 자유자재로 마크와 기호를 사용하게 되었다.

그리하여 "별 하나의 표시가 몇 년간 숙성된 술이다"하는 기준은 바람직하지 못하다. 최근 헤네시 회사는 별셋(☆☆☆)의 표시를 무장한 팔(brasarme) 이란 뜻으로 알고 있다. 또 레미·마탱 회사에서 (Remy Martin et Cie)는 엑스트라(Extra)대신에 에지·언나운(Age Unknown)이라 표시하여 쓰고 있고, 마텔 회사(Martell et Cie)에서는 V.S.O.P.에 상당하는 말로 메다이용(Medaillon)이라 칭하고 있다. 말하자면 어느 표시를 어떻게 사용하든 각각의 회사가 임의로 상업적인 광고의 목적으로 사용하고 있으나 일반적으로 다음과 같은 표시로 그 숙성기간을 알려주고 있다.

표 브랜디의 등급(성숙도)	
☆ 一성	2~5년
☆☆ 二성	5~6년
☆☆☆ 三성	7~10년
☆☆☆☆☆ 五성	10년이상
V.O. (Very Old)	12~15년
V.S.O.P. (Very special old pale)	25~30년
X.O.(Extra old)	40~45년
Extra Napoleon	70년 이상

그러나 나폴레옹(Napoleon)이란 표시의 브랜디가 최고급품으로 생각하고 있는 사람이 많으나 이것은 그릇된 생각이다. 어느 회사는 저장기간 7년짜리 브랜디를 나폴레옹이란 표시를 붙이기도 하는데 현재로는 엑스트라가 최고의 것으로 알려져 있다.

4) 보드카(Vodka)

(1) 보드카의 성분과 맛

보드카는 진과 같이 무색 투명한 증류주로서 무미, 무취의 특성으로 러시아의 국민주로 지칭 받고 있는 술이다. 일반적으로 보드카의 주정도는 40%(80proof) 정도인데 폴란드 산은 45%나 된다. 보드카는 밀, 호밀, 옥수수, 감자 및 사탕 비트(sugar beet) 등을 이용하여 만들어진다. 술은 아무리 잘 제조하여도 소량의 불순물이 포함되기 때문에 냄새가 나는 것이 일반적이다. 이러한 냄새를 없애기 위하여 다른 술들은 향료를 넣어서 이 냄새를 없애지만 보드카는 활성탄(活性炭)으로 여과하여 냄새를 없앤다.

보드카는 러시아어로 물을 의미하는 보다(Voda : Bola)에서 유래되어 이 증류주를 「생명의 물」이라고 까지 표현하고 있다. 보드카는 12세기쯤부터 러시아에서 마셔왔지만, 증류주로서는 그 역사가 대단히 오래되어 10세기쯤에서부터 벌써 봉밀을 증류한 술이 러시아에서 마셔왔고, 이를 봉밀주라 생각함이 적당할 것이다. 보드카가 세계에 알려지기 시작한 것은 공산혁명 때 그 제조기술이 러시아인에 의해 남부 유럽에 전해지고 미국의 금주법 폐지와 더불어 미국에서 더욱 알려지게 되었다.

러시아와 폴란드에서는 원료로서 보통 감자를 사용하고, 미국에서는 곡물(grain)을 사용하여 술을 만들고 있는데 역시 러시아나 폴란드는 스트레이트로, 미국 등에서는 칵테일용으로 보드카를 애용하고 있다.

(2) 보드카의 종류

보드카는 무색투명, 무미, 무취라고 하지만 엄밀히 따지면 백화의 탄층을 통과할 때에 생긴 부드럽고 달콤한 맛이 깃들고, 곡류를 원료로 할 때에는 그레인 · 스프리트(grain spirit)의 특유한 향이 살짝 남아 있다. 따라서 보드카는 제조 회사에 따라 그 맛이 약간 다른데 어떤 것은 소프트하고 어떤 것은 샤프(sharp)하고 또한 어떤 것은 드라이한 느낌을 주는 것도 있다. 지금 러시아에서 생산되는 보드카는 100여 종류가 있지만 그 중 세계 각국에 수출되고 있는 품종 중에 대표적인 것은 다음의 3가지이다.

① 모스코흐스카야(Moskovskaya) … 산뜻한 맛

② 스톨리츠나야(Stolichnaya) … 부드럽고 미세한 풍미

③ 스톨로와야(Stolovaya) … 식탁용으로 오렌지와 레몬의 풍미

이상의 레큐르 · 타입(lequeur type)이외에 소련 및 발트 해안 제국에서는 보드카에 여러 가지의 향을 첨가하여 소위 「Flavored Vodka」를 내놓고 있다.

5) 진(Gin)

(1) 진의 성분과 맛

보통 진이라 부르는 것은 무색 · 투명의 상쾌한 증류주로 보리, 밀, 옥수수 등과 최근에는 당밀을 사용하여 중성증류(neutral spirits)로 만들어 특유한 방향을 지닌 주니퍼 · 베리(Juniper berry)란 열매와 다른 약초를 넣어 알코올(40%)이 강화된 술인

것이다. 본래 진의 주정은 강하고 독하여 노간주나무 열매(杜松子)로 착미하여 소위 소나무 열매의 냄새가 나게 된 것이다.

진이란 주니퍼(Juniper)의 불어(Genevre)에서 생겨난 말로서 영어로 도래되면서 축소하여 진(Gin)으로 이름이 지어지게 되었다. 따라서 처음의 진은 누가 언제 만들어 냈는지는 확실치 않으나 네델란드 라이텐 대학 의학교수 실비우스(Dr. Sylvius ; 1614~1672)에 의해서 1660년에 제조되었다 한다. 이 박사는 동부 독일에서 활약하고 있는 네델란드인의 선원과 식민인들을 위하여 열대성의 열병 특효약을 고안하게 되었다. 그 당시 이뇨에 효과가 있다는 두송자(학명 ; Juniperus Communis)열매의 정유(精油)를 순수한 알코올에 침전시켜 증류한 것을 약으로 사용함은 물론, 알코올성 음료로서도 애주가들에 호평을 받아 약으로서보다도 술로서 널리 보급되고 있었다. 이 때의 실비우스박사는 이 제품에 주니퍼·베리에서 온 불어 제네브르(Genevre : 현재의 Genievre)란 이름을 붙이게 되었다. 그리하여 네델란드 사람들은 이 제품을 주네브르·와인이라 하여 대단히 즐겨 마셨다 한다.

(2) 진의 종류

진은 크게 나누어 네델란드의 진과 영국의 진으로 대별(大別)할 수 있다. 네델란드의 진은 제네바(Geneva) 혹은 더취·제네바(Dutch Geneva)라고 하기도 하고, 홀랜드(Hollands) 또는 쉬담(Schiedam)이라 부르기도 한다. 쉬담은 로테르담 시 근교의 진 증류의 중심지로서 그 지명에서 나온 이름이기도 하다.

네델란드의 진짜 제네바는 향미가 농후하고 맥아의 향이 그대로 남아 있다. 그리하여 이는 칵테일 용으로는 부적당하여 곧 스트레이트(straight)로 마시고 있다. 또한 영국의 진은 잉글리시·진(English Gin)또는 브리티시·진(British Gin)으로 부르고 있다. 특히 대표적인 것으로 런던·드라이·진(London Dry Gin)과 올드·톰·진(Old Tom Gin), 그리고 향을 첨가한 플레버드·진(Flavored Gin) 등의 여러 가지가 시판되고 있다.

12.3. 혼성주(Liqueur)

리큐르는 증류주에 과실, 과즙, 약초 등을 가하여 설탕이나 기타의 감미료 및 착색료 등을 첨가하여 만든 혼성주로서, 리큐르(liqueur) 또는 리쾨르(Likor ; 獨), 코디얼(cordial;英·美)이라고 말하고 있다.

리큐르가 최초에 아르노·드·빌네브(Arnaud de Villeneuve; 1235~1312)씨와 그의 제자 레이몽·류르(Raymond Lulle; 1235~1315)씨에 의해 전해오고 있다. 당시 증류주에는 레몬, 장미, 오렌지의 꽃 등과 스파이스류를 원료로 해서 만들어 졌다고 한다. 그로부터 200년 후 1533년 헨리 2세 때에 이탈리아의 카테리네·데·메디치(Catherine de Medicis; 1519~1589)씨가 결혼 할 때 수행한 요리사가 포플로(Populo)라고 하는 리큐르를 파리에 소개하였다는 기록이 남아있다.

이것은 포도의 발효액에 아니세트(anissete)와 시나몬(cinnamon)등의 향미와 감미을 가한 리큐르로서, 이것이 소개된 이후부터 각종의 리큐르가 나오기 시작한다.

1) 혼성주의 제조법

(1) 증류법(Alcholate Process)

방향성의 물질인 식물의 씨, 잎, 뿌리, 껍질 등을 강한 주정에 담가서 부드럽게 한 후에 그 고형물질의 전부 또는 일부가 있는 채 침출액을 증류하는 것이다. 이렇게 하여 얻은 향기 좋은 주정성 음료에 설탕 또는 시럽의 용액과 흔히 무해한 야채 엑기스나 태운 설탕의 형태로 된 염료를 첨가하여 만든다.

(2) 에센스 제법(Essence Process)

독일에서는 이 방법을 쓰는데 주정에다 향료를 첨가하여 여과한 후에 사카린(saccharine)을 보태서 만든다. 이 제품은 품질이 좋지 않고 싸다.

(3) 침출법(Infusion Process)

이 방법은 신선한 과실즙에 알코올과 설탕을 첨가하여 만들어진다. 이렇게 만들어진 혼성주를 코디얼(cordia)이라고 부른다. 리큐트의 주정도는 앱신스(absinthe)와 같이 80도에서 아니세트(anissette)와 같이 27도의 정도가 되는 것도 있다.

2) 혼성주의 종류

(1) 앱신스(Absinthe)

본고장의 것은 쓴 쑥을 주재료로 하고 여러 가지 향미료를 보탠 것이다. 단것과 달지 않은 것이 있어 단 것은 주정도가 45도, 달지 않은 것은 주정도가 68도 정도가 되는 강한 술이다. 나라에 따라서는 제조 억제가 되어 있는 곳도 있다.

(2) 베네딕틴(Benedictine)

프랑스에서 가장 오래된 리큐르의 하나이다. 안젤리카를 주향료로 하여 박하, 아니카(arnica: 약초) 꽃 등을 보탠 것으로서 원래 「베네딕틴」교단의 술이다. 강장주로서 알려져 있고 향기도 좋으며 주정도는 43도이다. 일반적으로 돔(D.O.M.)이라고 불리우는 것은 'Deo Optimo Maximo'(최선, 최고의 신에게)의 약자가 상표에 적혀 있기 때문이다. 브란트와 베네딕틴을 혼합하여 'B&B'라고 부르기도 한다.

(3) 샤르트르즈(Chartreause)

「샤르트르즈」사원의 창제로서 풍미가 좋음은 물론이지만, 약효가 있다하여 널리 애용되었으며 레몬 껍질, 박하초, 제네가초 등의 향료를 배합하여 만든다. 황색, 녹색, 무색의 세 가지가 있고 황색의 것이 많이 나돌고 있으며, 주정도는 43%, 녹색이 55%이고 무색은 가장 주정도가 많아 70~80%나 된다.

(4) 코인트로(Cointreau)

프랑스의 코인트로사의 리큐르로서 오렌지의 우아한 향기가 있다. 주정도는 40%이다.

(5) 크림·드·멘트(Creme de Menthe)

박하의 향기가 나는 리큐르로서 녹, 백, 홍의 3색이 있고 녹색과 홍색은 착색한 것이다.

(6) 큐라소(Curacao)

서인도제도의 큐라소 섬에서 생기는 오렌지의 껍질로 만들었기 때문에 이름이 붙여졌다. 사과, 오렌지의 건조피의 성분을 보탠 오렌지의 향기가 강한 리큐르주로서 주정도는 단 것이 30%, 달지 않은 것이 37%내외이다. 색은 흰 것과 붉은 것이 있어 White Curacao와 Orange Curacao 로 불리우고 있다.

(7) 드람부이(Draimbuie)

스카치·위스키에다 벌꿀과 약초를 첨가해서 만든 리큐르로서 「드람부이」사의 전매품이다.

(8) 쿰멜(Kummel)

영어 Caraway(회향풀)의 독일어로서 네덜란드 캬라외이 열매를 사용하여 만든 리큐르이다.

(9) 슬로우·진(Sloe Gin)

영국이나 프랑스에서 야생하는 오얏나무(sloe berrd: 인목 즉 장미과의 상록교목) 열매의 성분을 진(gin)에 보태서 만든 것으로 붉은 포도주보다 좀더 빨간 술이다. 진이라고 하지만 증류주의 진과는 다른 리큐르로 주정도는 30%이다.

(10) 아니세트(Anusette)

아니스(anice)의 향을 내는 것이지만, 아니스드(aniseed), 레몬피, 육계코리안더(coriander) 등으로 향미를 첨가한 술이다. 이는 무색과 유백색이 있으며 식전 혹은 식후에 소화를 돕는 것으로 잘 알려져 있다.

(11) 아프리코트·브랜디(Apricot Brandy)

살구의 향으로 달콤한 리큐르로서 이는 살구를 발효시켜 증류한 증류주에 알코올, 당분, 버터 · 알몬드(bitter almond)유(油) 등을 배합한 것이다.

(12) 비터스(bitters)

쓴맛의 술로서 알코올 성분이 있고 강한 것은 40도 이상의 것도 있다. 향초, 약초, 스파이스(spice)등으로 만들어진 술로 건위, 해열에 효력이 많은 술이다. 이는 불필요한 향을 제거시키기도 하고, 원하는 향을 만들기도 하여 칵테일에는 꼭 첨가되는 향료로서 쓰인다.

(13) 크림·드·카카오(Creme de Cacao)

쵸코렛의 냄새를 풍기는 리큐르로서 남미 베네수엘라의 카라카스나 에쿠아도르의 그아야키르의 특산물인 카카오 씨를 주원료로 하여 카르다몬이나 시나몬 으로 향미를 내며 흰색의 카카오도 있다.

(14) 크림·드·바이올렛

제비꽃의 꽃잎이나 기타의 향초류 따위를 주정에 담가 만든다. 보라빛의 로맨틱한 리큐르로 "완전한 사랑"이라고 부르고 있다.

(15) 데킬라(Tequila)

야생적이고 강렬한 멕시코의 증류주로 멕시코의 하리이스크 주 데킬라 마을에서 용설란과의 아가우웨에서 만들어지고 있다. 주정도는 45도로 증류 후에 곧 병에 넣은 것으로 데킬라 · 호벤(Tequila Joven)통에 저장된 것이 데킬라 · 아네하도(Tequila Anejado)라 한다.

세계의 요리와
유명 레스토랑

제13장

술의 세계(II)
칵테일

제13장

칵 테 일

13.1. 칵테일(Cocktail)의 정의

칵테일이란 일반적으로 「여러 가지의 약주, 과즙과 향미 등을 혼합하여 얻은 음료」 즉 얼마의 재료를 서로 섞어 만드는 음료라는 식으로 해석되고 있으나. 휘즈(Fizz), 콜린스(collins), 하이볼(high-ball) 및 샤우어(sour) 등과 같은 롱·드링크(long drinks)도 포함되고 있다. 그러나 마티니(martini), 맨해턴(manhattan) 및 사이드·카(side car) 등의 칵테일·글래스로 제공되는 것은 그 이름 밑에 칵테일을 붙여서 즉 마티니·칵테일이라고 불러도 무난하지만, 진·휘즈(gin fizz)나 위스키·샤우어(whisky sour)등은 휘즈나 샤우어라는 말로 칵테일과 같은 의미로 쓰여지고 있어 따로 그 밑에 진·휘즈·칵테일이라고 부르지 않는다.

따라서 현재 칵테일이란 넓은 의미와 좁은 의미로 쓰여지고 있다. 즉 넓은 의미의 칵테일은 혼합 음료의 모두를 가리키며 믹스·드링크(mixed drinks)라 말하고 좁은 의미의 칵테일은 혼합의 과정에서 셰이커(shaker)나 믹스·글래스(mixing glass)를 사용하여 칵테일·글래스에 넣어 마시는 것을 말하고 있다. 칵테일은 맛과 향의 예술이라 칭할 수 있듯이 사람의 기호에 따라 그 맛과 향을 달리 즐길 수 있고, 여러 가지의 재료와 그 기술로 독특한 칵테일을 만들어 모든 사람을 즐겁게 만들 수 있기 때문에 "칵테일은 교향악이다"라는 애주가의 호칭도 있다.

실버·셰이커(silver shaker)가 얼음덩이와 같이 흔들리는 소리와 박자, 글래스에 부어 비치는 빛깔에서 마치 활짝 핀 꽃 등을 연상케 하는 풍요로운 향기가 실로 눈, 귀, 혀 등을 자극하는 신비의 예술이라 하여도 과언이 아닐 것이다.

13.2. 칵테일의 역사

술에 여러 가지의 재료를 서로 섞어서 마신다고 하는 생각은 벌써 오랜 시대부터 전해 왔지만, 술 중에서도 가장 오래된 맥주는 기원전부터 벌써 꿀을 섞기도 하고 대추나 야자 열매를 넣어 마시는 습관이 있었다고 한다. 또한 포도주도 역사가 오래된 술이지만, 그대로 마시는 사람을 야만인이라 지칭하기도 하였다 한다. 포도주에 물을 섞어 마실 때는 손님을 맞이하는 주인이 결정하게 되었는데, 포도주 1에 대해 물 3의 비율로 섞는 것이 합리적 혼합이라 하였다. 물론 당시의 포도주는 지금의 것보다 맛이 담백하고 농도가 짙었으리라 생각된다.

이와 같이 믹스·드링크(mixed drink)의 역사는 지극히 오래된 것이지만 현재 마시고 있는 칵테일의 형태는 아마 오랜 뒤에서부터 만들어졌을 것이다. 왜냐하면 지금의 칵테일은 인조 얼음이 첨가되기 때문이다.

문헌에 의하면 1870년대에 독일의 칼르·린데에 의해서 암모니아 압축에 의한 인공냉동기가 발명되어 인조 얼음이 만들어지고 아메리카 남부에서도 혼성 음료의 대부분이 인조 얼음을 사용하여 마시게 되니 지금으로부터 약 100여 년 전에야 오늘날의 칵테일이 만들어졌다고 추정된다.

그 후 칵테일은 급속히 세계에 파급되어 1855년에 출판된 영국의 작가 삿카레의 소설 《New Comes》에 "대위, 당신은 브랜디·칵테일을 마신 적이 있습니까"라는 구절이 나와 있기도 하였다. 그러나 뭐니뭐니 해도 세계 제1차 대전과 미국의 금주법에 의해서 미주 지역은 물론 유럽에까지 칵테일이 널리 보급되기에 이르렀다.

13.3. 칵테일(Cocktail)의 유래

칵테일의 유래는 여러 가지 설이 있지만 그 중에서도 몇 가지의 전설은 널리 알려지고 있다.

① 멕시코만 유카탄 반도의 칸베체라고 하는 옛날 항구에 영국의 배가 짐을 선적하기 위해 입항하게 되었다. 그 당시 영국 사람들은 강한 알코올이 함유된 술을 스트레이트(straight)로 마시는 것이 보통이지만, 이 지방에서는 브랜디와 럼 등의 알코올을 혼합해서 마시는 드락스(dracs)라고 하는 혼성음료가 유행되고 있었다. 이것이 영국의 선원들에게 매우 신기하게 보였는데, 특히 조그마한 술집들에서는 귀여운 소년이 이 드락스를 만들고 있었다. 그 소년은 술을 섞을 때에 금속성의 스푼(spoon) 대신에 멋있게 만든 나무 뿌리 막대를 사용하고 있었다고 한다. 그 나무뿌리 막대가 닭의 꼬리 형태와 닮았다 하여 그것에 꼬라·데·가요(cora de gallo)라고 애칭을 붙이게 된 것이 영어로 직역하여 「Tail of cock」으로 부르게 되었다. 그리하여 영국의 선원들은 「Dracs」를 주문할 때 「Tail of cock」이라는 말로 바꿔 부르게 된 것이라 한다.

② 1779년 미국의 한 마을에서 조용한 여관을 경영하고 있는 「짐」이라는 남자가 살고 있었다. 그는 귀여운 딸 하나와 싸움 잘하는 투계 한 마리를 가진 자로서 자만심이 누구보다도 강한 사람이었다. 그러나 어느 날 그 싸움닭이 없어지게 되어「짐」은 광인처럼 이곳 저곳을 마구 돌아다니면서 그 닭을 찾아다녔으나 찾을 수가 없었다.

이를 지켜보고 있던 효성이 지극한 딸은 누구라도 그 닭을 찾아주는 사람과 결혼을 하겠다고 선언을 하였다. 그러자 이윽고 어느 미남청년 기병사가 그 닭을 찾아 「짐」에게 넘겨주게 되어, 너무 기쁜 「짐」은 닥치는 대로 술을 양동이에 부어 넣어 축배로 제공하게 되었는데, 그 엉터리 혼합주가 독특한 맛이 있다하여 수탉의 꼬리와 연관지어 Cock(雄鷄)의 Tail(尾)이라 이름지게 되었다 한다.

③ 독립전쟁이 한창인 때 지금의 뉴욕의 북쪽에 「엠스훠트」라고 하는 영국 식민

지가 있었다. 여기에서「벳치 · 후라나컨」이란 미녀가 조그만 바아(bar)를 경영하고 있었다. 그녀는 독립의 기상이 높은 장병들에게 동경의 대상이었다.

전쟁이 승리로 끝난 어느 날 밤, 그녀가 자만의 팔을 흔들어 만든 럼 · 펀치의 대형잔에 닭의 꼬리가 장식되어 있었다. 어느 한 장교가 " 이 훌륭한 꼬리를 어디서 얻었는가" 라고 물으니 그녀는 콧대높게 "어느 영국의 남자가 사육하고 있던 닭의 꼬리"라고 하니 영국과 사이가 좋지 않던 장교들은 그녀가 만든 미국 술을 위해서 높은 소리로「Viva, cock's tail」(닭고기 만세) 이라 외치며 더욱 그 술을 마셨다고 한다.

13.4. 칵테일(Cocktail)의 종류

칵테일의 종류가 무한히 많다는 것은 새삼스러운 것이 아닐 것이다. 재료와 기술에 따라 얼마든지 창조할 수 있는 여지가 있다. 따라서 칵테일의 명칭도 지명, 유명인, 창조자 등에 따라 다종다양하게 만들어 낼 수 있다.

1) 칵테일을 마시는 시각과 장소에 의한 분류

(1) 애피타이저·칵테일(Appetizer Cockrail)

식욕촉진제로 마시는 가벼운 칵테일로서 드라이(dry)한 칵테일에는 올리브를, 스위트(sweet)한 칵테일에는 체리로 장식(decoration)하여 제공하는 혼합주를 말하며 맨해턴과 마티니 칵테일이 바로 이에 속한다.

(2) 클럽·칵테일(Club Cocktail)

정찬의 코스에서 오드블이나 수프 대신으로 내는 우아하고 자양분이 많은 칵테일로서, 식사와 조화를 이루고 자극성이 강한 것이 특징으로서 클로바 · 클럽과 로얄 · 클로바 · 칵테일이 이에 속한다.

(3) 식전(食前) 칵테일(Before Dinner Cocktail)

식사 전에 마시는 칵테일로서 마티니·칵테일이나 맨해턴·칵테일이 바람직하다.

(4) 식후(食後) 칵테일(After Dinner Cocktail)

식후의 소화 촉진제로서 마시는 칵테일로서 알렉산더·칵테일이 널리 애음되고 있다.

(5) 서퍼·칵테일(Supper Cocktail)

만찬용의 드라이한 칵테일로서 비휘·미드나이트·칵테일이라고 부르며 예를 들면 앱신스·칵테일(absinthe cocktail) 과 같은 종류의 것이다.

(6) 나이트·캡·칵테일(Night Cap Cocktail)

잠자리에 들기 전에 마시는 음료로서 아니세트(anisette)와 코인트로(cointreau), 계란 등 강장성(强壯性)의 것을 사용한 칵테일을 말한다.

(7) 샴페인·칵테일(Champagne Cocktail)

축하연 때 마시는 칵테일로서 샴페인을 사용하여 상쾌한 맛을 풍기는 칵테일 등을 일컫는다.

그 외에 결혼 피로연 때 신부가 행복의 다짐으로 마시는 오렌지·블로섬칵테일(Orange blossom cocktail) 등과 같은 것도 있다. 그러나 양주를 어떠한 용기에 어떤 재료를 섞어 마시느냐에 따라서 그 분류도 달라질 수가 있다.

양주를 마시는 데는 세 가지 방법이 있다. 첫째의 방법은 아무것도 조합하지 않고 마시는 스트레이트(straight drinks), 둘째의 방법은 증류주를 물, 소다, 기타와 섞어서 마시는 롱·드링크(long drinks), 셋째는 증류주나 양조주나 혼성주를 기주(基酒)로 하여 이것을 단독으로 또는 혼합한 것에 감미료, 과실즙 또는 고미제를 혼합하여 마시는 칵테일, 즉 쇼트·드링크(short drinks)등이다. 스트레이트에 있어서도 얼음덩어리가 들어있는 글래스에 증류주를 부어서 마시는 언더·럭스(on the rocks) 도 있다.

식사의 반주 또는 식후에 소화를 돕기 위하여 마시는 양주는 자연 포도주, 샴페인, 리큐르 등이 있으므로 롱·드링크나 칵테일은 식사 전에 식욕을 돋구기 위하여 마시는 것이다. 다만 반주라 하여도 구미의 반주개념은 한국에서의 반주 개념과는 다르므로 주의를 요해야 한다.

2) 베이스 종류에 따른 분류

(1) Gin Base

① 진토닉

8온스 하이볼(HIGH BALL)글라스에 얼음 2-3개를 넣은 후 진을 따르고 토닉 워터로 글라스를 70~80% 정도를 채운다. 진을 넣은 후에 바-스푼 등으로 2-3회 가볍게 저은 다음 레몬 또는 라임슬라이스를 장식한다

② 김 렛(Gim let)

쉐이커에 얼음 3-4개를 넣고 슈가 시럽 1tsp와 라임주스 20ml, 진을 넣고 7-8회 정도 잘 흔든다. 얼음을 제거하고 다시 칵테일 잘 흔든다.

③ Singapore Sling

준비해야 할 재료는 진(45ml), 레몬 쥬스(20ml), 설탕(1-2tsp), 체리브랜디(15ml), 소다수 또는 탄산 음료가 조금 필요하다.

진, 레몬 쥬스, 체리 브랜디, 설탕을 쉐이커에 넣고 잘 흔들어서 1온스 텀블러 글라스에 따른다. 내용물이 담긴 글라스에 얼음을 넣고 소다수를 글라스에 70~80% 정도 채운 후에 레몬 슬라이스와 체리로 장식한다.

④ martini

얼음과 함께 진(45ml)과 마주왕 화이트 또는 드라이 버머스(15ml)를 보통 글라스

에 넣고 5-6회 정도 잘 젓는다. 얼음을 제거한 후 칵테일 글라스에 따르고 올리브로 장식한다.

(2) Whisky Base

① Whisky sour

쉐이커에 얼음과 위스키(45ml), 레몬 쥬스(20ml), 설탕(1tsp)을 넣고 7-8회 흔든 후 얼음을 제거하고 사우어 글라스에 따른다. 소다수로 채우고 레몬과 체리를 장식한다

② Manhattan

위스키(30ml), 마주왕레드와인 또는 스위트 버머스(20ml), 앙고스트라 비터즈를 약간 넣고 잘 저어서, 칵테일 글라스에 따른 후 체리를 장식한다.

③ Old Fashioned

각설탕 1개에 소다수 또는 탄산음료(20ml), 앙고스트라 비터즈를 약간 넣어 녹인다. 얼음 3-4개를 글라스에 넣고 위스키(45ml)를 따른다. 레몬 슬라이스또는 체리로 장식을 한다.

(3) Vodca Base

① Salty Dog

신맛과 짠맛이 교차하면서 오묘한 맛을 낸다. 식전에 자주 마시는 칵테일이다. 먼저 잔에 소금을 묻힌 후 얼음, 보드카(30ml), 미리 차게 준비한 주스를 넣고 묻힌 소금이 떨어지지 않게 가볍게 젓는다. 소금을 묻힌 것이 바로 장식효과도 준다. 여기에서 소금을 묻히지 않으면 그레이 하운드(Gray Hound)가 된다.

② Black Russian

달콤한 커피맛이 나는 칵테일인데 식후에 먹기 적당하다. 보드카(40ml), 칼루아 (20ml)와 얼음을 잔에 넣어 재료를 잘 젓는다. 블랙러시안에 크림을 추가하면 화이트 러시안(White Russian)이 된다.

③ Screw driver

얼음을 넣은 하이볼 글라스에 오렌지 주스를 70-80%로 채우고 보드카(30-45ml)를 넣은 후 가볍게 젓는다. 오렌지 슬라이스로 장식한다.

(4) Rum Base

① Yellow Bird

라이트 럼(40ml), 바나나 리큐르(15ml), 칼리아노(15ml), 오렌지주스(40ml), 파인애플주스(40ml)을 쉐이커에 얼음과 넣고 힘차게 잘 흔들어서 잔에 따른다. 또 얼음과 재료를 블렌더에 넣고 블렌딩한 후 잔에 옮겨 붓는 방법도 좋다. 향긋한 단맛이 나는 칵테일이다.

② Mai Tai

라이트 럼(45ml), 트리플 섹(15ml), 라임주스(15ml), 오렌지주스(30ml), 파인애플주스(30ml)를 얼음과 함께 쉐이커에 넣고 잘 흔들어서 잘게 부순 얼음을 잔에 넣은 다음 따른다. 그 다음에 그레나딘시럽(10ml)을 부어 잔의 밑 부분에 내려가도록 하고 다크 럼(10ml)을 띄운다. 파인애플 스틱, 체리, 꼬마 오렌지, 슬라이스 키위, 우산, 스트로 등으로 장식을 한다. 맛이 시원하고 달콤한 것이 특징이다.

(5) Liquer Base

리큐르는 증류주에 약초, 향초, 과실 등 주로 식물성 향미 성분과 색을 가한 것에 설탕이나 꿀을 첨가시켜 달콤하게 만든 술의 총칭으로 아름다운 색깔, 짙은 향기, 달콤한 맛을 가진 극히 여성적인 술이다. 리큐르는 종류에 따라 식전에 마시는 것도 있으며, 칵테일용으로 많이 쓰이고 있다.

① Pousse Cafe

그레나딘 시럽(1/5), 칼루아(1/5), 크림 드 멘트 그린(1/5), 갈리아노(1/5), 블루 퀴라소(1/5)를 잔에 순서대로 섞이지 않게 부어 띄운다. 띄우는 방법은 엔젤스 팁과 같으나 각 재료의 양을 일정하게 하는 것이 매우 중요하다.

② Mint frappe

시원한 박하향의 단맛이 나는 것으로 식후에 알맞다. 만들기 전에 잔에 잘게 부순 얼음을 넣고 천천히 크림 드 멘트를 붓는다. 장식 짧은 스트로, 박하잎, 체리로 마무리 한다.

③ Cacao fizz

코코아향의 단맛이 나는 것으로 언제든지 어울리는 칵테일이다. 얼음을 넣은 잔에 크림 드 카카오(30ml), 칼린스믹서(90ml)를 잔에 넣고 잘 젓는다.

(6) 데낄라 베이스

① 마가리타(Margarita)

새콤한 맛으로 여성들의 인기를 끌고있는 칵테일 마르가리타는 소금과 라임 또는 레몬과 데킬라의 결합은 멕시코인의 전통적인 데킬라 마시는 법과도 통한다. 새콤하면서도 산뜻한 맛 때문에 여성에게 인기 있는 칵테일이다.

마르가리타의 탄생설에는 어떤 술이든지 소금을 곁들여 마시는 걸프렌드인 마르가리타를 위해 멕시코의 호텔 바텐더가 1936년에 고안했다는 설과 로스엔젤레스의 바텐더 가 전국 칵테일 컴페테이션에 출품하기 위해 1949년에 고안하여 죽은 애 인인 마르가리타의 이름을 붙였다는 설이 있다. 데킬라 (45ml), 트리플 섹(10ml), 레몬이나 라임 주스(10ml)을 잔에 직접 넣어 가볍게 저어주면 된다.

② 선번(Sun Burn)

유난히 멕시코의 태양은 뜨겁다. 따가운 햇빛과 건조한 기후, 살결이 타는 듯한 더위에 알맞은 정열적인 칵테일이지만 알콜도수는 낮은 편이다. 약간 단맛이 나는 것으로 식후에 알맞다. 데킬라(40 ml), 트리플 섹(30 ml), 크렌베리주스(90 ml)를 직접 글라스에 넣고 가볍게 저어주면 된다.

③ 데낄라선라이즈(Tequila Sunrise)

롤랭 스톤즈가 애용한 새벽맞이 칵테일, 데킬라 선라이즈는 1970년대에 롤 링 스턴즈가 멕시코를 방문했을 때 이 칵테일을 알게되어 그 후 가는 곳 마다 이 칵테일을 애용했다고 한다. 마침 데킬라 베이스 칵테일이 새벽을 맞이했을 시기였다. 아침 놀의 시대 1960년대말~70년대 캘리포니아 젊은 층 에게 데킬라가 인기 있었다. 이글스가 '데킬라 선라이즈'라고 하는 곡을 노 래하였던 것도 70년대 초였다. 사워 글라스에 얼음을 넣고 데킬라(30 ml), 오렌지주스(90 ml)를 넣은 후 그레나딘 시럽을 살짝 부어 가라앉힌다.

(7) 브랜디 베이스

① 알렉산더(Alexande)

오후의 밀회를 즐기기에 적격이고 마음 설레이게 하는 화사한 칵테일인 알렉산더는 향긋한 브랜디에 크렘 드 카카오의 초콜릿 맛과 크림의 부드러운 감각이 일품인 칵테일 알렉산더의 탄생설에는 영국왕의 왕비인 알렉산드리라에게 바쳤다는 설과 왕실의 혼례축제용으로 사용했다는 설이 있다. 어쨌든 달콤한 사랑과 궁전의 화려함이 깃 든 칵테일이라 할 수 있다. 브랜디 알렉산더라고도 부른다. 알렉산더는 칵테일 초보자용으로 부드러운 맛이 친근감을 주기 때문에 여성이 칵테일을 배우려 할 때 반드시 마시게 되는 칵테일이다. 알렉산더는 중독이 되는 술이다. 잭 레몬 주연의 영화 '술과 장미의 나날'에서 주인공이 술을 마시지 못하는 아내에게 권한 것이 이 알렉산더이다. 그후 두 사람은 알코올 중독에 걸리는 스토리로 되어 있다.

맛은 코코아 향의 부드러운 맛이다. 브랜디(30 ml), 크림 드 카카오(40 ml), 스위트 크림(70 ml)을 쉐이커에 얼음과 함께 잘 섞어 냉각된 글라스에 걸러 따른다. 그 위에 너트 맥을 살짝 뿌려준다.

② 비 앤드 비(B & B)

베네딕텐의 B, 브랜디의 B자를 따서 이름 지은 이니셜 칵테일로 달콤하지만 브랜디의 진한 향기와 칵테일의 중후함을 더해주고 있다. 글라스에 베네딕틴(15ml)을 따른 다음 브랜디(1ml)를 조심스럽게 비중을 이용하여 띄워준다. 얼음을 넣은 '온더락스'로도 가능하다.

③ 체리 블러섬(Cherry Blossom)

벚꽃이 한창이라는 뜻의 이름을 가진 은은한 분위기의 칵테일이다. 기호에 따라 얼음 없이 칵테일 잔에 따르고 체리 1개를 장식하는 경우도 있다. 브랜디(1 ml), 체리 브랜디(15 ml), 트리플 섹(10 ml), 그레나딘 시럽(15 ml), 레몬 주스(2 tsp)를 모두 쉐이커에 얼음과 함께 넣고 잘 흔든 다음 잔에 얼음을 넣고 따른다.

(8) 혼성주

① 오르가즘(Orgasm)

강한 단맛이 나는 것으로 식후에 알맞다. 이는 영화 「칵테일」에 나왔던 것으로 널리 알려져 있고 리큐르 만으로 만든 것이 특징이다.

쉐이커에 얼음과 칼루아(30 ml), 아마레또(30 ml), 베일리 아이리쉬 크림 (30 ml)을 넣고 잘 흔들어 잔에 따른다.

② 발렌시아(Valencia)

맛도 향기도 과일과 같고 달콤한 발렌시아는 아프리코트와 오렌지의 풍미 가 섞인 맑고 부드러운 달콤한 라이트 칵테일 알코올에 약한 사람은 오렌지 주스의 양을 늘리면 더욱 순한 칵테일이 된다. 발렌시아 오렌지로 알려져 있는 스페인 동부 지방. 올리브와 포도의 산지로도 유명하다. 지중해에 변한 해안지역은 휴양지로서도 이름 높다. 오렌지 비터스 소량을 떨구기만 해도 칵테일의 향기를 풍부하게 해 주는 드라이한 에센스이다. 이것만은 마실 수 없으나 이것이 있으면 크게 소용이 있는 전통적 칵테일 재료이다.

쉐이커에 얼음과 아프리콧 브랜디(40 ml), 오렌지주스(20 ml), 오렌지 비터즈(2 Dash)를 넣고 가볍게 혼든 다음 잔에 옮겨 붓는다.

(9) 와인 베이스

① 아도니스(Adonis)

그리스 신화의 비너스에게 많은 사랑을 받은 소년의 이름으로서 식전음료로 어울린다. 믹싱 글라스에 셰리(60 ml), 스위트버무스(30 ml), 오렌지비터즈 (2 Dash)를 넣고 얼음과 함께 잘 섞는다. 그런 후 냉각된 칵테일 글라스에 걸러 따른다.

② 키르(Kir)

와인의 고향에서 태어난 식전 주, 오늘날 세계에서 크게 유행하는 키르는 프랑스 부르고뉴 지방의 디종 시장을 지낸 캐논 펠릭스 키르가 고안한 칵테일이다. 부르고뉴산의 백포도주와 디종 특산의 크렌 드카시스를 사용하고 있다. 생겨난 이후 디종시의 공식 리셉션에는 식전 주로서 반드시 나왔다고 하며 오늘날에는 세계 곳곳에서 애음되고 있다. 크렘 드 카시스는 블랙카란트의 리큐르이다. 세계 각지에서 생산되고 있으나 프랑스의 디종에서 생산되는 것이 가장 유명하다. 키르 로와이알을 영어식으로 말하면 로얄 키르가 된다. 샴페인은 드라이한 편이 맛을 돋군다. 백포도주(120 ml), 크림 드 카시스(22 ml)를 와인글라스에 따르고 가볍게 섞는다.

③ 미모사(Mimosa)

청조하고 가련한 미모사와 같은 싱싱하면서도 부드러운 칵테일 미모사는 글라스에 따랐을 때의 색깔이 미모사 꽃과 비슷하다고 하여 미모사란 애칭으로 불리게 된 칵테일이다. 프랑스에서는 샴페인 아 로랑쥬라 하여 수 백년 전부터 상류계급에서 애용되었다고 한다. 오렌지 주스의 향기에 품위 있는 샴페인이 곁들여져 우아한 사교장에서 각광을 받았다. 미모사 위에 삶은 계란의 노른자를 뒤집어 꽃처럼 만들어 장식한 샐러드는 노란 꽃을 피우는 상록수인 미모사를 닮았다 하여 미모사 샐러드라 부른다. 런던의 벅스 클럽이 프랑스의 샴페인 아 로랑주에 자기 상점 이름을 붙여서 판 것이 시작이다. 샴페인(75ml), 오렌지 주스(75ml)를 플롯 글라스에 붓고 가볍게 저어준다.

(10) 맥주 베이스

① 비어스프리처(beer spritzer)

보라는 고귀한 빛깔의 대표적 존재. 서구에서는 '보라로 태어난다'는 것 은 명문 출신, '보라로 승진한다'는 것은 왕위계승을 의미한다. 고대 로마 시대의 로열 퍼플 (진홍색)에서 유래한다.

얼음이 3-4개 든 잔에 백포도주(60ml)를 따르고 차게 한 맥주를 채워 가볍게 젓는다.

② 블랙 벨벳(black velvet)

맥주와 샴페인이 자아내는 벨벳과 같은 부드러운 감촉에 블랙 벨벳은 촉감이 부드럽고 광택이 있는 옷감의 느낌이다. 검은 벨벳이라는 우아한 이름을 가진 이 칵테일은 아일랜드의 드라이한 스타우트 맥주와 프랑스의 귀부인같이 품위 있는 샴페인이 함께 어울려 만들어진 것이다. 그 맛은 벨벳처럼 촉감이 좋고 부드럽다.

맥주가 먼저인가 샴페인이 먼저인가?

맥주를 먼저 글래스에 따르고 나서 샴페인을 부으면 거품이 많이 나므로 주의해야 한다. 샴페인 대신 수퍼클린 와인으로 만들어도 좋다. 최근에는 벨벳이라 불리게 되었으나 얼마 전까지만 해도 빌로도라고 불렀다. 이것은 포르투갈어인 벨루드(Velude)가 변해서 된 말이다. 맥주를 소주에 타면 맥주의 탄산이 알코올 흡수를 빨리 하기 때문에 빨리 취한다.

13.5. 칵테일의 맛과 재료

칵테일에 사용되는 재료는 크게 나누어 4가지로 분류하여 양조주, 증류주, 혼성주, 그리고 부재료인 과즙류, 계란, 우유, 시럽, 향료 및 약재 등을 들 수 있겠다. 물론 증류주는 칵테일의 기주(基酒)로서 가장 중요한 것으로 위스키, 진, 브랜디, 럼, 보드카

및 데킬라가 널리 쓰이고 있다. 주정도가 높은 것일수록 칵테일의 끈기가 강하고 감칠맛이 더하다. 그러나 미각에 결정적인 요소가 되지는 못한다. 이에 양조주는 칵테일 기주의 주정도를 부드럽게 하고 마시기 좋도록 도와주고 있으나 미각적인 재료로 제공되는 것은 아니다.

그러나 혼성주는 칵테일의 미각과 풍미를 만드는데 결정적인 역할을 하는 재료로서 칵테일은 그 맛을 혼성주가 좌우한다 하여도 과언이 아니다. 따라서 혼성주의 맛을 안다는 것이 곧 맛있는 칵테일을 만들 수 있는 조건의 하나이기도 하다. 그러므로 혼성주는 증류주에 설탕, 과즙, 향신료, 약초, 열매, 꽃 또는 목피(木皮) 등을 첨가시켜 다종 다양의 미각을 창조하여 약효로도 높이 평가되고 있는 술로서 맛있는 칵테일을 만드는데 이 혼성주의 기호성과 약효를 효과적으로 활용하고 눈으로 보기에 아름다운 색을 창조할 수가 있다. 그리하여 이러한 특징들을 십분 발휘하여 아름답고 맛있는 칵테일을 제조함이 그 기술인 것이다.

기타의 부재료인 과즙 등은 칵테일의 맛을 더욱 상기시키고 주정의 농도를 저하시키는데 사용되며, 특히 오렌지 같은 과일은 비타민도 많이 함유되고 있어 위와 간장에 더욱 효과가 좋아 칵테일의 부재료로 널리 사용되고 있다. 또한 향신료나 약초는 피로회복과 활력의 요소로 유용하게 쓰인다는 것은 두말 할 나위도 없을 것이다. 더욱이 계란과 우유 등은 몸에 좋다는 이유로도 널리 이용되기도 하고, 시럽은 마실 때 입을 부드럽게 만들어 준다.

칵테일의 맛에는 쓴맛(dry), 신맛(sour), 단맛(sweet)의 3가지로 구분되는 것이 상식적이고 또한 그 색채도 칵테일의 미각을 크게 좌우하지만 칵테일의 색을 요구할 경우에는 기주의 원인이 아니라 혼성주와 과즙 등으로부터 요구되는 빛깔을 얻어낼 수가 있는 것이다. 따라서 재료를 사용할 경우에는 병에 기입되어 있는 주정도와 당도를 잘 보고 사용함이 바람직하다.

세계의 요리와
유명 레스토랑

제14장

세계의 희귀한 요리와
진귀한 요리

14.1. 한국의 희귀한 음식과 진귀한 음식

1) 신선로

신선로는 가운데 불구멍이 있는 그릇에 채소, 고기 등을 돌려 담고, 장국을 부어 끓이는 탕이다. 입을 황홀하게 해준다는 뜻의 '열구자탕(悅口子湯)'이라고 부를 정도로 맛이 뛰어나다. 해삼과 전복은 신선로에 들어가는 대표적인 해산물로 '해삼은 몸의 음기를 생성해 진액을 돋우는 효능이 인삼과 버금한다'하여 바다의 삼(海蔘)이라 불린다. 보혈하면서 몸의 열을 떨어뜨리고, 배설기능을 관장하는 하초의 신장을 이롭게 하여 정력을 강하게 한다.

채소는 미나리, 표고버섯 등이 들어가는데, 미나리는 간의 열을 내리고, 고혈압과 불면증을 치료하는데 효능이 있다. 표고버섯은 '마고'라 하여 정신을 즐겁게 하는 채소다. 또한 염통과 배꼽의 중간에 위치하여 음식의 소화 작용을 주관하는 중초의 위 기운을 돕는다. 때문에 식욕을 돋우며 설사와 구토를 멎게 한다. 그러나 버섯을 너무 많이 먹으면 몸 안의 기운이 막혀 병이 찾아들기 쉽다.

그밖에 견과류는 호도, 은행, 잣 등이 들어가는데, 그 중 잣과 호도는 장을 윤활

하게 하여 변비를 치료하고 마른기침을 낫게 해준다. 백과라고 하는 은행은 혈액의 순환과 호흡에 관계하는 상초에 영향을 끼침으로써 폐의 원기를 돕고 해소, 천식을 멎게 하는 작용이 있다. 신선로는 이와 같이 인체의 상, 중, 하초에 골고루 영향을 미치므로 마치 사계절이 흘러가듯 음식물 하나 하나가 자연의 이치에 부합한다.

2) 광주의 애저찜

조선시대 중엽에 시작된 애저요리는 진안의 명물 요리로 고기가 푹 무르도록 새끼 돼지를 통째로 삶은 다음 한데 놓고 뜯어서 양념장을 찍어 먹는다. '애저'는 본래 어미 뱃속에 든 새끼 돼지를 꺼낸 것이거나, 수태된 돼지를 모르고 잡았다가 뱃속에서 나온 어린 돼지를 일컫는 말이다. 그래서 그 이름부터 안쓰러움을 자아내 애(哀)저라 부르기도 했다고 한다. 이러한 애저찜에 어린 돼지를 사용한 이유는 나은 지 2~3주가 되면 오히려 뱃속에 있을 때보다 육질이 쫄깃해지고 영양가가 훨씬 높기 때문이다. 애저찜은 예로부터 보양식으로 알려져 있지만 이렇게 잡은 새끼 돼지는 실제로 돼지고기가 낼 수 있는 최상의 맛과 육질을 보여준다. 우리의 애저찜과 비슷한 새끼돼지 통구이 또는 바베큐요리가 각국의 유명음식으로 개발되어 있는데, 특히 스페인 마드리드의 '보틴'레스토랑의 새끼돼지구이가 가장 유명하다.

3) 지리산 대나무통밥(대통밥)

대통밥이란 지리산 대나무 마디 밑에서 약 15cm 절단하여 이 속에 쌀과 죽염, 밤, 대추, 은행, 수수 등을 넣고 다시 녹차물과 차잎, 솔잎을 얹어 지어내는 것이다. 그야말로 속세에서는 맛볼 수 없는 신선들이 즐겨 먹던 음식이 아닐까 착각이 들 정도의 선식(仙食)이다.

4) 추어숙회와 추어탕

'추어숙회'란 미꾸리를 익혀 회로 먹는 것이다. 장수산 곱들 냄비에 장작불을 때고 지리산 자락의 오염되지 않은 물에서 자란 미꾸리에 물을 자작하게 부어 익힌 다음 파, 고춧가루 등을 넣어 푹 끓인 후, 두부와 계란, 들깨 가루를 풀고 국물을 술술 뿌려 졸인 뒤 참기름, 깨소금, 당근, 파 등으로 양념해 찌듯이 무친 것인데, 이것을 양념한 초고추장에 찍어 먹거나 상추 또는 지리산에서 나는 향기로운 生(생) 취나물 잎에 싸먹기도 한다. 흙내도 비린내도 나지 않는 맛이 별미이다. '추어탕'은 된장을 듬뿍 풀고 들깨를 갈아 부은 물에 미꾸리와 표고버섯을 갈아넣고 시래기, 토란대, 감자대를 넣어 오랜 시간 끓여서 맛을 내는데 구수한 맛이 그만이다.

5) 기러기샤브샤브, 청둥요리

기러기 샤브샤브는 사료를 쓰지 않고 자연에서 키운 기러기에 각종 한방약초를 가미하여 독특한 맛과 향을 느낄 수 있는 별미음식으로 제주도에 기러기를 전문적으로 요리하는 음식점이 있다.

청둥오리를 전문적으로 요리하는 음식점으로, 청둥오리의 약리적 효과를 이용하여 다양한 음식을 선보이고 있다. 청둥오리 맛은 일반 오리와 크게 다르지 않는 것 같은 데 색다른 음식을 맛보고 싶은 사람들은 한번 들려볼 만하다.

6) 말고기요리

옛날에 제주의 조랑말 고기육포가 궁중에 진상품으로 올려졌다는 기록이 있을 만큼 말고기로 만든 음식은 다른 지역에서 찾아 볼 수 없는 특별한 음식이다. 음식문화가 세계에서 제일 까다롭다는 프랑스에서도 일찍부터 말고기에 대한 맛과 영양을 인정하여 오늘날에는 그곳 미식가들이 즐기는 음식의 일부분이 되었다. 그리고 가까운 일본에서도 미식가들이 즐겨 찾는 스테미너식이며, 몽고에서는 오늘날 식용 또는 약용으로 말고기를 이용하고 있다. 특히 말고기 육회는 질길 것이라는 생각과 달리 아주 연하고 부드러우며 다른 육류보다 소화 흡수율이 좋은 것으로 알려져 있으며, 저지방 고단백 식품으로 건강식으로도 좋다.

7) 승가기탕

[해동죽지]에서 해주내 명물로 소개되고 있는 승가기탕(勝佳妓湯)은 서울의 도미국수와 같은 것으로 맛이 절가(絶佳)하다 하여 승가기라 한다. 그러나 [조선요리학]에서는 "성종 때 허종이 의주에 가서 오랑캐의 침입을 막으니 그 주민들이 감읍해 도미에 갖은 고명을 다해 정성껏 맛있게 만들어 바쳤다. 그러자 허종이 승가악탕(勝佳樂湯)이라 명명했다."며 의주 기원설을 주장하고 있다. 아무튼 황해도 부근 서북부 지방에서 발달한 음식임에는 틀림이 없는데, 궁중연회식에 등장하는 '승가아탕(勝佳雅湯)'은 살찐 닭을 이용한 음식이었다.

8) 보신탕, 보양탕, 개장국

狗(구)와 犬(견)은 어떻게 다른가? 구는 식용이고 견은 식용이 아닌 점이 가장 두드러진 차이점이다. 구육이니 구탕(狗湯)이니 하는 말은 있어도 견육이나 견탕(犬湯)이니 하는 말은 거의 하지 않는다. 그 대신 맹견이나 애견을 맹구(盟狗)나 애구(愛狗)라고는 하지 않는다. 따지고 보면, 우리 민족만 개를 식용하고 있는 것은 아니다. 인도네시아의 바타크족은 검은 개를 좋아하여 사육하거나 낚시바늘에 고기를 꿰어 개를 낚아 모으기도 했다. 또 폴리네시아의 타히티인과 하와이인, 뉴질랜드의 마오리족도 개를 식용했는데, 폴리네시아인들은 일부의 개만 집안에서 기르고 나머지는 울타리를 치거나 보호될 만한 나무 아래 특수한 오두막을 지어 길렀고, 빨리 살찌우기 위해 생선과 야채를 반죽한 것을 강제로 먹이기도 했다. 폴리네시아에서 개는 신과 나누어 먹어야 될 정도로 좋은 음식이라고까지 여겨졌다. 그래서 타히티와 하와이군도에서 사제들은 중요한 공적 행사에 개를 많이 잡았다.

허준의 동의보감에 의하면, '개고기는 性(성)이 溫(온)하며 味(미)는 시고(酸) 無毒

(무독)이다. 오장을 편안하게 하며 혈맥을 조절하고 장과 위를 튼튼하게 하며, 골수를 충족시켜 허리와 무릎을 溫(온)하게 하며 양도를 일으켜 기력을 증진시킨다.'고 한다.

14.2. 희귀한 음식과 진귀한 음식

1) 만한전석(滿漢全席)

세계 3대요리로 손꼽히는 중국요리의 최고봉이라고 말할 수 있는 것이 만한전석(滿漢全席 ; 만한추엔시)은 만주족과 한족의 음식문화가 혼합되어 이루어진 중국요리의 정수이다. 이 요리의 역사 시초가 되는 청조(淸朝)는 북방의 만주족이 북경에 들어와서 세운 왕조이나, 시대가 지남에 따라 만주족의 독자적인 문화는 희박해지고 한족의 문화에 동화되었다. 중국 최고의 미식가로 손꼽히는 제6대 건융황제는 각지를 순회하면서 각 지방의 요리를 감상했을 뿐만 아니라 최고의 요리사들을 북경으로 데리고 왔다. 그 가운데 양주(楊州)의 요리사가 만주족이 좋아하는 사슴과 곰 등의 야생짐승의 고기와 어패류, 야채의 산해진미(山海珍味)를 이용하여 만들어낸 것이 "滿漢全席(만한추엔시)"이다.

상어 지느러미, 제비집은 물론 곰의 발바닥, 낙타의 혹, 원숭이의 뇌 등 중국 전지역에서 모아온 진귀한 재료로 만든 100종 이상(많을 때는 182종, 적은 경우라도 64종)이나 되는 요리를 이틀에 걸려서 먹는다고 하니 과히 중국인의 미식추구에 대한 정열과 위대한 위장에 감탄하지 않을 수 없다. 청조 멸망(1912년) 뒤 사치스럽기 한이 없는 이 만한전석(滿漢全席)은 급속하게 쇠퇴해버렸고, 전문 요리사의 계승도 끊어졌으나, 그 후 홍콩이나 대만에서 재현하게 되어 이 환상의 요리도 다시 등장하게 되었다. 지금은 본토인 중국에서도 왕성하게 연구되고 있으나 정통 만한전석(滿漢全席)을 만들 수 있는 요리사는 손으로 꼽을 수 있을 정도밖에 없다. 눈부시게 휘황찬란한 왕조 분위기에 쌓인 한 탁자의 식사가 6백만원 이상 호가하고 있다니 놀라움을 지나 경이스럽기까지하다.

2) 창코나베

'창코나베'는 일본의 씨름(스모)선수들이 먹는 음식이 대중화된 음식으로 먹는 양이 엄청 푸짐하다. 세숫대야 만한 냄비 안에 가득한 육수부터 끓인 후 쇠고기와 생강 등을 넣고 난 다음 배추, 파, 조개, 쑥갓, 버섯 등의 재료를 살짝 데친 후 간장에 찍어먹는다. 건더기를 건져 먹은 다음 그 국물에 굵은 우동을 넣고 끓이면서 소금과 간장, 약간의 고춧가루를 넣고 간을 맞춘다. '창고나베'는 스모선수들의 체중을 불리기 위해 고안된 이 음식은 그야말로 양 위주의 음식으로 그들은 체중이 목표량에 도달하지 않으면 잠도 자지 않고 그런 냄비요리를 하룻밤에 몇 대야씩 먹는다. 그런 뒤 몸무게를 재어보고 목표치에 미달하면 밤을 새워서라도 먹어야 하는 스모선수들이 먹는 음식이다. 일본 맛의 본고장, 스모로 유명한 오사카에 창코나베 전문점이 있다.

3) 터키의 케밥요리

지중해 인근 국가들처럼 양고기, 토마토 소스와 향신료, 생선튀김요리 등 색다른 맛을 즐길 수 있는 곳일뿐더러 비록 중국 프랑스 요리만큼 전 세계적으로 알려져 있지는 않지만 나름대로 특색이 있고 우리 입맛과도 잘 맞는다. 이러한 다양한 터키 음식 중에 이미 전 세계적으로 알려져 있는 음식은 바로 '케밥요리'이다. 전해지는 케밥의 유래는 터어키 남부지역에서 클레오파트라와 시저황제의 식사를 위해 움푹 패인 돌에 고기를 매달고 돌려 숯불에 익혀 먹었던 데서 유래된 것으로 한다. 우리식으로 꼬치구이인 셈인데 우리는 닭고기에 피망 양송이, 양파 등을 끼워서 만들고 터키식은 양고기를 쓴다. 이는 터키인의 대부분이 이슬람교이며 이 영향으로 돼지고기는 금기이다. 또 다른 이유로는 그 나라가 원래 유목민으로써 목초지를 찾아서 주로 양을 가축으로서 데리고 다닌 데서도 그 이유를 찾을 수 있다. 그 중 대표적인 '도넬케밥'은 멕시코의 또띠아, 베트남의 반짱, 우리의 전병처럼 얇은 밀가루 반죽에 고기나 양념을 넣어서 싸먹는 요리이다. 터키식은 양념에 하루 재운 고기를 특별히 제작된 도넬케밥 브로일러에 돌리면서 은근한 열로 기름을 제거해서 칼로 썰어서 야채류와 함께 싸먹는 요리이다.

4) 상큼한 향신료가 가미된 요리 – 베트남 요리

베트남에서는 세계 2위의 쌀 수출국답게 쌀을 이용한 음식이 많으며 특히 대표적인 음식인 닭국물을 직접 우려내고 상큼한 향신료와 신선한 야채를 이용한 국수류를 먹어보면 베트남 음식의 정수를 느낄 수 있다. 밀가루와 달리 월남 쌀 국수는 저칼로리 음식으로 소화가 잘되며 숙취에 좋고 특히 우리 입맛에 잘 맞는 별미이다. 이런 쌀국수 뿐만 아니라 만두인 '짜죠'와 달콤한 베트남 아이스 커피 '봄마따오'도 권할 만한 메뉴이다. 쌀과 면을 중심으로 발달돼 있는 베트남 요리는 베트남 고유의 음식인 '포(pho)'이외에도 쌀 껍질로 감싼 소고기 말이 '차지오(cha gio)', 베트남풍 튀김 '바인 세오', 소고기와 염소고기로 만드는 샤브뱌브의 일종인 '라우' 가 있다. 쌀로 만든 국수를 의미하는 '포(pho)'는 베트남의 대표적인 음식으로 '포'에는 야채 특히 숙주가 들어가 시원하고 매콤한 소스와 곁들여지므로 해장국 대신 애용하는 사람들도 많으며 적은 양의 고기로도 만족감과 포만감을 줄 수 있으므로 미국, 캐나다 등에서 건강식으로도 인기를 끌고 있는 메뉴이다. 쌀국수는 쌀가루를 불려서 열을 약간 가한 후에 만들고 기호에 따라 칠리 소스나 레몬을 곁들이기도 한다. 이런 월남 쌀 국수는 현재는 월남의 쌀과 중국의 요리 비법, 프랑스의 음식문화가 결합되어 탄생된 전통있는 음식으로도 유명하지만 다이어트 음식으로도 외국에서도 인기를 얻고 있다. 또한 '차지오(cha gio)'는 쌀로 만든 만두피에 돼지고기나 게살을 잘게 썰어서 다른 양파나 당면을 넣고 길게 말아서 기름에 튀겨먹는 요리로써 아이들이 좋아하는 음식이다.

5) 곰 발바닥 요리

곰은 굴속에 들어가 겨울에 동면을 하는데 그 동안 발바닥만을 빨아 굶주림을 면한다고 한다. 이 때 발바닥에 정력이 집중되고 맛도 기가 막혀 중국 요리의 팔진(八

珍)중에 하나로 손꼽히는 것이 '곰 발바닥요리'이다. 굴지의 사치스런 요리인지라 요리법도 까다롭기로 유명한데, 청나라 때의 문헌인 '양소록'에 그 요리법이 나온다. "땅에 구덩이를 파 석회를 넣은 뒤 그 속에 곰 발바닥을 묻고 물을 부어 생기는 열로 푹 익힌다. 다시 꺼내 쌀뜨물에 이틀간 담가 됐다가 발바닥을 찢어 돼지고기와 함께 다시 삶기를 열 번을 거듭한다. 그러고 나면 가죽공 만하게 부푼다"했다. '다여객화'라는 문헌에 보면 "부잣집의 연돌에는 쇠냄비가 들어갈 만한 감실이 설치되어 있는데, 냄비에 담은 곰 발바닥을 그 감실에 넣은 채 촛불 하나로 사나흘 밤낮을 서서히 삶아야 제 맛이 난다"고도 했다

곰의 오른쪽 발바닥 부위가 요리에는 훨씬 인기가 좋은데, 꿀벌통이 주로 나무 가지에 매달려 있어서 곰이 앞발을 들고 일어서서 오른쪽 발로 벌통을 먼저 툭툭 쳐서 벌을 쫓는다. 이 과정에서 벌이 그 오른쪽 앞발에만 침을 자꾸 쏘게되고 곰은 발바닥이 두꺼워서 아픔을 느끼지 못한다. 그러면서 곰은 자꾸 영양분이 있는 침을 오른쪽 발바닥에 모으고 그게 몇 년간 계속 쌓이면서 그 부위가 로얄제리 못지 않은 영양가 있는 식품으로 변하게 되는 것이라고 중국인들은 믿었고 그래서 유독 그 오른쪽 앞 발바닥부위가 인기가 있는 것이다.

6) 꿀개미

중국인들이 누에의 번데기, 매미, 귀뚜라미, 물방개 등을 먹었지만 주로 벌레를 가장 많이 먹은 계층은 하층민들이었다. 동물성 단백질을 구할 수 없는 환경에서 당연히 먹을 수 있는 모든 것에 눈을 돌리게 된 것이라고 보여진다. 그리고 브라질이나 남미 인디언들에게는 계급의 구분 없이 먹었던 음식이 바로 이런 개미나 벌레류 같은 것들이었다.

개미와 흰개미를 잡는데 제일 좋은 때는 우기가 시작되는 때로 비가 솟아지면 스스로 떼를 지어 나온다. 때로는 큰비가 내린 뒤에는 근처에 있는 모든 흰개미들이 동시에 집을 떠나느라 한꺼번에 웅웅거려서 거대한 구름을 이루면서 해를 가리기도 한다. 이때 날개가 난 개미를 잡기 위해 해안의 여자들과 아이들은 옥수수처럼 생긴 짚으로 된 빗자루를 구멍 위에 놓는다. 개미가 빗자루에 붙으면 준비된 물 항아리에

떨어드려 날개가 젖어 날아가지 못하게 된다. 또한 한 구멍만 빼고 모든 출구를 막은 뒤 나뭇잎과 바구니로 만든 기발한 덫으로 개미를 잡기도 하는데 보통은 불 위에 살짝 구워먹는데 다리를 떼고 굽기도 한다.

　그래도 먹을 만한 개미요리는 아무래도 꿀개미요리이다. 꿀개미를 잡는 요령은 주로 땅을 깊이 판 후 그 안의 개미집이 있는데 보통의 개미집과 꿀개미집과는 약간 다르다. 그 꿀개미집의 구멍입구는 작은데 그 입구를 파고 들어가면 개미집이 보이는데 통 채로 끄집어낸다. 만지면 약간 끈적거리는데 그 안쪽의 중심부에 꿀개미가 있다. 그 꿀개미를 그냥 먹어서는 안되고 입에서 살짝 깨물어 그 안의 꿀만 빨아먹는다. 아직도 단것이 충분하지 않은 지구촌 오지 지역에서는 꿀개미가 그 나름대로의 먹거리 역할을 충분히 하고 있다.

7) 악어스튜

　파충류의 대표적인 동물인 악어는 약 3억년전 부터 이 지구에 존재했었다고 전해지는 동물이며 이런 파충류가 어류나 양서류와의 차이점은 자유롭게 머리를 움직일 수 있으며, 몸의 표면은 두꺼운 각질로 이루어져 있다는 점이다. 악어는 딱딱한 껍데기로 쌓인 알을 낳으며 피부는 높은 온도에도 말라버리지 않도록 단단한 가죽으로 되어 있다. 예전과 달리 종족번성이 활발해서 이제는 적당히 키워서 관광용으로 가죽제품으로 그리고 이제는 식사의 메뉴인 스튜나 스테이크감으로 사용되고 있다. 악어를 관광용으로 키우는 곳은 싱가포르, 필리핀, 호주, 아프리카, 태국 등 여러 나라이다.

　악어는 보기에는 상당히 거부감이 있지만 이를 식용으로 개발시킨 나라들의 주장은 비단 악어가죽뿐만 아니라, 악어의 고기, 기름, 두개골, 그리고 기타 신체 부위들도 사용할 수 있다고 한다. 무엇보다 악어고기는 콜레스테롤이 낮고 우려와는 달리 일반적인 생선의 비린내는 전혀 없는 음식이다. 이런 악어들은 주로 2년에서 3년 사이의 악어이며, 이 시기가 완전히 가죽이 딱딱해지지 않았고 고기도 부드럽고 제일 맛이 낫다. 그러나 대체로 악어고기가 좀 질긴 편이고 그 맛은 약간 심심한 닭고기정도의 맛이라고 볼 수 있을 것이다. 호주나 아프리카에서는 여행상품으로 먹어보는 기회도 있는데 그냥 꼬치구이처럼 불에 구워먹기도 하고 약간 질기므로 스튜처럼 조림요리 소시지에도 쓰이고 일부는 스테이크처럼 소스와 함께 먹는다.

8) 베네수엘라의 구운 독거미 요리

독거미(tarantula)는 전 세계적으로 비가 많이 오고 습기 찬 기후가 많고 열대성 기후에 가까운 기후의 나라에 서식하며 주로 열대 우림 지역에서 산다. 그러한 베네수엘라의 열대 우림에는 아직도 원시의 문화를 지키며 살아가는 부족들이 많이 있다. 그 중에서도 '야노마니 인디언'들이 구워 먹는 이 독거미 구이 요리는 아주 특이하다. 우선 크기가 어른 주먹만 한 독거미를 주위의 거미집을 막대기로 제거한 다음 미리 준비한 자루에 바나나 잎으로 싸서 조심히 넣는다. 그런 다음 날카로운 꼬챙이로 배 쪽을 찔러서 숨을 끊은 후에 독이 있는 털 부위를 불에 그슬려서 없애준다. 바람에 미세한 털이 날려서 숨쉬는 중에 콧속으로 들어가는 수도 있으니 주의해야 한다. 이렇게 일단 그슬린 다음 독이 있는 어금니 쪽을 빼내고 나서 불 위에 올려놓고 다시 바나나 잎으로 싸서 그냥 구워 먹는다. 굽기 전에 알이 있으면 구운 후에 더욱 맛이 낫다고 한다. 보통 다 자란 독거미는 어른 주먹만하여 조그만 새도 사냥할 수 있을 만큼 크고 독이 있기 때문에 조심해야 한다. 구워도 다리 하나가 보통 삼 인치(7~8cm)정도로 크므로 다리만을 따로 떼어내서 굽기도 한다.

9) 홍콩의 뱀수프

아직도 많은 사람들이 혐오스러운 동물이라면 십중팔구는 뱀을 제일 먼저 이야기할 것이다. 꿈틀거리는 달팽이나 장구애비, 물방개, 말고기를 유럽인들은 먹기도 하지만 뱀은 예외이고 단지 비단뱀이나 코브라 같은 뱀을 독을 빼서 애완동물로서 인기를 끈다고 한다. 홍콩의 호텔은 대개 겨울잠을 잘 그 시기의 뱀들이 가장 맛이 좋기 때문에 계절별 메뉴이지만 일반 수산 시장에서는 연중 내내 직접 골라서 먹을 수 있다. 이 밖에 늦가을에 즐겨먹는 요리로는 비둘기 같은 야생조류(野味)도 이맘쯤의 별미이다. 여러 마리의 뱀을 섞어서 독사는 먼저 독을 없애고 나서 피를 술에 타서 먹기도 하고 가죽을 벗긴 후 뼈 채 수프를 끓여먹기도 한다. 한참을 끓여도 뱀의 모습이 남아 있기 때문에 고기는 건져내서 닭고기 처럼 가늘게 찢는다. 이런 요리는 특히 냄새가 역겨울 수가 있으므로 홍콩에서는 소맥분을 적당히 섞어서 요리하는데 나중에 국화꽃잎, 레몬조각 등을 올려서 냄새를 없애서 먹는다.

10) 중국의 전갈과 고량주

중국의 광대한 영토만큼이나 다양한 먹거리는 자못 놀랍기까지 하다. 중국음식재료는 제비집부터 원숭이에 이르기까지 다양하다. 종류만 해도 3천가지를 넘고 조리법도 발달해 세계적인 음식으로 꼽힌다. 중국인들이 좋아하는 곤충식 중에 전갈이 있다. 전갈은 대표적인 독충으로서 잡는 데에 상당한 주의를 필요로 한다. 전갈 한 마리의 독은 독거미의 독과 결코 떨어지지 않을 정도이며 특히 꼬리를 바짝 세울 때는 주의가 필요하다.

중동의 모로코나 이집트의 사막지역의 오랜 부족들 중에는 아직도 전갈을 잡아서 삶아먹는 부족들이 있기도 하다. 전갈이 숨은 곳에서 낮게 휘파람을 불어서 유인해 자루에 담아서 잡는다. 미국에는 전갈을 잡자마자 독을 없애고 삶아서 냉동에 보관해서 소포로 주문해서 보내는 곳이 있기도 하다.

반면에 중국의 전갈은 시골이나 대도시의 레스토랑 어디서나 만날 수 있는 메뉴로서 대개 수프와 볶음 요리로 만들어진다. 식당 주인과 절친한 사이이거나 운이 좋은 손님이라면 요리하지 않은 채로 신선한 전갈을 산채로 먹을 수 있는 기회를 가질 수 있다. 이때는 요리사가 접시 위에 담긴 전갈의 꼬리와 독주머니를 가위로 자르고 몇 초 동안 고량주에 담가 기절시킨 뒤 먹을 것을 권한다. 씹는 맛은 껍질이 얇은 게를 먹는 기분이지만 맛은 고량주 기운이 있어서 기운이 강하게 남고 담백한 맛이다. 중국 광조우에서 두 시간 떨어진 '류양'에는 이런 식용을 위한 대규모 전갈 사육장이 있을 정도이다.

11) 거북이요리 팔과탕

거북은 여러 종류가 있지만 아시아권은 중국의 태평양과 인도양의 열대와 아열대 해역에 넓게 분포한다. 먼 바다에 서식하는 초식성 동물이지만 가끔 동물성도 먹고 번식기가 되면 바닷가로 올라와 모래를 파고 알을 낳는데 알을 낳고 돌아가는 거북을 뒤집어서 사로잡는다. 이때가 거북이가 제일 수난을 당하는 시기이다. 요리는 살아있는 거북의 등 쪽으로 칼을 집어넣어서 등갑을 떼어내고 머리와 다리를 주로 요리에 이용한다. 거북의 모든 부위가 약용이 되는데 딱딱한 등갑도 아주 곱게 갈아서 류머티스나 기관지염에 효과가 있다고 한다. 이곳의 거북은 크기도 다양한데 주로 밀수품이 많고 인근의 방글라데시나 인도네시아 베트남 라오스 등이 주요 공급처이다.

이렇게 거북을 이용하는 요리로 중국 요리에는 팔과탕이란(八卦湯: 빠꾸와 탕)요리가 있다. 식용으로 쓸 수 있는 거북약재를 가르키며, 약재의 조재방법에따라 요리를 하는 자양강장 요리이다. 이 요리는 약의 효과가 있을 뿐만 아니라 요리로서 맛도 매우 훌륭한 두 가지 특징을 가지고 있다.

12) 왕번데기

실크로드로 이어지는 길이 있었던 중국 사람들은 비단은 값비싼 옷감으로 여겼지만 그 비단을 만들어내는 누에는 그저 부담 없는 식사거리로만 취급했다. 누에가 자라기전의 애벌레인 번데기를 식용으로 먹는데 이렇게 약간은 특이한 음식을 먹는 이유를 그들 특유의 식도락적인 흥미에서 연유됐다고 보는 이도 있다. 하지만 이런 벌레를 먹는 주계층은 생활이 어려운 농민들이었다.

동남 아시아에서는 누에가 되기 전의 번데기가 좋은 애용식이 되고 있는데 특히 중국은 일찍부터 누에로 비단을 만들어 왔으며 누에를 치는 곳에서는 봄철에 누에꼬치를 거두어들이지만 실제로 명주실을 푸는 때는 여름이다. 이때까지 봄철의 바쁜 농사일을 마치고 여유가 있을 때 명주실을 푼다. 꼬치를 푼 다음에는 그 번데기를 소금에 약간 절여서 튀김용으로 먹고 물을 담갔다가 건져서 양파나 굵게 채친 대파를 함께 썰어서 먹기도 한다.

한 책에 따르면 19세기의 중국인의 음식이라고는 고작해야 고구마나, 두부, 무 등이 있다고 하는데 이러한 환경에서 당연히 동물성 단백질과 지방질 음식을 주위에서 쉽게 찾을 수 있는 식품이 바로 이런 누에가 되기 전의 애벌레, 즉 우리말로 번데기를 이용한 음식이었다. 특히 이곳의 번데기는 엄지손가락 하나보다 큰 번데기의 요리법은 미리 소금 밑간이 되어있기도 하지만 따로 양념을 하지는 않는다. 그냥 튀겨서 먹는데 맛은 우리가 주위에서 볼 수 있는 번데기 요리와 비슷하다. 먹을 때는 가운데 부위에 있는 튀긴 후 가운데 약간 딱딱한 내장 부위만을 꺼낸 후 먹어야만 된다. 이 요리는 누에가 완전히 자란 상태가 아니기 때문에 스폰지처럼 부드럽고 지방과 영양가가 많은 식품이며 이 곳에서는 아이들의 간식거리로도 인기가 좋은 음식이다.

13) 호주의 별미, 캥거루 고기

오늘날 호주의 캥거루 수가 2천5백만 마리를 넘어 오히려 호주 인구 1850만 보다 훨씬 많다고 한다. 호주에서는 차에 큼지막한 범퍼를 달고 다니는 이유가 있는데 바로 캥거루 때문이다. 야간 운전 중에 이 동물이 갑자기 뛰어나와 사고를 내는 경우도 종종 있다. 호주 오지여행을 하다보면 도로 주변에 캥거루 시체들이 널려 있는 것을 쉽게 발견할 수 있다. 호주에는 3종류의 캥거루가 살고 있으며 붉은 캥거루와 회색 캥거루, 그리고 몸집이 작은 캥거루인 왈라비로 나뉘고 천적이 없어서 사람을 무척 따르는 순한 동물이다. 주머니 안에 새끼를 키우는 유대류의 가장 대표적인 동물인 캥거루는 출생당시는 손가락 마디보다 작지만 완전히 성장하기까지는 약 1,600배까지 자라나는 동물이다.

이 캥거루에 대해선 재미있는 이야기가 전해진다. 1770년 영국의 탐험가 제임스 쿡 선장이 항해 도중 처음으로 오스트레일리아 대륙인 지금의 "쿡타운" 근처에 상륙했다. 쿡 선장은 물과 과일을 찾기 위해 숲 속을 헤매던 중 난생 처음 보는 동물을 발견했다. 앞발은 짧고 뒷다리와 꼬리가 긴 이상한 동물이 어설프게 껑충껑충 뛰어가는 것을 본 것이다. 그는 이곳 원주민(애버리진)에게 손짓 발짓으로 그 동물의 이름이 무엇이냐 고 물었더니 원주민들은 캥거루라고 대답했다. 이 캥거루는 원주민들의 토속어로 "나도 모른다."는 뜻이었는데 그만 이 동물의 이름이 되어버린 것이다.

이뿐 아니라 호주에는 캥거루이름을 가진 섬도 있다. 이 캥거루 섬은 태즈마니아와 다윈 근교의 빌섬(MELVILLE ISLAND) 에 이어 오스트레일리아에서 세 번째로 큰 섬으로 아름다운 자연경치와 오염되지 않은 천혜의 자원을 가지고 있어서 애들레이드 인근에서 가장 많은 사람들이 찾는 곳이다. 이 섬의 이름도 1880년 영국 관리 Matthew Flinders가 뉴 사우스 웨일즈의 새로운 해안선을 조사해서 지도로 만드는 작업을 하는 도중에 처음 이 섬을 지도에 넣으면서 캥거루 섬이라 이름지었다고 전해진다. 이 곳의 플린더스 체이서스 국립공원은 야생동물의 낙원으로 단연 캥거루가 으뜸인 곳이다.

이러한 캥거루를 애완동물로 키우는 가정이 있는 반면 햄버거용이나 수프용 등 다양하게 소비되고 있는 실정이다. 캥거루 고기는 지방이 다른 고기에 비해서 아주 적고 콜레스테롤 치수도 낮아서 세계에서 다이어트식으로 점차 수요가 증가하는 추세이다. 호주는 30년 전부터 캥거루고기를 수출해 왔으나 호주 내에서도 지난 93년에서야 식품으로 승인됐고 연간 국내 소비도 200t 미만이지만 유럽국가 중엔 네덜란드를 비롯하여 벨기에, 스페인, 독일, 오스트리아 등 각국에서 점차 수입이 늘어가고 있다. 그중 네덜란드에 이어 세계 2위의 캥거루고기 수입국인 벨기에 사람들은 지난 해만 466t의 캥거루고기를 소비했다. 고기 자체에 지방이 적어서 우리 입맛에는 약간 질기고 특유의 냄새가 날 수 도 있다고 한다.

이러한 캥거루 고기는 일반 슈퍼에서보다 앨리스 스프링스 지역의 에버리진 관광이나 bush tucker(호주 원주민 음식)코스를 가면 바베큐나 로스트한 더욱 색다른 맛을 느낄 수 있다. 햄버거 패티(다져서 냉동한 햄버거용 고기), 이태리 음식의 라자냐 등 쓰임새가 계속 다양해지고 있다. 유명 호텔에서도 허브, 향신료, 야채 등으로 조리된 캥거루 고기가 선보이고 있어 호주의 대표적인 먹거리로 자리잡을 전망이다.

참고문헌

구천서.『세계의 식생활문화: 인간과 식량』. 서울: 향문사, 2000.

김기숙・김미정・안숙자・이숙영・한경선.『식품과 음식문화』. 서울: 교문사, 2000.

김숙희・장문정・조미숙・정혜경・오세영・장영애.『식생활의 문화적 이해』. 서울: 신광출판사, 2001.

김원일.『정통 서양요리(프랑스)』. 서울: 기문사, 1994.

김원일.『정통 일본요리』. 서울: 형설출판사, 1993.

김은령 옮김, 에릭 슐로서 지음.『패스트푸드의 제국』. 서울: 에코리브르, 2002.

김자경.『공격적인 포크문화 수동적인 젓가락문화』. 서울: 도서출판 자작나무, 1999.

김종덕 옮김, 조지 리처 지음.『맥도날드 그리고 맥도날드화』. 서울: 도서출판 시유시, 2003.

김종덕.『슬로푸드 슬로라이프』. 서울: (주)한문화멀티미디어, 2003.

김준철 엮음.『국제화시대의 양주상식』. 서울: 노문사, 1999.

김준철.『양주상식』. 서울: 노문사, 1999.

동양맥주.『와인이야기』. 東京: 동양맥주, 2000.

문수재・손경희.『식생활과 문화』. 서울: 신광출판사, 2001.

문정수 옮김, 오기노 요오이찌 지음.『재미있는 지구촌이야기』. 서울: 태을출판사, 2000.

민경례.『멋과 매너』. 서울: 대왕사, 19937.

박금순・정외숙・한재숙・박어진.『세계의 음식문화』. 서울: 도서출판 호일, 2003.

박병학.『기초일본요리』. 서울: 형설출판사, 1994.

손경희 역. R. 탄나힐 저.『식품문화사』. 서울: 효일문화사, 1991.

송희라.『파리 가면 뭘 먹지?』. 서울: 중앙 M&B, 2000.

유태종.『유태종 박사의 음식 궁합』. 서울: 아카데미북, 2000.

윤석금.『깔끔한 맛, 눈이 먼저 즐거워지는 일본요리』. 서울: (주)웅진닷컴, 2001.

윤석금.『동남아시아 요리』. 서울: 웅진닷컴, 2000.

이규형.『일본을 먹는다』. 서울: 도서출판 네오북, 2000.

이면희.『이면희의 중국 요리』. 서울: 조선일보사, 2001.

이영혜.『세상에서 처음 맛보는 퓨전 천국』. 서울: 디자인하우스, 2000.

이주호.『이제는 와인이 좋다』. 서울: 바다출판사, 2001.

이철호외 33인.『새로 쓰는 우리 음식』. 서울: 유림문화사, 1995.

장홍.『문화를 포도주병에 담은나라 프랑스』. 서울: 도서출판 고원, 1998.

정진호 편저.『식습관과 입맛』. 서울: 도서출판 청송, 2002.

정태원 옮김, 진순신 지음.『시와 사진으로 보는 중국기행』. 서울: 예담, 2000.

주경철 옮김, 맛사모 몬타나리 지음.『유럽의 음식문화』. 서울: 새물결출판사, 2001.

주영하.『음식전쟁 문화전쟁』. 서울: 사계절, 2000.

중앙M&B.『세계를 간다-인도』. 서울: 중앙M&B, 1999.

_____.『세계를 간다-미국』. 서울: 중앙M&B, 1999.

_____.『세계를 간다-중국』. 서울: 중앙M&B, 1999.

_____.『세계를 간다-유럽17개국』. 서울: 중앙M&B, 1999.

_____.『세계를 간다-프랑스』. 서울: 중앙M&B, 1999.

_____.『세계를 간다-독일』. 서울: 중앙M&B, 1999.

_____.『세계를 간다-이탈리아』. 서울: 중앙M&B, 1999.

_____.『세계를 간다-홍콩·마카오』. 서울: 중앙M&B, 1999.

_____.『세계를 간다-싱가포르·말레이시아』. 서울: 중앙M&B, 1999.

_____.『세계를 간다-태국』. 서울: 중앙M&B, 1999.

_____.『세계를 간다-일본』. 서울: 중앙M&B, 1999.

_____.『세계를 간다-오스트레일리아』. 서울: 중앙M&B, 1999.

_____.『세계를 간다-스페인·포르투갈』. 서울: 중앙M&B, 1999.

_____.『세계를 간다-터키·그리스·어게해』. 서울: 중앙M&B, 1999.

_____.『세계를 간다-스위스』. 서울: 중앙M&B, 1999.

_____.『세계를 간다-동유럽6개국』. 서울: 중앙M&B, 1999.

_____.『세계를 간다-인도』. 서울: 중앙M&B, 1999.

_____.『세계를 간다-멕시코·중미』. 서울: 중앙M&B, 1999.

_____.『세계를 간다-동남아 13개국』. 서울: 중앙M&B, 1999.

_____.『세계를 간다-베트남』. 서울: 중앙M&B, 1999.

진양호.『현대 서양요리』. 서울: 형설출판사, 1991.

최수근.『최수근의 서양요리』. 서울: 형설출판사, 1996.

최인섭 편저.『프랑스 조리실무 용어』. 서울: 대왕사, 2002.

최정화 지음.『매너 나의 경쟁력이다』. 서울: 조선일보사, 2000.

하헌준 지음.『세계일주 서바이벌 가이드』. 서울: 동방미디어(주), 2000.

한복진·황건중.『해외 여행가서 꼭 먹어야 할 음식 130가지』. 서울: 시공사, 2000.

허필숙.『중국요리』. 서울: 형설출판사, 1996.

홍하상.『지구촌 뒷골목 음식 한 그릇』. 서울: 삼진기획, 2000.

황교익.『맛 따라 갈까 보다』. 서울: 디자인하우스, 2000.

伊藤玲子.『初めての和食』. 東京: 西東社, 2000.

內田康夫.『食いしん坊紀行』. 東京: 實業之日本社, 2000.

저자소개

■ 조 문 수

경희호텔경영전문대학 식품영양과(조리전공)와 경희대학교 정경대학 경제학과를 졸업하였으며, 同대학교 경영대학원 관광경영학과를 수료하여 경영학석사 학위를 취득하였다. 그리고 한양대학교 대학원 관광학과에서 호텔경영학 전공으로 박사학위를 취득하였다. 관심 연구 및 강의 분야는 **호텔경영, 식음료경영, 외식사업경영, 관광서비스** 등이다.

호텔롯데 조리부에서 조리사로 근무하였으며, 한양대학교 관광연구소 연구원, 경희대 경영대학원 · 한양대 · 우송산업대 등에서 강사를 지냈다. 경주대학교 호텔경영학과 교수 및 학과장을 역임하였으며, 현재는 **제주대학교 관광경영학과 교수 및 평생교육원 「외식사업 경영 및 컨설팅 과정」 주임교수**로 재직하고 있다.

한국호텔경영학회, 한국외식경영학회, 한국관광개발학회 이사를 역임하였으며, 현재는 한국관광학회, 한국관광 · 레저학회 등 편집위원과 한국관광학회, 한국관광 · 레저학회, 한국문화관광학회, 한국이벤트학회, 제주관광학회 이사로 활동하고 있다.

"호텔 고객의 메뉴 선택행동과 메뉴기획"이라는 제목으로 1996년 2월에 한양대학교에서 박사학위를 취득하였다. 그 외의 주요 연구논문으로는 "메뉴 아이템의 가격과 위치에 관한 연구", "호텔 식음료 분류체계의 전산화에 관한 연구", "호텔정보시스템의 전략적 활용을 위한 상황모형 개발에 관한 연구", "서비스 마케팅의 제품 믹스와 촉진 전략에 관한 연구", "전통음식 개발을 위한 결정요인에 관한 연구" 등 30여 편의 논문과 저서로는 『외식사업경영론』, 『외식문화론』, 『호텔경영론』 등이 있다.

* 홈페이지 : http://e-foodservice.co.kr

* 커뮤니케이션 : 다음(www.daum.net)>카페>먹사랑

현) **제주대학교 경상대학 관광경영학과 교수**
　　제주대학교 평생교육원 **「외식사업 경영 및 컨설팅」** 과정 주임교수
　　열린사이버대학교(OCU) **"외식"** 담당교수 및 **『우수강의』** 선정
　　관광통역안내원 / 관광종사원 국가자격시험 **면접위원**
　　제주시 / 충북 단양군 **관광자문교수** 등

세계요리와 유명레스토랑

2005년　8월 15일　초판발행
2009년　2월 18일　4판발행

著　者　조　문　수
發行人　(寅製) 秦 旭 相
發行處　**白山出版社**
서울시 성북구 정릉3동 653-40
　등 록 : 1974. 1. 9. 제 1-72호
　전 화 : 914-1621, 917-6240
　FAX : 912-4438
　http://www.baek-san.com
　edit@baek-san.com

값 **15,000원**
ISBN 89-7739-757-X